金石 EZSVS 金石学院系列丛书

IDC基础运维

主　编◎夏利兵

副主编◎余　成　余　爽

华中科技大学出版社
http://press.hust.edu.cn
中国·武汉

内 容 简 介

全书分为两个部分15个章节。第一部分全面介绍 IDC 数据中心工作人员所需要的专业知识和操作技能,包含数据中心、网络、Linux 系统、服务器、硬件介绍、故障处理、运维工作规范及标准作业流程,通过真实的项目运维事故进行案例分析。第二部分简述工作人员的法制道德、思想标准、服务意识、交流方式,并附有相应的工作案例。本书贯彻理论与实际相结合的原则,概念叙述准确,论述严谨,内容新颖,图文并茂,系统性和实用性较强。

图书在版编目(CIP)数据

IDC 基础运维/夏利兵主编. —武汉:华中科技大学出版社,2015.12(2024.7重印)
(金石学院系列丛书)
ISBN 978-7-5609-9657-8

Ⅰ.①I… Ⅱ.①夏… Ⅲ.①机房管理 Ⅳ.①TP308

中国版本图书馆 CIP 数据核字(2015)第 309766 号

IDC 基础运维　　　　　　　　　　　　　　　　　　　　　　　夏利兵　主　编

策划编辑:康　序
责任编辑:史永霞
封面设计:原色设计
责任监印:张正林
出版发行:华中科技大学出版社(中国·武汉)　　　电话:(027)81321913
　　　　　武汉市东湖新技术开发区华工科技园　　　邮编:430223
录　排:武汉正风天下文化发展有限公司
印　刷:武汉邮科印务有限公司
开　本:787mm×1092mm　1/16
印　张:17.75
字　数:419 千字
版　次:2024 年 7 月第 1 版第 5 次印刷
定　价:48.00 元

PREFACE
序一

从水平方向看,互联网主要由终端、接入、网络和服务组成。自 1983 年 TCP/IP 协议正式启用以来,它们就一直在发展变化中。

接入互联网的终端形态,从台式机和笔记本电脑,到上网笔记本和黑莓手机,再到智能手机,终端数量几何级上升,从办公室到家庭,从手持到可穿戴,一直在发展中。

接入互联网的技术形态,从通过电话线拨号上网到宽带接入,再到移动宽带,接入方式从窄带到宽带,从有线到无线,从固定到移动,一直在变化中。

支撑互联网的网络技术 TCP/IP 协议和以太网,历经多年的风雨,在修修补补中依然屹立不倒。但随着私有地址、NAT、DHCP 和 IPv6 越来越多的使用,IP 端到端透明的优势正在逐渐消失。

Web 技术以浏览器的形态笑傲江湖。电子商务等的快速发展,让 HTTP 扩展出了HTTPS。2000 年后,Web 2.0 让 Web 的互动性和易用性更好。近年来,HTTP 2.0 让HTTP 的移动性、安全性更好,性能更高。随着移动互联网的兴起,HTML 5 开始流行,随着 IP 的碎片化和防火墙 80 端口的开放等,Every Application over HTTP 正在成为气候。

从互联网架构的角度看,网络两端连接的都是计算机,只是运维性能和容量等有差异。1960—1980 年,计算机还比较脆弱,也很昂贵,无论是用户计算机还是服务商的服务器,都只能放在恒温、恒湿、防尘防震的特殊房间里,催生了专门用于放置计算机的机房的诞生。

1980—1990 年,计算机进入家庭和更多办公场所,用户计算机不再需要专门的场地,机房变成了保存数字化数据的地方,即数据中心。到了 2000 年,模拟数据超过了 75%,因此图书馆、资料室和档案室的地位远高于计算机机房。

19 世纪 90 年代中后期,互联网兴起,C/S 和 B/S 模型的互联网服务需要使用大量的服务器,需要特定的地方放置服务器,机房又开始流行起来,只是目的和功能已经不同,也正式改名为互联网数据中心(IDC)。

IDC 曾被公众认为它只是一个用于堆放服务器等设备的地方,没有技术含量,是物业管理的范畴。但随着移动互联网、物联网、云计算和大数据等的发展,IDC 的地位日益重要,也已经发展成为关键的信息基础设施。如果说过去 20 年驱动 IDC 兴起的是消费互联网,未来 20 年将会是产业互联网,"互联网＋"将继续提升 IDC 的地位。

IDC 日益重要,其服务的可靠性、安全性和服务能力等也就开始受到更多关注,需要基于更先进的技术。但 IDC 出现的大部分问题,不是技术性 BUG,而是运维不当引起的,是人的因素引起的。

随着云计算的兴起,IDC 的运维正在从后台走到前台,从单纯的基础职能部门升级为运营支撑部门,甚至影响业务决策。

据称,IDC 运维人员的缺口,全国每年达几十万之众,高水平的运维人员更是凤毛麟角,需要长期历练和培养。相信通过这本书的学习,你一定会有收获的。

中国信息通信研究院通信标准所副所长
数 据 中 心 联 盟 常 务 副 理 事 长
何宝宏
2015 年 12 月 19 日

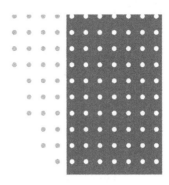

PREFACE
序 二

　　拿到这本《IDC 基础运维》的时候,第二届世界互联网大会正如火如荼地在浙江乌镇举行,习主席亲临大会并发表主旨演讲。国家领导人的重视,更说明"互联网＋"大时代已经到来,大数据时代兵临城下。与此同时,行业信息化在全社会的广泛推进,IDC 数据中心业务需求急剧上升,各行业机房的规划、设计、运维、管理等方面的专业人才呈现供不应求的局面,尤其是中高级人才成为职场中的抢手货。IDC 行业对于能够处理高容量、高价值、高速度、多样化大数据人才存在严重的结构性缺乏。

　　金石学院应运而生,希冀其成为专业的数据中心人才实训基地。金石学院旨在为企业提供一个全新的服务平台,规范 IDC 行业标准,培养最符合行业需求的技术人才,打造 IDC 行业的"黄浦军校"。

　　这本《IDC 基础运维》是金石学院所著的金石系列丛书的第一本,秉承了"互联互通、共享共治",共享金石学院 11 年运维知识的沉淀。书中介绍了网络运维、Linux、服务器、IDC 运维相关知识以及运维人员所应具备的软技能等,涵盖范围广泛,符合其 IDC 基础运维的要求。希望金石学院能以此为起点,编写金石系列丛书,培养更多的专业化人才,帮助数据中心用户提升数据中心的可用性,降低能耗,优化数据中心的生命周期,保障行业的可持续性,引导行业新风尚。

平安科技基础架构首席总监

朱永忠

2015 年 12 月

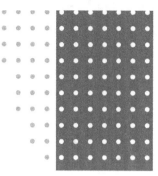

PREFACE
序 三

　　随着国家制定"互联网＋"行动计划，从国家战略角度推动移动互联网、云计算、大数据、物联网等与现代制造业结合，推动新兴产业和新兴业态发展，支持基于互联网的各类创新，提高发展质量和效益的要求。作为互联网发展核心基础设施的数据中心，将成为国家战略实施的重要组成部分，其重要性将进一步提升，其发展将呈现快速和爆炸式的特点。互联网创新要求基础设施能够在不同运营商在不同区域批量部署海量服务器，建立网络集群对外提供服务，建立超高带宽、长途传输的内部网络、城域网、广域网、CDN 等，同时建立安全、快速、稳定、高效的基础设置运维标准和运维体系，应对业务的高速扩展和用户访问体验要求成为重要工程技术领域。

　　金石易服是百度多年的数据中心运维服务合作伙伴，百度租用及大型自建数据中心中涉及的 IDC 综合布线、IDC 运维值守、集成交付均由金石易服提供。随着百度业务快速发展对数据中心运维要求的提高，金石易服持续不断提升自身服务能力和服务质量，致力于打造稳定、安全、高效的专业现场运维服务团队，为百度业务的高速平稳运行奠定坚实基础。

　　本书从基础讲解、分步介绍、案例剖析、意识形态等多维度分别对 IDC 运维场景、网络、服务器、Linux 运维、运维流程规范及案例分析、沟通服务意识等内容进行了科学、系统的指导，清晰明确地说明了现场各项运维操作的要点和具体流程，图文并茂，精炼通用，使复杂的运维需求流程化、标准化地输出，对稳定运维提供了强有力的技术保障。由于 IDC 基础运维对响应时效、操作准确性、信息安全等均有明确要求，所以本书特别对现场运维工程师技术能力及软素质能力提出了更高的标准和要求。此外，其创新性地引入软技能指导，包括沟通技巧、面试技巧、主动服务意识、法治与思想道德等方面，将"无形"的服务形态具体化，将易服的服务意识灌输给每一位运维工程师，助力提升客户满意度，创建舒适、健康、安全的沟通环境，在有效提升沟通效率的同时保障信息安全。

　　本书作为首本公开发行的数据中心运维服务白皮书，充分总结了数据中心运维服务实践，初步形成了数据中心运维服务行业标准，为数据中心运维服务发展提供了重要的行业参考。本书适用于从事数据中心运维服务的技术人员，提供可快速上手的学习方案和实践总结。同时，本书适用于致力于提升数据中心运维能力的运维团队管理人员，提供有效的运维团队基础能力准入参考和管理基础知识。精诚所至，金石为开，期待金石易服在打造中国最具影响力 IT 服务品牌的道路上继续创造新的辉煌。

百度系统部高级经理
沈慧勇
2015 年 12 月

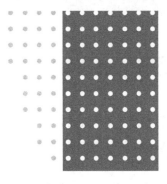

FOREWORD
前言

◎ 背 景

本书由金石学院夏利兵院长主持编写,凭借公司面向大型互联网企业多年的 IDC 运维经验以及金石学院多年的运维培训积累,通过不断的更新和完善,在众多金石资深运维工程师的配合下完成。金石学院编写此书旨在为 IDC 行业打造完善的培训体系,规范 IDC 行业标准,并致力于培养最符合行业需求的技术人才,打造 IDC 行业的"黄浦军校"。

本书内容包括 5 个知识块。第一为网络部分,主要讲解计算机网络基础、网络设备及配件和耗材;第二为 Linux 部分,包括 Linux 系统管理基础和 Linux 系统在 IDC 机房中的实践应用;第三为服务器硬件部分,有服务器硬件基础介绍和 IDC 机房中服务器常见的操作;第四为 IDC 管理规范,包含风险意识、数据中心介绍、日常运维流程以及常见的案例分析等;第五为软技能,由沟通技术、面试技巧、主动服务意识和法制思想道德等部分组成。以上 5 个知识块基本覆盖了 IDC 基础运维的所有知识点。读者通过对本书的学习,将具备一名合格 IDC 基础运维工程师的要求。

◎ 写作本书的目的

金石学院进行 IDC 运维行业人才培训已经有 5 年之久。此前,金石学院主要对金石内部员工培训。从 2015 年开始,金石学院调整发展战略,将 IDC 行业人才培养升级为核心战略,大力发展校企合作,培养更多的行业内各领域的专业人才,为 IDC 行业注入更多的新鲜血液,让 IDC 行业拥有源源不断的活力。为了更好地实行校企合作,金石学院迈出了第一步,即金石系列丛书《IDC 基础运维》的编撰。本书汇聚多年的知识积累与项目经验,将指导学生步入 IDC 行业,且可使学生在校便掌握一定的实际工作能力,让学生更合理地规划自己的职业道路。

金石学院编撰这本书的目的,首先在于对企业多年实际经验进行梳理和总结,其次在于将宝贵的实践项目经验分享给读者,并帮助初入行业的人士少走弯路。通过本书的学习,读者可将相关实践知识运用于具体工作中,并迅速进入工作状态。

金石学院希望大家通过本书的学习,能够提高自身的技能水平,更轻松地踏上 IDC 运维之路,并且能够愉快地工作。金石学院的全体工作人员也会继续努力编写金石系列丛书的其他图书,将更多的 IDC 运维知识分享给大家。

◎ 读者对象

本书适合以下几类读者:现场技术支持与现场运维工程师、系统管理员与系统工程师、项目实施工程师、高校学生。

◎ 如何学习本书

本书的内容是对 IDC 运维工作进行讲解的,其中涉及大量的知识点和专业名词,建议初学者先了解第 1 章,这一章的内容可以帮助大家建立 IDC 运维工作思维框架。现场技术支持和现场运维工程师由于已参与实际工作,可根据自身的知识经验缺口进行有针对性的学习。本书可以作为工作时查漏补缺的工具书使用。系统管理员和系统工程师可以重点学习第 8 章、第 9 章以及第 10 章。

项目实施工程师因已具备丰富的项目实践经验,可关注本书的第 10 章、第 11 章、第 14 章、第 15 章。读者可以根据自己的职业现状和规划方向选择不同的阅读顺序和侧重点,也可以同时对其他相关知识点进行了解。

◎ 致 谢

感谢与金石学院合作的各大企业。正是由于金石学院与各大企业之间的相互学习,才让金石学院拥有丰富的项目实践经验,同时也为这本书的编写打下了坚实的基础。

感谢金石学院全体工作人员。因为他们的不辞辛劳和热情活力,才有了这本《IDC 基础运维》的问世。

感谢金石学院的 IDC 运维的工程师们。谢谢他们为这本书提出了大量的知识点覆盖建议和项目实践经验总结,让这本书具有更出彩的实用性。

感谢在工作上给予金石学院帮助的所有人。感谢你们的帮助,正因为有了你们的大力支持,才有了金石系列丛书之《IDC 基础运维》。

编 者
2015 年 12 月

◎ 作者简介

夏利兵,字逸贤,1976 年生,毕业于清华大学,金石集团创始人,现任金石集团董事长兼首席执行官,并担任云计算发展与政策论坛用户委员会专家委员,被武汉大学聘请为董事。2005 年 3 月,夏逸贤创建金石集团。金石集团主要从事数据中心人才培养、行业研究、基础建设、系统集成、数据中心外包服务等,提供一站式服务,并涉及金融业、房地产业,分公司遍及我国北京、浙江、湖北、广东、香港等地,以及加拿大、美国等国家。金石学院为金石集团旗下专业的数据中心人才实训基地,与工业和信息化部等政府机构以及武汉大学等 30 余所知名院校进行合作。金石学院旨在为企业提供一个全新的服务平台,规范 IDC 行业标准,并致力于培养最符合行业需求的技术人才,打造 IDC 行业的"黄浦军校"。

CONTENTS
目录

部分 1

硬技能篇

YING JI NENG PIAN

第1章 网络运维基础

完成本章的学习后,您将:

了解网络概念,了解 IP 地址的分类和作用。

学习 OSI 和 TCP/IP 模型,掌握网络模型层次中核心的路由交换的工作原理。

能够为中小型企业划分网络架构和子网区域。

▶▶▶ 1.1 网 络 概 述

本节重点:网络名词概念和网络规范的制定组织

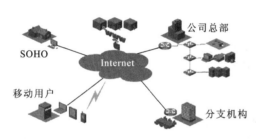

图 1-1

简单地说,计算机网络就是由通信线路互相连接的许多自主工作的计算机构成的集合体,如图 1-1 所示。

1.1.1 局域网(LAN)

1. 局域网定义

局域网(local area network,LAN)是指在某一区域内由多台计算机互联成的计算机组。一般是方圆几千米以内。局域网可以实现文件管理、应用软件共享、打印机共享、工作组内的日程安排、电子邮件和传真通信服务等功能。局域网是封闭型的,可以由办公室内的两台计算机组成,也可以由一个公司内的上千台计算机组成。

2. 局域网协议

局域网协议包括 TCP/IP、IPX/SPX、NetBEUI。目前常见的协议是 TCP/IP,其他协议仅在小范围内使用或已暂停使用。

TCP/IP 是"transmission control protocol/Internet protocol"的简写,中文译名为传输控制协议/互联网络协议,TCP/IP 是一种网络通信协议,它规范了网络上的所有通信设备,尤其是一台主机与另一台主机之间的数据往来格式以及传送方式。TCP/IP 是 Internet 的基础协议,也是一种计算机数据打包和寻址的标准方法。

IPX 是基于施乐的 Xerox's Network System(XNS)协议,而 SPX 是基于施乐的 Xerox's SPP(sequenced packet protocol,顺序包协议)协议,它们都是由 Novell 公司开发出来应用于局域网的一种高速协议。IPX/SPX 和 TCP/IP 的一个显著不同就是它不使用 IP 地址,而是使用网卡的物理地址即(MAC)地址。

NetBEUI 即 NetBios Enhanced User Interface,或 NetBios 增强用户接口,是一种短小精悍、通信效率高的广播型协议,安装后不需要进行设置,特别适合于在"网络邻居"传送数据。

3. 局域网的特点

(1) 覆盖的地理范围较小,只在一个相对独立的局部范围内,如一座建筑内或集中的建筑群内。

(2) 使用专门铺设的传输介质进行联网,数据传输速率高(10 Mb/s～10 Gb/s)。

(3) 通信延迟时间短,可靠性较高。

(4) 可以支持多种传输介质。

1.1.2 广域网(WAN)

1. 广域网定义

广域网(wide area network,WAN)通常跨接很大的物理范围,所覆盖的范围从几十千米到几千千米,它能连接多个城市或国家,或横跨几个洲并能提供远距离通信,形成国际性的远程网络。广域网覆盖的范围比局域网(LAN)和城域网(MAN)都广。广域网的通信子网主要使用分组交换技术。广域网的通信子网可以利用公用分组交换网、卫星通信网和无线分组交换网,它将分布在不同地区的局域网或计算机系统互联起来,达到资源共享的目的。如因特网(Internet)是世界范围内最大的广域网。

2. 广域网的特点

(1) 覆盖范围广,通信距离远,可达数千千米甚至全球。

(2) 不同于局域网的一些固定结构,广域网没有固定的拓扑结构,通常使用高速光纤作为传输介质。

(3) 主要提供面向通信的服务,支持用户使用计算机进行远距离的信息交换。

(4) 局域网通常作为广域网的终端用户与广域网相连。

(5) 广域网的管理和维护相对局域网较为困难。

(6) 广域网一般由电信部门或公司负责组建、管理和维护,并向全社会提供面向通信的有偿服务、流量统计和计费服务。

3. 广域网类型

(1) 公用传输网络。

电路交换网络,包括公共交换电话网(PSTN)和综合业务数字网(ISDN)。

分组交换网络,包括 X.25 分组交换网、帧中继和交换式多兆位数据服务(SMDS)。

(2) 专用传输网络,如数字数据网络(DDN)。

(3) 无线传输网络,如移动无线网络。

4. 广域网实例介绍

公共交换电话网(PSTN)概括起来主要由三个部分组成:本地回路、干线和交换机。其中干线和交换机一般采用数字传输和交换技术,而本地回路(也称用户环路)基本上采用模拟线路。由于 PSTN 的本地回路是模拟的,因此当两台计算机想通过 PSTN 传输数据时,中间必须经双方 Modem 实现计算机数字信号与模拟信号的相互转换。PSTN 线路的传输质量较差,而且带宽有限,进行数据通信的最高速率不超过 56 Kbps。

X.25 是在 20 世纪 70 年代由国际电报电话咨询委员会(CCITT)制定的在公用数据网上以分组方式工作的数据终端设备 DTE 和数据电路设备 DCE 之间的接口。X.25 于 1976 年 3 月正式成为国际标准,1980 年和 1984 年进行了补充修订。从 ISO/OSI 体系结构观点看,X.25 对应于 OSI 参考模型下面的三层,即物理层、数据链路层和网络层。

数字数据网络(DDN)是一种利用数字信道提供数据通信的传输网,它主要提供点到点及点到多点的数字专线或专网。DDN 由数字通道、DDN 节点、网管系统和用户环路组成。DDN 的传输介质主要有光纤、数字微波、卫星信道等。DDN 为用户提供的基本业务是点到点的专线数字网络信道,采用数字交叉连接技术(DXC),形成半永久性连接电路,即非交换、用户独占的永久性虚电路(PVC)。

1.1.3 带宽和延迟

1. 带宽

带宽(band width):描述在一定时间范围内数据从网络的一个节点传送到任意节点的容量,通常用 bit/s 表示,如图 1-2 所示。

图 1-2

带宽对应的三个概念:上传速率、下行速率、吞吐量。

上传速率:用户计算机向网络发送信息时的数据传输速率。

下行速率:网络向用户计算机发送信息时的数据传输速率。

吞吐量:在规定时间、空间及数据在网络中所走的路径(网络路径)的前提下,下载文件时实际获得的带宽值。由于多方面的原因,实际吞吐量往往比传输介质所标称的最大带宽小得多。

影响带宽的因素:

(1) 网络设备(交换机、路由器等);

(2) 拓扑结构(即网络构造模型,如总线型、网状型、树形等);

(3) 数据类型;

(4) 用户数量;

(5) client 和 server;

(6) 电力系统和自然灾害引起的故障率。

2. 延迟

延迟:描述网络上数据从一个节点传送到另一个节点所经历的时间。

网络延迟过高的原因如下。

(1) 本机到请求服务节点直接路由跳数过多。在路由器转发中包处理的时间是不可忽略的。当跳数过多时,产生的包处理时间会相应增加,从而导致网络延迟很明显。

(2) 网络带宽不够。当 client 与 server 之间链路带宽只有 150 Kbps 时,如果存在多个应用需要传输的数据量大大超过了实际带宽,就会造成大量的数据丢失,从而表现为响应延迟。

(3) 处理带宽不够。client 与 server 之间链路带宽足够,但 server 端的处理能力不足,会造成相应延迟。

1.1.4　速率单位换算

bit 是信息的最小单位,叫作二进制位,一般用 0 和 1 表示。Byte 叫作字节,由 8 个位(8 bit)组成一个字节(1 Byte),用于表示计算机中的一个字符。bit 与 Byte 之间可以进行换算,其换算关系为 1 Byte=8 bit(或简写为 1 B=8 b)。

速率单位换算公式:128 KB/s=128×8 Kb/s=1 024 Kb/s=1 Mb/s,即 128 KB/s=1 Mb/s。

容量单位换算公式:1 TB=$1\ 024^2$ GB=$1\ 024^3$ MB=$1\ 024^4$ KB。

1.1.5　标准化组织

网络行业标准化组织有:

◆ 美国国家标准学会(ANSI);
◆ 电气和电子工程师协会(IEEE);
◆ 国际电信联盟(ITU);
◆ 国际标准化组织(ISO);
◆ 国际互联网协会(ISOC)和国际互联网工程任务组(IETF);
◆ 电子工业协会(EIA)和美国通信工业协会(TIA)。

其中电气和电子工程师协会(IEEE)和国际标准化组织(ISO)最为人熟知。前者制定 RFC 系列标准,后者建立网络基础 OSI 七层模型。

▶▶▶ 1.2　ISO 与 TCP/IP 参考模型

本节重点:

◆ 两种网络模型:OSI 网络七层模型(简称 OSI 模型)、TCP/IP 网络应用模型(简称 TCP/IP 模型)

◆ 数据在模型层次中的传输过程

1.2.1　OSI 概述

open system interconnect 开放系统互联参考模型,是由 ISO(国际标准化组织)定义的。

它是一个灵活的、稳健的和可互操作的模型,并不是协议,是用来了解和设计网络体系结构的,是用来规范不同系统的互联标准的;它使两个不同的系统能够较容易地通信,而不需要改变硬件或软件的逻辑。OSI 把网络按照层次分为七层,由下到上分别为物理层、数据链路层、网络层、传输层、会话层、表示层、应用层。

1.2.2 OSI 模型

OSI 模型每层都有自己的功能集,层与层之间相互独立又互相依靠,上层依赖于下层,下层为上层提供服务,上三层面向用户应用数据处理,下四层面向数据传输处理,如图 1-3 所示。

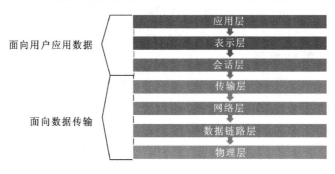

图 1-3

1.2.3 七层特性

图 1-4 所示为 OSI 网络七层模型及各层的主要作用。

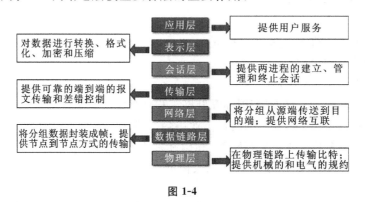

图 1-4

1.2.4 对等通信

为了使数据分组从源传送到目的地,源端 OSI 模型的每一层都必须与目的端的对等层进行通信,这种通信方式称为对等层通信。在这一过程中,每一层的协议在对等层之间交换信息,该信息成为协议数据单元(PDU)。位于源计算机的每个通信层,使用针对该层的 PDU 同目的计算机的对等层进行通信,如图 1-5 所示。

1.2.5 数据封装与解封装

数据在网络中不同设备之间传输时,为了可靠和准确地发送到目的地,并且能减少损

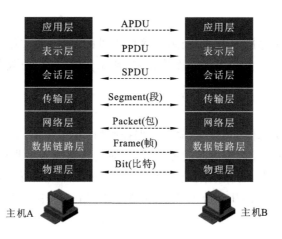

图 1-5

耗,需要对数据包进行拆分和打包,在所发送的数据上附加上目标地址、本地地址及一些用于纠错的信息字节。如果安全性和可靠性要求较高,还要进行加密处理等。这些操作就称为数据封装。而对数据进行处理时通信双方所遵循和协商好的规则就是协议。使用数据时,需要根据协议进行解封装。图 1-6 所示为数据封装与解封装的过程。

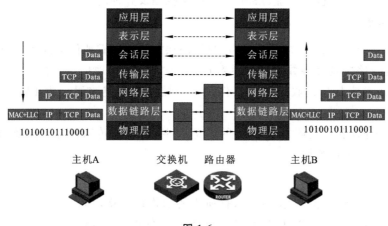

图 1-6

1.2.6　OSI 模型层次详解

1）应用层

应用层直接和应用程序连接并提供常见的网络应用服务。应用层会向表示层发出请求。应用层是开放系统的最高层,是直接为应用进程提供服务的。其作用是在实现多个系统应用进程相互通信的同时,完成一系列业务处理所需的服务。

2）表示层

表示层是处理所有与数据表示及运输有关的问题,包括转换、加密和压缩。表示层为应用层提供的服务有三项:语法转换、语法选择、连接管理。

3）会话层

会话层是建立在传输层之上的,利用传输层提供的服务,使应用建立和维持会话,并能使会话获得同步。它能为会话间建立连接、同步数据传输、转化协议数据单元,并有序地释放会话连接。

4）传输层

传输层是唯一负责总体的数据传输和数据控制的一层。传输层提供端到端的交换数据的机制,对会话层等高三层提供可靠的传输服务,对网络层提供可靠的目的地站点信息。其主要作用是分段上层数据,简便端到端的连接,形成透明、可靠的传输及流量控制机制。层内协议主要有 TCP 协议和 UDP 协议,以及 IPX/SPX 协议组中的 SPX 协议。

5）网络层

网络层介于传输层和数据链路层之间,它在数据链路层提供的两个相邻端点之间的数据帧的传送功能上,通过编址查询路由的方式,将数据设法从源端经过若干个中间节点传送到目的端,从而向传输层提供最基本的端到端的数据传送服务。

网络层的主要内容有虚电路分组交换和数据报分组交换、路由选择算法、阻塞控制方法、X.25 协议、综合业务数据网(ISDN)、异步传输模式(ATM)及网际互联原理与实现。

网络层的主要作用包含编址、路由选择、拥塞控制及异种网络互联。

6）数据链路层

数据链路层介于一、三层之间,是将源自网络层的数据可靠地传输到相邻节点的目标机网络层。数据链路层具有将数据组合成数据帧、控制帧在物理信道上的传输、处理传输差错、调节发送速率使其与接收方匹配等作用。局域网数据链路层分为 LLC 子层和 MAC 子层。

其功能:编译帧和识别帧;数据链路的建立、维持和释放;传输资源的控制;流量控制;差错验证;寻址;标识上层数据。

7）物理层

物理层可以创建、维持、拆除传输数据所需要的物理链路,具有机械的、电子的、功能的和规范的特性。简单地说,物理层能确保原始数据在各种物理媒体上传输。

主要作用:为数据端设备提供传送数据通路、传输数据。

1.2.7 TCP/IP 模型

TCP/IP 模型是 ARPANET 和因特网使用的参考模型。ARPANET 是由美国国防部赞助的研究网络,它通过租用的电话线连接了数百所大学和政府部门。在无线网络和卫星出现以后,现有的协议在和它们相连的时候出现了问题,需要一种新的参考体系结构。这个体系结构被称为 TCP/IP 模型。

TCP/IP 是一组用于实现网络互联的通信协议。Internet 网络体系结构以 TCP/IP 为核心。基于 TCP/IP 模型将协议分成四个层次,它们分别是网络访问层、网际互联层、传输层(主机到主机)和应用层。

1.2.8　模型对比

图 1-7 所示为 OSI 模型和 TCP/IP 模型的对比情况。

1.2.9　主流协议

在图 1-8 中,上三层协议更多的是面向用户服务类型的应用协议,例如访问网页的 HT-TP 和 HTTPS,收发邮件的 POP3、SMTP 和 IMAP,用于网络资源共享的 FTP 等;下四层协议更多的是基于数据类型、发送方式的数据传输协议,如 IP 协议、TCP 协议。

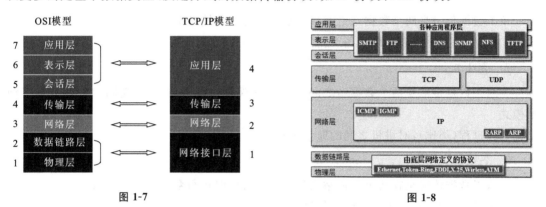

图 1-7　　　　　　　　　　　　　　图 1-8

1.3　交换与路由

本节重点:

◆ 交换原理及其工作模式
◆ 路由原理及其工作模式

1.3.1　交换原理

1. MAC 地址的学习

假设主机 A 发送通向主机 B 的数据帧到交换机的某个接口,交换机首先会查询对应源地址的 MAC 地址表,确认数据帧是否已存在对应关系。如果没有对应的源地址,交换机会学习此数据帧的源地址到 MAC 地址表中,与数据帧进接口匹配。

2. 广播未知单播帧

交换机收到数据帧时,在自身已形成的 MAC 地址表中查询对应的目的地址条目,从而决定数据帧该由哪个接口转发。在没有查询到对应条目时,交换机会采取广播的方式,向交换机其他所有接口发送广播。

3. 接收回应信息

交换机采取广播方式发出请求后,主机 B 收到并开始回复该请求,交换机收到主机 B 回复的数据帧,开始学习主机 B 的 MAC 地址与接口的对应关系,将其添加到 MAC 地址表中。

4. 实现单播通信

现在交换机 MAC 地址表中已经有主机 A 的 MAC 地址和 MAC 与接口的对应关系及主机 B 的 MAC 地址和 MAC 与接口的对应关系。主机 A 再次向主机 B 发送数据帧时,交换机查询 MAC 地址表后,向对应接口转发数据帧。

1.3.2　工作模式

1. 单工

单工数据传输是两个数据站之间只能沿单一方向传输数据的模式。

工作过程(类比):麦克风与扬声器播送通知的过程。

2. 半双工

半双工数据传输是两个数据站之间可以实现双向数据传输,但不能同时进行数据传输的模式。

工作过程(类比):对讲机之间的通信过程。

3. 全双工

全双工数据传输是在两个数据站之间可双向且同时进行数据传输的模式。

工作过程(类比):手机之间的通信过程。

1.3.3　MAC 地址表

交换机技术在转发数据前必须知道其每一个端口所连接的主机的 MAC 地址,构建出一个 MAC 地址表。交换机从某个端口收到数据帧后,读取数据帧中封装的目的地 MAC 地址信息,然后查阅事先构建的 MAC 地址表,找出和目的地地址相对应的端口,从该端口把数据转发出去,其他端口则不受影响,这样就避免了与其他端口上的数据发生碰撞。因此,构建 MAC 地址表是交换机的首要工作。

1.3.4　路由原理

假设主机 A 向处在不同网段的主机 B 发送数据包,由于主机 A 的设置,数据包会发向主机 A 所处网段的网关路由节点,路由器接收到数据包,查看包内源的 IP 地址信息,校验匹配自身路由表中的条目,从而转发到下一个路由节点,直至发送到目的主机。在转发过程中,在任意一个节点的路由条目中无匹配项,数据包就会丢失,给用户返回目标地址不可到达的信息。

1.3.5　路由表

直连网段:当路由接口配置接口 IP 且接口状态为 UP 时,路由表就会产生对应直连路由的条目。

非直连路由:当网络拓扑中存在其他网段且不直连在路由器 A 节点时,如果 A 节点需要将其他网段写入路由表,就需以静态或动态路由的方式将其他网段转发到 A 节点的路由表中。

1.3.6　静态路由

静态路由是指由用户或网络管理员手工配置的路由信息。当网络的拓扑结构或链路的状态发生变化时,网络管理员需要手工去修改路由表中相关的静态路由信息。静态路由信息在缺省情况下是私有的,不会传递给其他的路由器。

特点:

(1) 允许对路由的行为进行精确的控制。

(2) 静态路由是单向路由条目,在实现双方通信的过程中,双方都应该配置相对应的静态路由。

(3) 缺乏灵活性,虽然在路径上做到精确控制,但自身是静态配置,在网络架构的不断扩展中,所需静态路由的条目会越来越多,所消耗的成本也就越来越高。

配置:router(config)♯iproute 192.168.2.1　255.255.255.0 192.168.1.1
router(config)♯iproute 192.168.2.1　255.255.255.0　f0/1

1.3.7　默认路由

默认路由是一种特殊的静态路由,是在路由表中域包的目的地址没有匹配项时路由器能够做出的选择。它适用于末梢网络。

末梢网络:此网络中只有唯一的一个路径能够到达其他网络。

配置:router(config)♯iproute 0.0.0.0 0.0.0.0 192.168.1.1

1.3.8　动态路由

根据是否在一个自治域内部使用,动态路由协议分为内部网关协议(IGP)和外部网关协议(EGP)。这里的自治域指一个具有统一管理机构、统一路由策略的网络。自治域内部采用的路由选择协议称为内部网关协议,常用的有 RIP、OSPF;外部网关协议主要用于多个自治域之间的路由选择,常用的是 BGP 和 BGP-4。

动态路由协议包括各种网络层协议,如 RIP、IGRP、EIGRP、OSPF、IS-IS、BGP 等。

▶▶▶ 1.4　IP 地址

本节重点:
◆ IP 地址的分类
◆ IP 地址的广播与冲突

1.4.1　IP 地址的分类

为了给不同规模的网络提供必要的冗余扩展性,按照网络规模的大小,把 32 位的 IP 地址空间划分为五个不同的地址类别,如图 1-9 所示,其中 A、B、C 三类最为常用。

1.4.2　子网掩码

子网掩码是一个 32 位地址,用于屏蔽 IP 地址的一部分以区别网络标识和主机标识。

IP地址类型	第一字节十进制范围	二进制固定最高位	二进制网络位	二进制主机位
A类	0~127	0	8位	24位
B类	128~191	10	16位	16位
C类	192~223	110	24位	8位
D类	224~239	1110	组播地址	
E类	240~255	11110	保留试验使用	

图 1-9

任意一个 IP 地址,将其网络位全部为 1,主机位全部为 0,这样得到的结果则是此 IP 的子网掩码。1.4.1 小节中 IP 地址的分类是以标准子网掩码划分的,如图 1-10 所示。

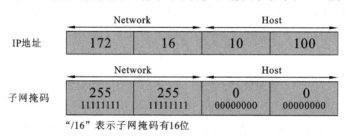

"/16"表示子网掩码有16位

图 1-10

注意:IP 地址的网络地址不能全部设置为"1"或"0"。

IP 地址的主机地址不能全部设置为"1"或"0"。

1.4.3 私有地址

在网络世界中,有三个范围的网络地址可以用于企业内部网络(Intranet)。不被互联网中的路由器所解析和发送的地址,称为私有 IP 地址。三个地址范围分别是:

(1) 10.0.0.0～10.255.255.255;

(2) 172.16.0.0～172.31.255.255;

(3) 192.168.0.0～192.168.255.255。

1.4.4 特殊 IP 地址

(1) 网络部分为 any,主机部分全为"0"时,代表一整个网段的网络地址。

(2) 网络部分为 any,主机部分全为"1"时,代表该网段的全网广播地址。

(3) 网络部分为 127,主机部分为 any 时,代表该地址为环回测试地址。

(4) 网络和主机部分全为"0",一般用于默认路由。

(5) 网络和主机部分全为"1",代表全网广播地址。

1.4.5 IP 的自动分配

DHCP(dynamic host configuration protocol,动态主机配置协议)是一个局域网的网络协议,使用 UDP 协议工作,主要有两个用途:给内部网络或网络服务供应商自动分配 IP 地址;供用户或者内部网络管理员作为对所有计算机进行中央管理的手段。DHCP 协议有 3

个端口：UDP67、UDP68 和 UDP546。前两者是常见服务端口，分别作为 DHCP Server 服务端口和 DHCP Client 服务端口。UDP546 端口用于 DHCPv6，一般为关闭状态，需要特殊开启，提供 DHCPfailover 服务。DHCPfailover 用于"双机热备"。

1. DHCP 工作原理

DHCP 工作原理如图 1-11 所示。

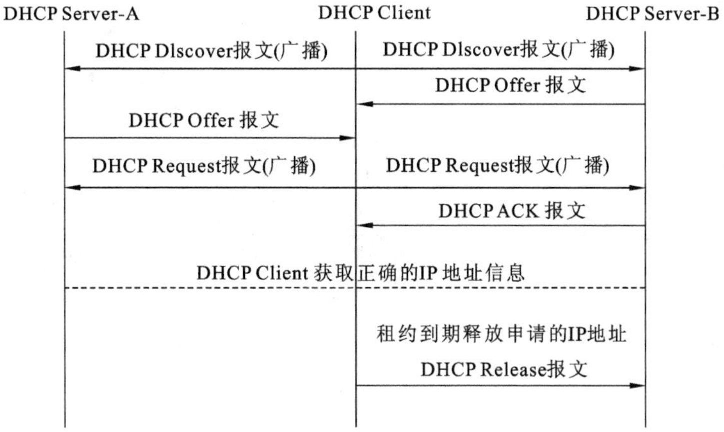

图 1-11

2. DHCP 分配 IP 地址的三种机制

（1）自动分配方式（automatic allocation），DHCP Server 为下联主机永久性分配一个 IP 地址，一旦 client 租用到地址，就永久性地使用此 IP 地址。

（2）动态分配方式（dynamic allocation），DHCP Server 租用 IP 时，附加使用具体时间限期。当主机明确放弃或时间到期时，该分配地址可被其他设备使用。

（3）手动分配方式（manual allocation），client 端 IP 地址是由网络管理员手动指定分配的，DHCP Server 只会将指定 IP 地址分配给 client。

3. DHCP 中继代理

DHCP Relay（DHCPR，DHCP 中继）即 DHCP 中继代理，它在 DHCP 服务器和客户端之间转发 DHCP 数据包。当 DHCP 客户端与服务器不在同一个子网上时，就必须由 DHCP 中继代理来转发 DHCP 请求和应答消息。DHCP 中继代理的数据转发与通常路由转发是不同的，通常的路由转发相对来说是透明传输的，设备一般不会修改 IP 包内容；而 DHCP 中继代理接收到 DHCP 消息后，重新生成一个 DHCP 消息，然后转发出去。

1.4.6　广播域

广播是一种信息的传播方式，即网络中的某一设备同时向网络中所有的其他设备发送数据，这个数据所能广播到的范围称为广播域（broadcast domain）。广播域就是站点发出一个广播信号后能接收到这个信号的范围。通常来说，一个局域网就是一个广播域。广播域内所有的设备都必须监听所有的广播包，如果广播域大了，用户的带宽就小了，并且需要处理更多的广播,网络响应时间将会延长。代表设备:交换机。

广播:将广播地址作为目的地址的数据帧。

广播域:网络中能接收任一设备发出的广播帧的所有设备的集合,如图1-12所示。

MAC 地址广播:所有相连接的交换机和集线器的集合。MAC 广播地址:FF-FF-FF-FF-FF-FF。交换机转发 MAC 地址广播,而路由器会阻挡 MAC 地址广播。

IP 地址广播:IP 目的地址全为1的广播地址。

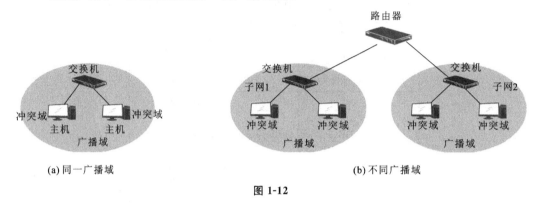

图 1-12

1.4.7 冲突域

连接在同一导线上的所有工作站的集合,或者说是同一物理网段上所有节点的集合或以太网上竞争同一带宽的节点的集合。这个域代表了冲突在其中发生并传播的区域,这个区域可以被认为是共享段。在 OSI 模型中,冲突域被看作是第一层的概念,连接同一冲突域的设备有 Hub、Reporter 或者其他进行简单复制信号的设备。代表设备:Hub。

集线器与交换机的区别在于:

集线器是一种物理层设备,本身不能识别 MAC 地址和 IP 地址,当集线器下连接的主机设备间传输数据时,数据包是以广播的方式进行传输的,由每一台主机的 MAC 地址来确定是否接收。

在这种情况下,同一时刻由集线器连接的网络中只能传输一组数据,如果发生冲突则需要重传。集线器下连接的所有端口共享整个带宽,即所有端口为一个冲突域。

交换机则是工作在数据链路层的设备,在接收到数据后,通过查找自身系统 MAC 地址表中的 MAC 地址与端口对应关系,将数据传送到目的端口。

交换机在同一时刻可进行多个端口之间的数据传输,每一端口都是独立的物理网段,连接在端口上的网络设备独自享有全部的带宽。因此,交换机起到了分割冲突域的作用,每一个端口为一个冲突域。

1.5 子网划分

本节重点:

◆ 计算常用进制间的转换

◆ 子网划分的原理与方式

1.5.1　进制转换

进制是人们利用符号来计数的方法,包含很多种数字转换。进制转换由一组数码符号和两个基本因素("基"与"权")构成。

位制是一种计数方式,亦称进位计数法,可以用有限的数字符号代表所有的数值。可使用数字符号的数目称为基数或底数,基数为 n,即可称 n 进位制,简称 n 进制。现在最常用的是十进制,通常使用 10 个阿拉伯数字(0～9)进行计数。

1.5.2　常见的进制

常见的进制有二进制、八进制、十进制、十六进制。

二进制:数码 0～1;基 2;权 $2^0,2^1,2^2,\cdots$;逢二进一。

八进制:数码 0～7;基 8;权 $8^0,8^1,8^2,\cdots$;逢八进一。

十进制:数码 0～9;基 10;权 $10^0,10^1,10^2,\cdots$;逢十进一。

十六进制:数码 0～9,A～F;基 16;权 $16^0,16^1,16^2,\cdots$;逢十六进一。

1.5.3　数据转换

以十进制 1010 为例,按不同进制换算。

(1) 十进制数的特点是逢十进一:

$$(1010)_{10}=1\times 10^3+0\times 10^2+1\times 10^1+0\times 10^0$$

(2) 二进制数的特点是逢二进一:

$$(1010)_2=1\times 2^3+0\times 2^2+1\times 2^1+0\times 2^0=(10)_{10}$$

(3) 十六进制数的特点是逢十六进一:

$$(1010)_{16}=1\times 16^3+0\times 16^2+1\times 16^1+0\times 16^0=(4112)_1$$

(4) 八进制数的特点是逢八进一:

$$(1010)_8=1\times 8^3+0\times 8^2+1\times 8^1+0\times 8^0=(520)_{10}$$

1.5.4　基本的子网划分

一般子网划分中,会借用一个或多个主机位作为网络位创建子网,子网数量的计算方法:2N(N 为借用的位数)。子网中主机数量的计算方法:2N−2(N 为剩余主机位数,−2 表示减去子网中已存在的主机地址和广播地址)。小常识:路由器的每一个接口都属于一个子网,一般交换机的所有接口都属于同一个子网,如图 1-13 所示。

1.5.5　子网划分原理

IP 地址经过一次子网划分后,被分成三个部分——网络位、子网位和主机位。

一个/24 的网段四个/26 的网段如图 1-14 所示。

一个/24 的网段八个/27 的网段如图 1-15 所示。

1.5.6　子网划分方法

(1) 无子网的标注法:使用自然掩码,不对网段进行细分。

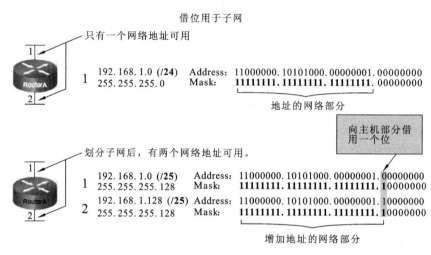

图 1-13

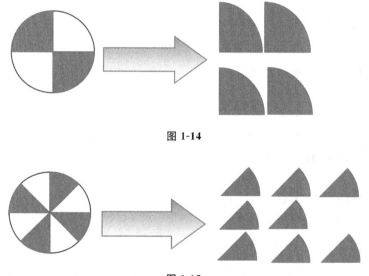

图 1-14

图 1-15

比如 B 类网段的 IP：172.16.2.160，采用 255.255.0.0 作为掩码。其包含的主机数为 $2^{16}-2$。

（2）有子网的标注法：有子网时，IP 和相应的掩码一定要配对出现。

以 B 类地址为例：IP 地址 172.16.2.160/26，26 表示该 IP 地址的前 26 位为网络位，其中 B 类地址默认网络位为 16 位，因此子网位为 26－16 ＝ 10 位，换算成子网掩码是 255.255.255.192。

1.5.7 细分子网

为了有效地使用无类别域间路由（CIDR）和路由汇聚（route summary）来控制路由表的大小，网络管理员使用先进的 IP 寻址技术，VLSM（可变长子网掩码）就是其中的常用方式。VLSM 可以对子网进行层次化编址，将大范围的网络细分成多个小范围的网络，以便最有效地利用现有的地址空间,如图 1-16 所示。

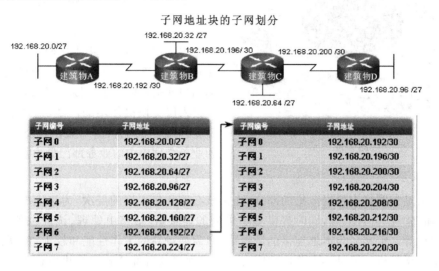

图 1-16

1.5.8　子网划分的步骤

进行一个大范围网段的子网划分的步骤:

(1) 规划下属子网中最多可存在的主机数量;

(2) 利用"$2N-2=$主机数量"计算出地址块的大小。

(3) 根据原有的网络位与计算得出的地址块,算出该次子网划分共可划分的子网数量。

(4) 考虑子网主机数量的扩展性,接一位或多位网络位,重新计算子网数量。

1.6　网　络　架　构

本节重点:

◆ 网络化层次结构及每种层次所具有的功能

◆ 多种网络拓扑结构

1.6.1　层次化网络结构

网络架构(network architecture)是为设计、构建和管理一个通信网络提供一个构架和技术基础的蓝图。网络构架定义了数据网络通信系统的每个方面,包括但不限于用户使用的接口类型、使用的网络协议和可能使用的网络布线的类型。

网络架构有一个分层结构。分层是一种现代的网络设计原理,它将通信任务划分成很多小的部分,每个部分完成一个特定的子任务和用小数量良好定义的方式与其他部分相结合。现有的网络架构中,将网络划分为三个层次:核心层、汇聚层、接入层。目前市场上的核心层与汇聚层设备正在弱化区分,更多中高档产品已经综合了两个层次的功能。但在某些大型网络规划中,还是严格按照三个层次网络架构实行网络建设,如图 1-17 所示。

图 1-17

1.6.2 层次结构详解

1. 接入层

接入层是指网络中直接面向计算机用户连接和访问的部分。接入层存在的目的是允许终端用户连接到网络中。接入层面向的用户众多和接入层交换机使用的广泛，造就了它具有高密度和低层本的特性，一般在办公室、小型机房和业务受理集中的业务部门最为常见。

2. 汇聚层

汇聚层是指网络中数据汇集的部分，连接核心层和接入层的层次，为接入层提供数据的汇聚、传输、管理、分发处理，同时提供基于策略的连接，包括路由处理、认证服务、地址合并和协议过滤等。汇聚层为本地连接的逻辑中心，需要较高的工作性能和较丰富的服务功能。

汇聚层交换机一般是具有路由功能的三层交换机或者堆叠式交换机以达到带宽和传输性能的要求，这类设备对环境的要求相对较高，如对电磁辐射、温度、湿度存在一定要求，汇聚层设备间多采用光纤互联，以提高网络系统的传输性能和吞吐量。

3. 核心层

核心层的功能主要是实现骨干网络之间的优化传输，核心层设计的重点通常是冗余能力、可靠性和高速的传输。网络的控制功能最好尽量少地在核心层上实施。核心层一直被认为是所有流量的最终承受者和汇聚者，所以对核心层的设计以及网络设备的要求十分严格。核心层设备将占投资的主要部分。核心层需要考虑冗余设计。

1.6.3 网络拓扑结构

拓扑是从几何学衍生到网络世界中的名词，网络拓扑是描述网络互联的形状，也就是物理上的连通性。网络拓扑结构是指传输媒体互联各种设备的物理布局，即用什么方式把网络中的多台计算机等设备互联起来。

拓扑结构主要有星型拓扑结构、环型拓扑结构、总线型拓扑结构、分布型拓扑结构、树型拓扑结构、蜂窝状拓扑结构。

1. 星型拓扑结构

星型拓扑结构是指各工作站以星形方式连接成网。网络中有中央节点，其他节点(工作站、服务器)都与中央节点直接相连，这种结构以中央节点为中心，因此又称为集中式网络。

星型拓扑结构便于集中控制，因为端用户之间的通信必须经过中心站。这一特点也带来了易于维护和安全等优点。端用户设备因为故障而停机时不会影响其他端用户间的通信。同时，星型拓扑结构的网络延迟时间较小，系统的可靠性较高，如图1-18所示。

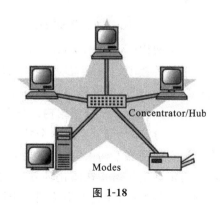

图 1-18

2. 环型拓扑结构

环型拓扑结构在 LAN 中使用较多。这种结构中的传输媒体从一个端用户到另一个端用户,直到将所有的端用户连成环型。数据在环路中沿着一个方向在各个节点间传输,信息从一个节点传到另一个节点。每个端用户都与两个相邻的端用户相连,因而存在着点到点链路,但总是以单向方式操作,于是便有上游端用户和下游端用户之称;信息流在网络中是沿着固定方向流动的,两个节点仅有一条道路,故简化了路径选择的控制。

环型拓扑结构的缺点是单个发生故障的工作站可能使整个网络瘫痪。除此之外,如同在一个总线型拓扑结构中,参与令牌传递的工作站越多,响应时间也就越长。因此,单纯的环型拓扑结构非常不灵活或不易于扩展,如图 1-19 所示。

3. 总线型拓扑

总线型拓扑结构是所有工作站和服务器均在一条物理总线上,无中心控制。信息传输方式多以基带形式串行传递,从信息发送的节点开始向两端传递,也被称为广播式计算机网络。其他各节点接收到信息时都可以进行地址检查,检查是否与自己的工作站地址信息相符,确认相符后则接收该信息。

总线型拓扑结构的优点:结构简单,有较大的扩展性。网络中需要增加新节点时,只需在总线上增加一分支接

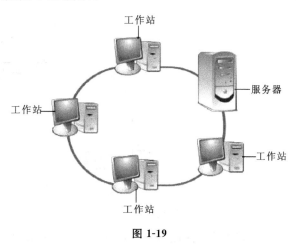

图 1-19

口便可与分支节点相连。当总线负载不足时可使用扩展总线的方法。整体结构简单,易于搭建,但维护难度较大,节点发生单点故障后,整个网络都会受到影响,不易确定故障节点的排查,如图 1-20 所示。

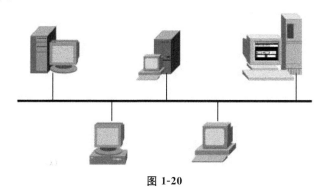

图 1-20

4. 分布型拓扑结构

分布型拓扑结构是将分布在不同区域的计算机通过线路互联起来的网络结构,由于采用分散控制的方式,即使整体网络中某节点发生故障,也不会影响到全网的稳定性。网络可

以使用路径选择最优算法,所以节点间可直接建立数据链路,信息路线最短,传输效率高,延迟时间少,便于全网的资源共享。

缺点:物理连接使用的线缆过长,造价成本高;网络报文分组交换、路径选择、流向控制复杂。一般局域网不采用这种结构。

5. 树型拓扑结构

树型拓扑结构是分级的集中控制式网络,与星型拓扑结构相比,它的通信线路总长度短,成本较低,节点易于扩充,寻找路径比较方便,但除了叶节点及其相连的线路外,任一节点或其相连的线路故障都会使下联系统受到影响。树型拓扑结构易于扩展,易于隔离故障,如图 1-21 所示。

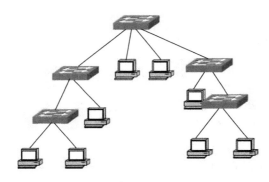

图 1-21

6. 蜂窝状拓扑结构

蜂窝状拓扑结构是无线局域网中常用的结构。它以无线传输介质(微波、卫星、红外线等)进行点到点和多点传输为特征,是一种无线网网络结构。

第2章　IDC网络设备及耗材

完成本章的学习后,您将:

了解 IDC 机房常用网络设备的品牌。

熟悉 IDC 机房网络设备的种类。

知道 IDC 机房网络设备的组成。

掌握 IDC 机房常用耗材及种类。

⟫⟫⟫ 2.1　IDC 网络设备

本节重点:

◆ 设备品牌及种类

网络设备是网络连接中的物理实体。网络设备的种类繁多,且与日俱增。基本的网络设备有交换机、集线器、网桥、路由器、ODF、DWDM、EWDM 传输设备,网络接口卡(NIC)、模块、光纤、网线。

本节列举了 H3C、CISCO 等品牌的一些数据机房内常见的网络设备,包括核心层交换机、汇聚层交换机、接入层交换机、带外管理设备及传输设备。

本节介绍了目前所用的光纤和光模块,包括其种类、接口类型等基础知识。

2.1.1　品牌介绍

在网络世界快速发展的同时,大量的网络设备公司、厂商也迅速成长,为网络世界提供助力和养分。

CISCO(思科):1989 年 12 月在美国成立,创建人是斯坦福大学的一对教师夫妇,现在是网络设备厂商中的巨头公司。

华为:1988 年成立于中国深圳,根据 2009 年的统计报告,华为已跻身全球第二大设备商。

H3C(华三):HP 旗下子公司,现已独立经营。

ZTE(中兴):成立于 1985 年,是中国重点高新技术企业。

TP-link(普联):成立于 1996 年,是国内少数拥有完全独立自主研发和制造能力的公司。

Brocade(博科):成立于 1995 年,是全球领先的存储区域网络基础设施供应商。

2.1.2　带外设备

带外管理系统（网络综合管理系统）由控制台服务器（网络设备管理维护系统）、远程KVM（计算机设备管理维护系统）、电源管理器（机房电源＝管理系统）和网络集中管理器（网络集中综合管理系统）四部分组成。

控制台服务器通过把机房内部网络设备的 Console 端口集中起来联网建立一套独立于数据网络之外的专用管理网络，数据和管理将不再共用同一物理信道，数据网络和管理网络完全独立，互不影响。系统管理员利用专用管理网络通过控制台服务器对机房内部的网络设备进行集中监控、管理和维修。网络出现故障时，管理员可以通过登录控制台服务器对网络设备进行管理和维修。

图 2-1 所示为 D-Link 的带外设备。

2.1.3　接入设备

接入层交换机一般直接连接计算机，具有低成本和高端口密度的特性。接入层交换机端口的 input 指服务器向交换机端口发送的数据，即服务器发送出去的数据。接入层交换机端口的 output 指交换机端口向服务器传输的数据，即服务器收到的数据。

图 2-2 所示为 CISCO 的接入设备。

图 2-1

图 2-2

2.1.4　汇聚设备

图 2-3

汇聚层是多台接入层交换机的汇聚点，它必须能够处理来自接入层设备的所有通信量，并提供到核心层的上行链路，根据接入层的用户流量，进行本地路由、过滤、流量均衡、QoS 优先级管理，以及安全机制、IP 地址转换、流量整形、组播管理等处理。因此，汇聚层交换机与接入层交换机比较，需要更高的性能、更少的接口和更高的交换速率。

图 2-3 所示为 CISCO 的汇聚设备。

2.1.5　核心设备

核心层交换机一般都是三层交换机或者三层以上的交换机，采用机箱式的外观，具有很多冗余的部件。核心层交换机是交换机的网关。在进行网络规划设计时，核心层的设备通常要占用大部分投资，因为核心层设备对冗余能力、可靠性和传输速度等方面的要求较高。

图 2-4 所示为 H3C 的核心设备。

2.1.6 传输设备

同步数字体系(SDH 传输网、IPRAN)是一个将复接、线传输及交换功能集为一体的,由统一管理系统操作的综合信息传送网络,可实现诸如网络的有效管理、开发业务时的性能监视、动态网络维护、不同供应厂商设备的互通等多项功能。它大大提高了网络资源利用率,并显著降低了管理和维护的费用,实现了灵活可靠和高效的网络运行与维护,因而在现代信息传输网络中占据重要地位。

传输网作为电信网的基础,其规划和建设在整个网络发展中扮演着重要角色。运营商在实现全业务运营后,会在传输网建设中考虑语音和数据业务开展之间的结合,从而更好地满足快速发展的宽带业务、流媒体业务、NGN 业务与 3G 业务的共同开展。目前中国移动业务流量传输业务流主要体现为集中型结构,即基站吸收话务量、通过传输网层层疏导到MSC 中进行处理。

图 2-5 所示为 7900 系列传输设备。

图 2-4

图 2-5

▶▶▶ 2.2　IDC 网络配件

本节重点:

◆ 网络配件的组成

2.2.1 板卡

板卡是主控引擎、业务卡等各类卡的总称,是在模块化交换机中类似刀片的板子。主控引擎也称为主控卡;业务卡分为多业务卡和线卡,多业务卡是集成扩展功能的板卡,线卡一般特指只负责数据交换的板卡。

图 2-6 所示为引擎板卡,图 2-7 所示为业务板卡。

➢ 双核心Intel Xeon 处理器
➢ 4 GB的内存
➢ 2 GB的闪存(8 GB的日志和2 GB的扩展)
➢ 2 MB NVRAM
➢ 1 10/100/1000自适应以太网口
➢ 1 控制端口和辅助端口
➢ 1 CMP 10/100/1000以太网口
➢ 3 USB口(2 host-1 device)

前面板

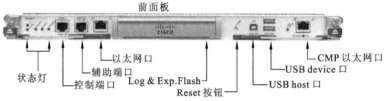

状态灯 控制端口 辅助端口 以太网口 Log & Exp.Flash Reset 按钮 USB host 口 USB device 口 CMP 以太网口

图 2-6

32端口万兆以太网模块
➢ 32个万兆以太网端口(SFP+Optics)
➢ 80个千兆光纤连接
➢ 60 Mpps的IPv4转发
➢ 128 K MAC，128 K FIB，512 K NetFlow
➢ QoS Queues (RX:8q2t)(TX:1p7q4t)
➢ 巨型帧(9216)

48端口10/100/1000(双绞线)模块
➢ 48个10/100/1000 M端口(双绞线)
➢ 40个千兆光纤连接
➢ 60 Mpps的IPv4转发
➢ 128 K MAC, 128 K FIB, 512 K NetFlow
➢ QoS Queues (RX:2q4t)(TX:1p3q4t)
➢ 巨型帧(9216)

48口千兆光模块
➢ 48个G口(光口)
➢ 40个千兆光纤连接
➢ 60 Mpps的IPv4转发
➢ 128 K MAC, 128 K FIB, 512 K NetFlow
➢ QoS Queues (RX:2q4t)(TX:1p3q4t)
➢ 巨型帧(9216)

图 2-7

2.2.2 模块

常见模块分类信息如表 2-1 所示。

表 2-1

型　　号	传输速率	类型传输距离	厂　　商
SFP	千兆光模块	SR(黑色)(400 m 左右)(单模) LR(蓝色)(10 km)(多模) ER(红色)(40 km)(多模) ZR(白色)(80 km)(多模)	Foundry H3C CISCO
GBIC	千兆光模块		
SFP+	万兆光模块		
XFP	万兆光模块		
XENPAK	万兆光模块		
X-2	万兆光模块		

（1）SFP 模块：主要厂商为 Foundry、H3C，如图 2-8 所示。

（2）XFP：主要厂商为 Foundry、H3C、CISCO，如图 2-9 所示。

多模850 nm
单模1310 nm

图 2-8

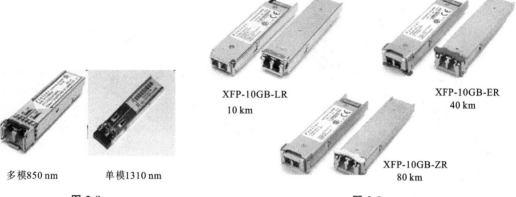

XFP-10GB-LR
10 km
XFP-10GB-ER
40 km
XFP-10GB-ZR
80 km

图 2-9

（3）GBIC：主要厂商为 CISCO，如图 2-10 所示。

（4）SFP＋模块：主要厂商为 H3C、Foundry，如图 2-11 所示。

MULTI-MODE
850 nm
FTR-8519P-5A
November 2000
GBIC Rev. 5.1
Finisar

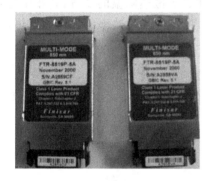

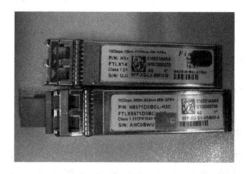

图 2-10

图 2-11

（5）XENPAK：主要厂商为 CISCO，如图 2-12 所示。

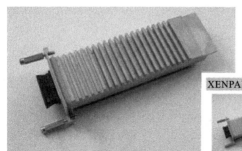

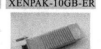

XENPAK-10GB-SR
XENPAK-10GB-LR
XENPAK-10GB-ER
10 Gbps Short Reach
850 nm XENPAK
Transceiver
10 Gbps Long Reach
1310 nm XENPAK
Transceiver
10 Gbps Long Reach
1550 nm XENPAK
Transceiver

图 2-12

（6）X-2：主要厂商为 CISCO，如图 2-13 所示。

（7）光电转换模块，其作用是将光接口转换为电接口，如图 2-14 所示。

图 2-13   图 2-14

2.2.3   风扇

风扇是以电驱动产生气流，给交换机内的主板、CPU 等散热降温的设备，其作用是降低因温度过高所带来的设备损耗，保持设备的正常工作，以提高工作效率。常见的散热设备：风扇、风墙、散热片。图 2-15 所示为风扇。

2.2.4   电源

模块化的设计使得电源从整体设计中分离出来，使电源和设备之间的稳定性和安全性更高，如图 2-16 所示。

电源模块的作用如下。

隔离：安全隔离、噪声隔离、接地环路消除。

保护：短路保护、过压保护、欠压保护，过流保护。

电压变换：升压\降压转换、交直流转换、极性变换。

稳压：交流市电\远程直流\分布式电源\电源供电。

降噪：有源滤波。

图 2-15   图 2-16

2.3　网络耗材

本节重点：

◆ 网络耗材的种类

◆ 网络耗材的特点

2.3.1　铜缆

铜缆网线(双绞线)，可以分为屏蔽双绞线(STP)和非屏蔽双绞线(UTP)。屏蔽双绞线在普通双绞线与外层绝缘层之间存在一个金属层，其作用是减少辐射，防止信息被窃听，阻挡外界电磁干扰。屏蔽双绞线相对于非屏蔽双绞线具有更高的传输速率，但造价高。

双绞线还可按传输速率划分成一至七类线，市场上常见的是五类线、超五类线、六类线，如图 2-17 所示。

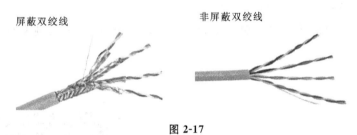

图 2-17

2.3.2　光纤

光纤是一种由玻璃或塑料制成的光导纤维，可作为光传导工具。传输原理是光的全反射。

光纤的种类：多模(一般为橙色)和单模(一般为黄色)，如图 2-18 所示。

光纤单模、多模的工作原理示意图如图 2-18 所示。

按接口区分光纤，如图 2-19 所示。

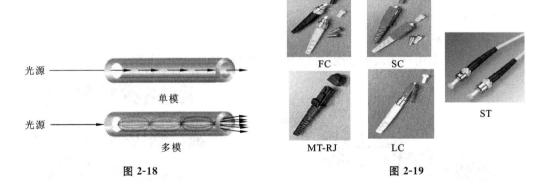

图 2-18　　　　　　　　　　　　图 2-19

(1) FC 圆形口带螺纹铁圈。

(2) SC 方形口外露光芯。

(3) ST 圆形铁口带缺口卡槽。

（4）LC 带卡口。

（5）MT-RJ 全黑色（类似 RJ45 接口）。

2.3.3 光缆

光缆是由光纤（光传输载体）经过一定的工艺而形成的线缆。光缆一般由缆芯、加强钢丝、填充物和护套等几部分组成，另外根据需要还有防水层、缓冲层、绝缘金属导线等构件，如图 2-20 所示。

MTP 光缆是标准的 12 芯、24 芯、48 芯紧凑型结构的 micro 光缆。这种紧凑型光缆可以优化空中索道的使用和改善空气流动。紧凑型结构的光缆由高质量的零部件组成。标准、低损耗的 MTP 连接头具有低插入损耗的特点。MTP 光缆如图 2-21 所示。

2.3.4 设备耗材

常见的设备耗材有 ODF、理线器、配线架。

（1）ODF（光纤配线架），如图 2-22 所示。

作用：用于光纤通信系统中局端主干光缆的成端和分配，可方便地实现光纤线路的连接、分配和调度。

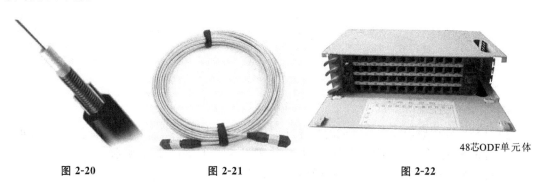

48芯ODF单元体

图 2-20　　　　　　　　图 2-21　　　　　　　　图 2-22

（2）理线器，如图 2-23 所示。

作用：使电缆在压入模块之前不再多次直角转弯，减少了电缆自身的信号辐射损耗，同时也减少了对周围电缆的辐射干扰。

（3）配线架（MDF），如图 2-24 所示。

作用：用于终端用户线或中继线，并能对它们进行调配连接的设备。

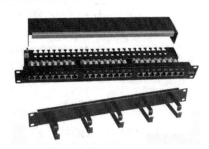

图 2-23　　　　　　　　　　　　　图 2-24

2.3.5　网络工具

网络工具的作用:在 IDC 机房进行运维工作时,方便工作进行。图 2-25 和图 2-26 所示为网络工具的图片和名称。

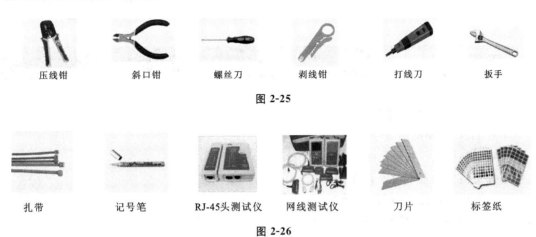

| 压线钳 | 斜口钳 | 螺丝刀 | 剥线钳 | 打线刀 | 扳手 |

图 2-25

| 扎带 | 记号笔 | RJ-45头测试仪 | 网线测试仪 | 刀片 | 标签纸 |

图 2-26

第3章 IDC网络设备基础配置

完成本章的学习后,您将:

了解 H3C 交换机的命令特性。

会对交换机进行初始化配置。

掌握交换机的基本命令管理。

会交换机的远程 TELNET 配置。

会交换机的 SSH 登录配置。

了解常见交换机的配置实例。

▶▶▶ 3.1 命令使用入门

本节重点:

◆ 各种配置命令模式的切换关系

3.1.1 H3C 视图介绍

H3C 系列设备提供了丰富的功能,相应地也提供了多样的配置和查询命令。当使用某些命令时,需要先进入这个命令所在的特定模式(即视图)。各命令行视图是针对不同的配置要求实现的,它们之间既有联系又有区别。首先介绍常用的两种视图,即用户视图和系统视图,最后介绍其他视图。

各种视图之间的关系可用图 3-1 来表示。

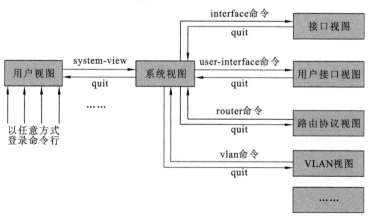

图 3-1 各种视图之间的关系

3.1.1.1 用户视图

用户视图模式为：＜H3C＞。

在登录到设备后，首先进入的就是用户视图，在用户视图下可以完成查看运行状态和统计信息等功能。用户视图的提示符为"＜＞"，"＜＞"内为系统名称，用户可以自行配置，缺省为H3C，如下所示。

```
********************************************************************
* Copyright(c) 2004-2007 Hangzhou H3C Tech. Co., Ltd. All rights reserved.
* Without the owner's prior written consent,
* no decompiling or reverse-engineering shall be allowed.
********************************************************************
User interface con0 is available.
Please press ENTER.
<H3C>
% Apr 22 16:44:16:802 2008 H3C SHELL/4/LOGIN:Console login from con0
<H3C>
```

3.1.1.2 系统视图

系统视图模式为：[H3C]。

在用户视图输入命令system-view进入系统视图，在系统视图下可以完成交换机的大部分配置，如下所示。

```
********************************************************************
* Copyright(c) 2004-2007 Hangzhou H3C Tech. Co., Ltd. All rights reserved.
*
* Without the owner's prior written consent, *
* no decompiling or reverse-engineering shall be allowed.        *
********************************************************************
User interface con0 is available.
Please press ENTER.
<H3C>
% Apr 22 16:44:16:802 2008 H3C SHELL/4/LOGIN:Console login from con0
<H3C>
<H3C> system-view
System View:return to User View with Ctrl+ Z.
[H3C]interfaceGigabitEthernet 0/0
[H3C-GigabitEthernet0/0]description to_MyPC
[H3C-GigabitEthernet0/0]ip add 192.168.0.1 255.255.255.0
[H3C-GigabitEthernet0/0]quit
[H3C]user-interfacevty 0 4
[H3C-ui-vty0-4]authentication-mode scheme
System view:return to user view with Ctrl+ z
```

3.1.1.3 功能视图

在系统视图下,可以分别进入各功能视图。这里给出 H3C 设备常用的功能视图及进入各种视图的方式,如表 3-1 所示。

表 3-1

基本接入功能视图	包括常用接口、VLAN、MSTP、QinQ、RRPP、DHCP 等基本接入功能视图
设备管理功能视图	包括用户界面、NQA 测试组、FTP 等日常管理操作视图
流量控制功能视图	包括 ACL、QOS 策略、user profile 等视图
接入安全功能视图	包括 ISP 域、RADIUS 方案、SSL、SSH 等功能视图
路由相关功能视图	包括 RIP、OSPF、BGP 等 IPV4 路由协议相关功能视图,以及 RIPng、OSPFv3、IPv6 BGP 等 IPv6 路由协议相关功能视图
组播相关功能视图	包括 IGMP、MLD、PIM、IPv6PIM、MSDP、MBGP、组播 VLAN、IPv6 组播 VLAN 等相关功能视图
MPLS 相关功能视图	包括 MPLS 视图、VPN 实例视图、MPLS-L2VPN 视图、MPLS-TE 视图等

◆ VLAN 视图模式为:[H3C-vlan9]
◆ 路由协议视图模式为:[H3C-route]
◆ 接口视图模式为:[H3C-Ethernet1/0/24]
◆ 用户界面视图模式为:[H3C-ui-vty0-4]
◆ VLAN 接口视图模式为:[H3C-Vlan-interface9]
◆ 用户模式为:[H3C-luser-sina]

例如:

```
<H3C>
<H3C> system-view
System View:return to User View with Ctrl+ Z.
[H3C]interfaceGigabitEthernet 0/0
[H3C-GigabitEthernet0/0]description to_MyPC
[H3C-GigabitEthernet0/0]ip add 192.168.0.1 255.255.255.0
[H3C-GigabitEthernet0/0]quit
```

3.1.2 H3C 命令特性

3.1.2.1 命令的级别

交换机命令有四种运行级别,分别为访问级、监控级、系统级和管理级,命令的级别由系统默认设置,各个级别的命令分别控制对应登录用户的权限。

命令级别及含义:

访问级(0 级):网络诊断工具命令、从本设备出发访问外部设备的命令。

监控级(1 级):用于系统维护、业务故障诊断的命令。

系统级(2级):业务配置命令。

管理级(3级):关系到系统基本运行、系统支撑模块的命令。

与用户级别之间的关系如表3-2所示。

表 3-2

用户级别	允许使用的命令级别
0	访问级
1	访问级、监控级
2	访问级、监控级、系统级
3	访问级、监控级、系统级、管理级

3.1.2.2　命令的帮助特性

各种视图都为客户提供了帮助功能,下面分别介绍几种常用视图的帮助特性。

普通用户模式命令列表如表3-3所示。

表 3-3

quit	Exit from EXEC
help	Description of the interactive help system
language	Switch language mode(English，Chinese)
ping	Send echo messages
display	display running system information
telnet	Connect remote computer
tracert	Trace route to destination

上述为用户视图模式下借助"?"来实现对用户的帮助,在输入"?"(即 Quidway>?)后,下面会对应列出在用户视图模式下可以使用的命令以及各个命令的对应含义。如在用户视图模式下输入"quit"命令,系统会退到系统登录状态,输入"telnet"命令可以配置交换机的远程登录等。

系统视图模式命令列表如表3-4所示。

表 3-4

debugging	Debugging functions
delete	Erase the configuration file in flash or nvram
reboot	Reboot the router
display	Show running system information
save	Write running configuration to flash or nvram
undo	Disable some parameter switchs
……	

表 3-4 为系统视图模式下借助"?"来实现对用户的帮助,在输入"?"(即[Quidway]?)后,下面会对应列出在系统视图模式下可以使用的命令以及各个命令的对应含义。如在系统视图模式下输入"reboot"命令,系统会重新启动,输入"save"命令可以保存之前做过的配置等。

接口视图模式命令列表如表 3-5 所示。

表 3-5

baudrate	Settransmite and receive baudrate
link-protocol	Set encapsulation type for an interface
ip	Interface Internet Protocol configure command
shutdown	Shutdown the selected interface
physical-mode	Configure sync or async physical layer on serial interface
undo	Negate a Command or Set its default
dialer	Dial-On-Demand routing(DDR) command
quit	Exit from config interface mode
loopback	Configure internal loopback on an interface
mtu	Maximum transmission unit
……	

表 3-5 为接口视图模式下借助"?"来实现对用户的帮助,在输入"?"(即[Quidway]interface serial 0(另行)[Quidway-Serial0]?)后,下面会对应列出在接口视图模式下可以使用的命令以及各个命令的对应含义。如在接口视图模式下输入"undo"命令,可以取消某些之前配置过的内容,输入"quit"命令可以退出到视图模式等。

3.1.2.3 命令的错误分析

在 H3C 配置过程中,我们会遇到各种不同的报错。下面我们来介绍一下不同报错的含义,如图 3-2 和图 3-3 所示的两个例子分别解释不同的报错信息。

图 3-2

图 3-3

图 3-2 和图 3-3 介绍了目前常用交换机在命令输入错误时出现的各种提示信息。

"~"所指示的位置并不能精确说明出错的具体位置,要根据错误信息进行分析。

3.1.2.4　命令的编辑特性

H3C 同其他系统类似,也提供了相应的编辑命令和快捷键。

如下是 H3C 中一些快捷键的用法。

普通按键输入字符到当前光标位置。

退格键 Backspace:删除光标位置的前一个字符。

删除键 Delete:删除光标位置字符。

左光标键←:光标相左移动一个字符位置。

右光标键→:光标相右移动一个字符位置。

上、下光标键↑、↓:显示历史命令。

在 H3C 配置命令的过程中,我们经常会碰到输入完一条命令后,我们想要找的内容不在本页中,如下所示。

＜H3C＞display interface

  Aux0 current state:DOWN

  Line protocol current state:DOWN

  Description:Aux0 Interface

  The Maximum Transmit Unit is 1500,Hold timer is 10(sec)

  Internet protocol processing:disabled

  Link layer protocol is PPP

  LCP initial

  Output queue:(Urgent queuing:Size/Length/Discards)　0/50/0

  Output queue:(Protocol queuing:Size/Length/Discards)　0/500/0

  Output queue:(FIFO queuing:Size/Length/Discards)　0/75/0

  Physical layer is asynchronous,Baudrate is 9600 bps

  ……

  ---- More----

如果出现上文所示的提示"More",说明本页未显示完,需要使用按相应的快捷键来查看后续部分,如果想显示下一屏的信息要按 Space 键,如果想显示下一行信息需要按 Enter 键,如果想终止显示或者结束该命令需要按 Ctrl＋C 组合快捷键。以上特性和 Windows 或 Linux 的命令行编辑特性是一样的。

3.2　常用命令

本节重点:

◆ 设备初始化的配置

◆ 基本的管理命令

图 3-4

3.2.1 设备初始化

如图 3-4 所示,当口令忘了,我们该如何解决呢? 以 H3C 3600 交换机为例,初始化的过程如下。

(1) 重起路由器。

(2) 按下 Ctrl+B 组合快捷键。

(3) 在出现的 0~9 项中选择 7(跳过当前配置)。

(4) 选择 0(重启)。

(5) 删除当前配置:reset saved-configuration。

(6) 重新配置密码。

3.2.2 基本命令的使用

常用的命令包括:

sysname——配置主机名。

clock datetime——配置系统时间。

display——显示系统相关信息。

ping——测试网络连通性。

tracert——跟踪路由。

ip route-static——配置路由。

reboot——重启。

undo——取消操作。

3.2.2.1 基本的管理命令

H3C 设备管理的命令有很多,这里讲解给设备配置名称、显示系统时间、配置系统时间等相关命令。

配置设备名称:

[H3C]sysname ?

TEXT   Host name (1 to 30 characters)

配置系统时间:

<H3C>clock datetime ?

TIME   Specify the time(HH:MM:SS)

显示系统时间:

<H3C>display clock

配置欢迎/提示信息:

```
[H3C]header ?
IncomingSpecify the banner of the terminal user-interface
legalSpecify the legal banner
loginSpecify the login authentication banner
motdSpecify the banner of today
shellSpecify the session banner
```

3.2.2.2 各种查看命令

常用信息查看命令如下。

常用信息查看命令：

查看版本信息：<H3C>display version

查看当前配置：<H3C>display current-configuration

显示接口信息：<H3C>display interface

显示接口 IP 状态与配置信息：<H3C>display ip interface brief

显示系统运行统计信息：<H3C>display diagnostic-information

display version 会显示当前系统的版本号，如下所示。

```
[Quidway]display version
Copyright Notice:
All rights reserved(Apr 10 2003).
Without the owner's prior written consent，no decompiling
or reverse-engineering shall be allowed.
Huawei Versatile Routing Platform Software
VRP(R) software，Version 1.74 Release 0006
Copyright(c) 1997-2003 HUAWEI TECH CO.，LTD.
Quidway R2630E uptime is 0 days 0 hours 3 minutes 10 seconds
System returned to ROM by reboot.
```

display current-configuration 会显示当前系统下进行的所有配置(包括系统默认配置)，如下所示。

```
[Quidway]display current-configuration
Current configuration
    hostnamehuawei-bj
  !
  interface Ethernet0
    ip address 100.10.110.1 255.255.0.0
  !
  interface Serial0
    encapsulationppp
    ip address 11.1.1.2 255.255.255.252
   exit
  ip route 10.110.0.0 255.255.0.0 11.1.1.1 preference 60
  !
  end
  ……
```

注意：Diagnostic-information 会不断刷屏以显示系统运行信息，可能会造成系统负荷过大，导致设备死机，切记慎用。

3.2.2.3 网络状态测试命令

跟其他类似系统相似,H3C 也需要各种测试命令来测试网络的连通性。交换机中的 ping 命令跟 Linux 中的很相似,测试目标主机的连通性,一般用来网络故障排错。如果不用 Ctrl+Z 组合快捷键来终止测试就会一直测试下去。

ping:测试工具。

```
[Quidway]ping 11.1.1.1
PING 11.1.1.1:56   data bytes, press CTRL_C to break
    Reply from 11.1.1.1:bytes= 56 Sequence= 0ttl= 255 time =  31 ms
    Reply from 11.1.1.1:bytes= 56 Sequence= 1ttl= 255 time =  31 ms
    Reply from 11.1.1.1:bytes= 56 Sequence= 2ttl= 255 time =  32 ms
    Reply from 11.1.1.1:bytes= 56 Sequence= 3ttl= 255 time =  31 ms
    Reply from 11.1.1.1:bytes= 56 Sequence= 4ttl= 255 time =  31 ms
--- 11.1.1.1 ping statistics---
    5 packets transmitted
    5 packets received
    0.00%  packet loss
round-trip min/avg/max = 31/31/32 ms
```

tracert 用来跟踪网络,可查看在到达目标主机的过程中所经过的网络节点,即到达目标主机过程中经过了哪些路由器(以 IP 地址表示)。

tracert:测试工具。

```
[Quidway]tracert 10.110.201.186
traceroute to 10.110.201.186(10.110.201.186) 30 hops max,40 bytes packet
    1 11.1.1.1 29 ms   22 ms   21 ms
    2 10.110.201.186 38 ms   24 ms   24 ms
```

在 Windows 和 H3C 交换机中,路由跟踪命令为 tracert。

在 Linux 和 CISCO 交换机中,路由跟踪命令为 traceroute。

格式为:tracert/traceroute 目标 IP。

⟫⟫⟫ 3.3　交换机基础配置

本节重点:

◆ 交换机各类端口的配置

◆ 交换机 VLAN 配置

3.3.1　端口配置

3.3.1.1　端口的基本配置

在对交换机的端口操作之前我们应该知道端口的状态:开启或关闭。首先要进入欲更改端口模式的对应端口,然后通过 shutdown 和 undo shutdown 来关闭或开启端口,具体步骤如下。

（1）进入指定端口。

```
[YD_S3552]interface eth 0/38
```

（2）关闭端口。

```
[YD_S3552-Ethernet0/38]shutdown
```

（3）打开端口。

```
[YD_S3552-Ethernet0/38]undo shutdown
```

对于端口的基本操作我们除了可以对其开启和关闭外，还有相应的描述命令，如果要取消描述，可以在描述命令前加上一个"undo"即可。

```
[YD_S3552]interface eth 0/38
[YD_S3552-Ethernet0/38]description shihuanbaoju.
[YD_S3552-Ethernet0/38]undo desc
```

为了方便管理，一般要进行配置，即为某个端口取名，让管理员很容易看出此端口的用途。

例如，为 H3C 3600 的 24 号端口取名为 admin，由此可以看出此端口是用来管理交换机的。

如果交换机有三层端口，还可以直接对端口进行 IP 配置：

```
[YD_S3552]interface eth 0/38
[YD_S3552-Ethernet0/38]ip address 192.168.1.1 255.255.255.0
```

3.3.1.2　端口双工及速率配置

交换机的端口速率一直是我们关心的问题，交换机的端口有全双工和半双工之分，端口的速率可以做相应的设置。duplex 和 speed 都是设置端口的物理状态的，目前大多数以太网端口都采用自动匹配或者速度自适应的技术。故若无特别需要，可以省略此配置。

双工状态分为自动、全双工和半双工。

速率分为自动适应、10 M、100 M、1 000 M。目前好一点的交换机皆为 1 000 M。

端口双工及速率的配置命令如下。

双工：

```
duplex { auto | full | half }
undo duplex
```

速率：

```
speed { 10 | 100 | auto }
undo speed
```

3.3.1.3　端口的模式配置

交换机的端口模式有 Access 模式、Trunk 模式和混合模式，交换机端口默认的端口模式是 Access 模式。如果想让交换机充当中继端口，就要把该端口配置成 Trunk 模式。

端口的链路类型决定了端口传输数据的功能，H3C 交换机的端口模式及功能如下。

Access 模式：为接入端口，只负责传输一个 LAN 或 VLAN 的数据。

混合模式：为混合型端口（H3C 专有），属于兼容模式，目前已不使用。

Trunk 模式:一般被交换机与交换机之间相连的端口使用,可以允许多个 VLAN 数据在其中传输。通过其特有的技术,为每个进入的 VLAN 数据分别打上不同的标记,以便区分。

设置端口模式:

```
[YD_S3552]interface eth 0/38
[YD_S3552-Ethernet0/38] port link-type access/hybrid/trunk
```

恢复端口模式为默认:

```
[YD_S3552-Ethernet0/38]undo port link-type
```

3.3.2　VLAN 配置

3.3.2.1　VLAN 概述

定义:VLAN(virtual local area network)的中文名为"虚拟局域网"。VLAN 是一种将局域网设备从逻辑上划分成一个个网段,从而实现虚拟工作组的数据交换技术。

组成:VLAN 网络可以由混合的网络类型设备组成,如 10 M 以太网、100 M 以太网、令牌网、FDDI、CDDI 等,可以是工作站、服务器、集线器、网络上行主干等。

功能:VLAN 既能将网络划分为多个广播域,从而有效地控制广播风暴的发生,使网络的拓扑结构变得非常灵活,还可以用于控制网络中不同部门、不同站点之间的互相访问,保证网络的安全。

常见的 VLAN 都是基于端口来划分的,基于端口划分的 VLAN 是较简单、有效的 VLAN 划分方法,它按照局域网交换机端口来定义 VLAN 成员。VLAN 从逻辑上把局域网交换机的端口划分开来,从而把终端系统划分为不同的部分,各部分相对独立,在功能上模拟了传统的局域网。基于端口划分的 VLAN 又分为在单交换机端口定义 VLAN 和在多交换机端口定义 VLAN 两种情况。

单交换机端口定义 VLAN,如图 3-5 所示。

交换机的 1、2、6、7、8 端口组成 VLAN1,3、4、5 端口组成 VLAN2。这种 VLAN 只支持一个交换机。

基于端口划分的 VLAN 简单、有效,但其缺点是当用户从一个端口移动到另一个端口时,网络管理员必须对 VLAN 成员进行重新配置。

多交换机端口定义 VLAN,如图 3-6 所示。

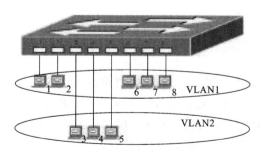

图 3-5

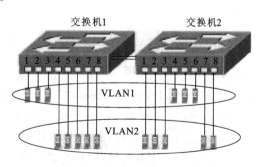

图 3-6

交换机 1 的 1、2、3 端口和交换机 2 的 4、5、6 端口组成 VLAN1,交换机 1 的 4、5、6、7、8 端口和交换机 2 的 1、2、3、7、8 端口组成 VLAN2。

3.3.2.2 VLAN 的配置

1) 默认 VLAN 的设置

交换机默认的 VLAN 号为 1,可以通过命令将其修改:

```
port trunk pvid vlan vlan_id
```

例如:将交换机的默认 VLAN 设置成 VLAN 10。

```
port trunkpvid vlan 10
```

2) VLAN 的创建与删除

创建 VLAN:

```
[H3C]vlanvlan_id
```

删除 VLAN:

```
[H3C]undo vlanvlan_id
```

3) VLAN 端口的配置

进入 VLAN 端口:

```
[H3C]interface vlan-interfacevlan_id
```

配置端口管理 IP:

```
[H3C]interface vlan-interface 9
[H3C-Vlan-interface9]ip address 1.1.1.1 255.255.255.0
[H3C-Vlan-interface9]quit
```

4) VLAN 管理

将端口加入到 VLAN 中:

把当前以太网端口加入到指定 VLAN。

```
port access vlanvlan_id
```

将当前 Hybrid 端口加入到指定 VLAN。

```
port hybridvlanvlan_id_list { tagged | untagged }
```

把当前 Trunk 端口加入到指定 VLAN。

```
port trunk permit vlan { vlan_id_list | all }
```

将端口从 VLAN 中删除:

把当前 Access 端口从指定 VLAN 删除。

```
undoportaccess vlan
```

把当前 Hybrid 端口从指定 VLAN 中删除。

```
undo port hybridvlanvlan_id_list
```

把当前 Trunk 端口从指定 VLAN 中删除。

```
undo port trunk permit vlan { vlan_id_list | all }
```

5) 查看 VLAN 信息

显示 VLAN 端口相关信息:

```
display interface vlan-interface [vlan_id]
```

显示 VLAN 相关信息：

```
display vlan [vlan_id/all/static/dynamic]
```

3.3.3 访问管理配置

3.3.3.1 交换机的认证模式

H3C 对用户的访问有严格的审核机制,不同认证模式下的用户访问系统的方式也不尽相同。

交换机的认证模式有以下几种：

LOCAL——本地账号认证；

NONE——不需要认证；

PASSWORD——只需要密码认证；

SCHEME——需要用户名和密码认证。

设置交换机的认证模式：

进入用户界面视图。

```
[SwitchA]user-interfacevty 0 4
```

设置认证方式为密码验证方式。

```
[SwitchA-ui-vty0-4]authentication-mode password
```

设置登录验证的密码为"huawei"(simple 为明文,cipher 为密文)。

```
[SwitchA-ui-vty0-4]set authentication password simple/cipherHuawei
```

设置登录访问级别为 LEVEL 3。

```
[SwitchA-ui-vty0-4]user privilege level 3
```

3.3.3.2 本地用户管理

创建本地用户：

```
[H3C]local-userusername
```

删除本地用户：

```
[H3C]undo local-user username
```

设置本地用户密码：

```
[H3C-luser-xxx] password { cipher | simple }password
```

配置用户访问级别：

```
[H3C-luser-xxx] levellevel
```

设置用户访问类型：

```
[H3C-luser-xxx] service-type ssh/telnet
```

3.3.3.3 路由配置

H3C 交换机的路由配置分为缺省路由、到网络的路由及到目标主机的路由。添加缺省路由的命令是:ip route-static 0.0.0.0 0.0.0.0 网关(下一跳)。

例如：

```
Ip  route-static  0.0.0.0  0.0.0.0  10.10.10.1
```

在 H3C 二层交换机上可配置路由,主要是为交换机远程控制服务。上面例子中的

0.0.0.0代表任意目标地址或网段。

静态路由的配置命令是:Ip　route-static 目标主机或网络目标掩码网关(下一跳)。

例如:

```
ip  route  202.103.24.68  255.255.0.0  192.168.1.1
```

取消静态路由的命令是:undo　ip route-static。

如果不知道交换机上配置了哪些路由,可以查看路由表,命令为:Display ip routing-table。

```
[YD_S3552]display ip routing-table
Routing tablepublle net
Destlnatlon/Naskprotoool Pre CoetNexthop          Interface
0.0.0.0/0          STATIC    60    0    211.138.158.217  Vlan- Interface1000
127.0.0.0/s        DIRBCT    0     0    127.0.0.1
127.0.0.1/32dirbct    0     0    127.0.0.1
InLoopBack0
211.138.135.184/29 DIRBCT  0  0    211.138.135.185   Vlan-interface104
211.138.135.185/32 DIRBCT  0  0        127.0.0.1InLoopBack0
211.138.135.236/30 DIRBCT  0  0    211.138.135.237   Vlan-interface102
```

3.3.3.4　文件系统管理

1. 显示目录或文件信息命令:dir

```
< YD_S3552> dir
Directory of flash:/
-rwxrwxrwx   l  noonenogroup  3418167  Dec  14  2003
10:00:44  S3552-VRP310-0005.in
-rwxrwxrwx   l  noonenogroup      4  Aug  05  2005
07;44;57snmpboots
-rwxrwxrwx   l  noonenogroup    5992  Jul  21  2005
17;22;33vrpcfg.txt
16125952  bytes  total(12692480 bytes free)
```

注意:vrpcfg.txt　为交换机配置文件。

2. 文件操作命令

删除文件:delete。

恢复删除文件:undelete。

拷贝文件:copy。

移动文件:move。

注意:可以通过删除 vrpcfg.txt,直接删除交换机的配置,恢复到出厂缺省配置。

例如:delete vrpcfg.txt

3. 查看以太网交换机的当前配置和初始配置

显示当前配置:

```
Display  current-configuration
```

显示交换机的初始配置：

```
Display saved-configuration
```

注意：saved-configuration 保存在 flash memory 中，current-configuration 保存在 DRAM 中。

Flash memory 相当于交换机的硬盘，断电后仍然保留；而 DRAM 相当于交换机的内存，断电后就会消失。

4. 保存配置

在完成之前的操作后想要保存当前的配置就要使用命令 save。

```
< YD_S3552> save
This will save the configuration in the flash memory
The switch configurations will be written to flash
Are you sure? [Y/N]y
Now savingcurent configuration to flash memory.
Please wait for a wile...
Saved current configuration to flash successfully
```

如果出现上面所示最后一行，证明已经成功保存了当前的配置。

5. 删除所有配置（初始化配置）

擦除 flash memory 中的配置文件需要输入命令：reset saved-configuration。

注意：配置文件被擦除后，以太网交换机下次上电时，系统将采用缺省的配置参数进行初始化。

在以下几种情况下，用户可能需要擦除 flash memory 中的配置文件：

（1）在以太网交换机的软件升级之后，系统软件和配置文件不匹配。

（2）flash memory 中的配置文件被破坏（常见原因是加载了错误的配置文件）。

3.4 远程访问配置

本节重点：

◆ 两种远程管理协议的配置：ssh、telnet

3.4.1 TELNET 远程登录配置

图 3-7 所示为 TELNET 远程登录配置示意图。

3.4.1.1 基础配置

配置访问 IP 地址：

```
[H3C-ethernet0/0]ip addressip-address { mask | mask-length }
```

开通 TELNET 服务：

```
[H3C]telnet server enable
```

进入 vty 用户界面，设置验证方式：

```
[H3C]user-interfacevtyfirst-num2 [ last-num2 ]
[H3C-ui-vty0]authentication-mode { none | password | scheme }
```

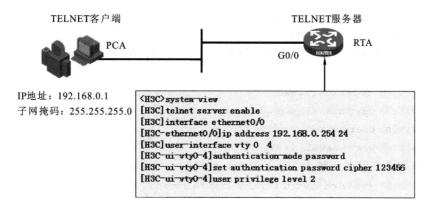

图 3-7

设置登录密码和用户级别：

```
[H3C-ui-vty0]set authentication password { cipher | simple }password
[H3C-ui-vty0]user privilege levellevel
```

注意：此密码和用户级别当认证模式为 PASSWORD 时生效。

创建用户、配置密码、设置服务类型、设置用户级别：

```
[H3C]local-userusername
[H3C-luser-xxx] password { cipher | simple }password
[H3C-luser-xxx] service-type telnet
[H3C-luser-xxx] levellevel
```

注意：此用户在认证模式为 SCHEME 时使用。

3.4.1.2　PASSWORD 验证配置

注意：只需输入 PASSWORD 即可登录交换机：

进入用户界面视图：

```
[SwitchA]user-interface vty 0 4
```

设置认证方式为密码验证方式：

```
[SwitchA-ui-vty0-4]authentication-mode password
```

设置登录验证的 PASSWORD 为明文密码"huawei"：

```
[SwitchA-ui-vty0-4]set authentication password simplehuawei
```

配置登录用户的级别为最高级别 3（缺省为级别 1）：

```
[SwitchA-ui-vty0-4]user privilege level 3
```

注意：可以在交换机上增加 super password，例如，配置级别 3 用户的 super password 为明文密码"super3"。

```
[SwitchA]super password level 3 simple super3
```

3.4.1.3　SCHEME 认证配置

需要输入用户名和密码才可以登录交换机。

进入用户界面视图：

```
[SwitchA]user-interfacevty 0 4
```

配置本地或远端用户名和口令认证：

```
[SwitchA-ui-vty0-4]authentication-mode scheme
```

配置本地 TELNET 用户，用户名为"huawei"，密码为"huawei"，权限为最高级别 3（缺省为级别 1）。

```
[SwitchA]local-userhuawei

[SwitchA-user-huawei]password simplehuawei

[SwitchA-user-huawei]service-type telnet

[SwitchA-user-huawei] level 3
```

注意：可以在交换机上增加 super password。

```
[SwitchA]super password level 3 simple super3
```

3.4.2 SSH 登录配置

3.4.2.1 基本配置

图 3-8 所示为 SSH 远程登录配置示意图。

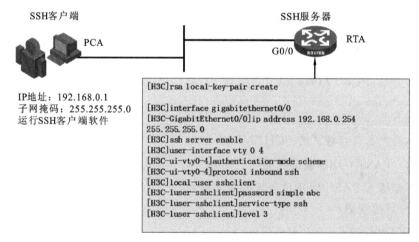

图 3-8

使用 SSH 服务器功能：

```
[H3C] ssh server enable
```

配置 SSH 客户端登录时的用户界面：

```
[H3C-ui-vty0-4]authentication-mode scheme

[H3C-ui-vty0-4]protocol inbound ssh
```

配置 SSH 用户：

```
[H3C]local-userusername

[H3C-luser-xxx] password { cipher | simple }password

[H3C-luser-xxx] service-type ssh

[H3C-luser-xxx] levellevel
```

密钥配置如下。

生成 RSA 密钥：

```
[H3C]rsa local-key-pair create
```
导出 RSA 密钥：
```
[H3C]rsa local-key-pair export ssh2
```
销毁 RSA 密钥：
```
[H3C]rsa local-key-pair destroy
```

3.4.2.2　SSH 认证配置

生成本地密钥对：
```
[Quidway] rsa local-key-pair create
```
注意：如果已经创建则略过此操作。

进入用户界面视图：
```
[Quidway] user-interfacevty 0 4
```
配置远端用户名和口令认证：
```
[Quidway-ui-vty0-4] authentica-
tion-mode scheme
[Quidway-ui-vty0-4] protocol in-
bound ssh
```
配置 SSH 用户：
```
[Quidway] local-user client001
[Quidway-luser-client001] pass-
word simplehuawei
[Quidway-luser-client001] serv-
ice-type ssh
[Quidway-luser-client001] level 3
```
注意：可以使用 SSH 客户端进行登录，如图 3-9 所示。

图 3-9

》》》3.5　常见交换机配置实例

本节重点：

◆ 常见交换机的配置

3.5.1　华为 3600 配置

基本配置如下：
```
< H3C> system-view
[H3C]sysname H3C
[H3C]vlan 9
[H3C-vlan9]description admin
[H3C-vlan9]quit
[H3C]interface Ethernet 1/0/24
[H3C-Ethernet1/0/24]port access vlan 9
```

```
[H3C-Ethernet1/0/24]quit
[H3C]interface vlan-interface 9
[H3C-Vlan-interface9]ip address 1.1.1.1 255.255.255.0
[H3C-Vlan-interface9]quit
```

PASSWORD 验证配置：

```
User-interface  VTY  0  4
Authentication-mode Password
Set authentication password cipher 123456
User privilege level 3
Idle-timeout 15 0
Quit
Save
```

SCHEME 验证配置：

```
Local-user * * *
Level 3
Service-type telnet
User-interface VTY 0 4
Authentication-mode  scheme
Idle-time  15  0
Quit
Save
```

3.5.2 华为 5800 配置

基本配置如下：

```
< H3C> system-view
[H3C]sysname H3C
[H3C]telnet server enable
[H3C]vlan 9
[H3C-vlan9]description admin
[H3C-vlan9]quit
[H3C]interface Ethernet 1/0/24
[H3C-Ethernet1/0/24]port access vlan 9
[H3C-Ethernet1/0/24]quit
[H3C]interface vlan-interface 9
[H3C-Vlan-interface9]ip address 1.1.1.1 255.255.255.0
[H3C-Vlan-interface9]quit
```

PASSWORD 验证配置：

```
User-interface  VTY  0  4
Authentication-mode Password
Set authentication password cipher 123456
User privilege level 3
```

```
Idle-timeout 15 0
Quit
Save
```

SCHEME 验证配置：

```
Local-user * * *
Level 3
Service-type telnet
User-interface VTY 0 4
Authentication-mode  scheme
Idle-time  15  0
Quit
Save
```

3.5.3　FEX424 配置

清除密码：

（1）通过 console 接入交换机，重启后按 B 键中断引导；

（2）输入 no password，再输入 boot system flash primary。

清理配置：

（1）进入系统后输入 enable 进入特权模式。

（2）输入 erase startup-config。

（3）使用 reboot 重启并选择不保留配置文件。

基本配置：

```
Enable
Configure  terminal
Interface  Ethernet  24
Port-name  netadmin
Route-only
Ip  address  1.1.1.1  255.255.255.0
Write
```

查看配置：

```
Show  running-config
```

FEX424 的大部分配置和 CISCO 交换机的配置很类似。

第4章 Linux运维基础

完成本章的学习后,您将:

了解 Linux 的特点,并掌握的 Linux 系统的安装方法。

会对 Linux 服务器中的文件和目录进行简单的管理。

能管理 Linux 服务器的应用程序。

对 Linux 权限的管理有一定的了解。

能对 Linux 中的磁盘和网络进行配置和管理。

掌握 IDC 机房运维中常见的 Linux 操作。

知道 IDC 机房运维中常见系统报错的解决方法。

》》》4.1 Linux 概述与安装

本节重点:

◆ Linux 的目录结构

◆ 安装服务器的 Linux 系统

◆ Linux 系统的简单操作

◆ 系统的启动级别及流程

4.1.1 系统概述

Linux 自 20 世纪 90 年代初诞生以来,已经从一个操作系统核心发展成为有完整应用功能的操作系统,由于具备开源、可定制化、兼容性强等特点,目前在数据中心领域广泛使用。本节主要针对 Linux 系统的发展和应用做一个简单的介绍。

4.1.1.1 Linux 的起源

Linux 内核是从 1991 年开始由芬兰大学生李纳斯·托瓦兹发起创建的开源软件项目,主要使用 C 语言及一小部分汇编语言开发而成。Linux 内核的官网是 http://www.kernel.org,可以从该网站下载已经发布的所有版本的内核文件。

Linux 的图标如图 4-1 所示。

图 4-1

4.1.1.2 Linux 版本

1) Linux 内核版本

内核版本的格式为:X.YY.ZZ。

X——主版本号(目前只有 1 和 2)。

YY——次版本号(奇数为开发版,偶数为稳定版)。

ZZ——修订版本号(对内核进行较小的改变)。

通过"uname-r"或"uname-a"可以查看 Linux 的内核版本,如图 4-2 所示。

```
[root@localhost ~]# uname -r
2.6.18-164.el5
[root@localhost ~]# uname -a
Linux localhost.localdomain 2.6.18-164.el5 #1 SMP Thu Sep 3 03:33:56 EDT 2009 16
86 1686 i386 GNU/Linux
```

图 4-2

2) Linux 发行版本

发行版本构成:内核＋各种自由软件＝完整的操作系统。

```
[root@localhost ~]# cat /etc/issue
CentOS release 5.4 (Final)
Kernel \r on an \m
```

图 4-3

通过"cat /etc/issue"可以查看发行版本,如图 4-3 所示。

发行版本举例:

Red Hat Linux 系列发行版:已停止开发,最高为 9.0 版本。

Red Hat Linux 企业版:简称 RHEL,最高为 5. x 版本。

Fedora Core 社区版:定位于桌面用户,目前最高为 fc10。

4.1.1.3 LINUX 在 IDC 的应用

相对于 Windows 来说,Linux 系统的稳定、廉价、安全和易部署等特性更受企业青睐,如阿里巴巴、百度、腾讯等大型互联网企业目前都使用定制的 Linux 系统平台。配合不同功能的应用,Linux 系统几乎可以为企业提供所有的热门服务。

◆ 使用 BIND 可以搭建功能强大的 DNS 服务器。

◆ 使用 Apache 可以搭建 WEB 服务器。

◆ 使用 vsftp 或 samba 可以搭建 FTP 服务器。

◆ 使用 LVS/Nginx 可以实现负载均衡。

4.1.2　Linux 特征

(1) GNU(GNU is Not Unit):世界知名的自由软件项目。

(2) GPL(GNU General Public License)通用公共许可证:为了给内核打上自由的标记,让其开源下去。

(3) LGPL(Lesser General Public License,次级公共许可证):为了得到更多开发者的支持,相较 GPL 宽松许多(不必公开全部源代码)。

Linux 是一种类 Unix 操作系统,原则上说,在 Unix 可实现的功能和命令操作,使用 Linux 也可以用同样的方式实现,虽然两者有略微的差异。

4.1.2.1 Linux 遵守 GPL 许可协议

从根本上说,此协议规定三项内容。

（1）最初的创造者 Linus Torvalds 保留版权。

（2）其他人可随意地处置该软件,包括对它进行修改、以它为基础开发其他程序以及重新发布或转卖它,甚至可以为了赢利而对软件进行销售,但源代码必须和程序一起提供。

（3）版权不能完全地被限制。意思是说,如果你以一美元卖了一个产品,购买的人便可以以任何方式改变它（或者根本不对它进行改变）,并且可以以十美元的价格卖给第二个人,或者无偿地奉送给一千个人。

4.1.2.2　多用户多任务系统

Linux 的关键特点就是支持多用户多任务,多用户是指在同一时刻可以有多个用户同时登录系统并完成各自的工作或操作,多任务是指在同一时刻用户可以有多个系统进程同时运行且完成各自的工作或操作。

4.1.3　磁盘的区分

4.1.3.1　主分区、扩展分区与逻辑分区的特性

（1）主分区与扩展分区最多可以有 4 个（硬盘限制）。

（2）扩展分区最多只能有一个（操作系统的限制）。

（3）逻辑分区是由扩展分区切割出来的分区。

（4）能够被格式化后作为数据访问的分区为主分区与逻辑分区,扩展分区无法格式化。

（5）逻辑分区的数据根据具体情况而定,Linux 系统中 IDE 硬盘最多有 59 个,SATA 硬盘最多有 11 个。

4.1.3.2　硬盘及分区的表示方式

1）硬盘的表示

hd 表示 IDE 硬盘。

hda 表示第一块 IDE 硬盘;hdb 表示第二块 IDE 硬盘。

sd 表示 SCSI 或 SATA 硬盘。

sda 表示第一块 SCSI/SATA 硬盘;sdb 表示第二块 SCSI/SATA 硬盘。

2）分区的表示

1～4 为主分区号,5～15 为逻辑分区号。

sda1 表示第一块硬盘的第一个分区;sda2 表示第一块硬盘的第二个分区。

sda5 表示第一个逻辑分区;sda6 表示第二个逻辑分区。

3）磁盘的路径

在 Linux 系统中,/dev 目录是存放磁盘的地方,比如:

第一块 SATA 硬盘的第一分区为/dev/sda1;

第二块 SAS 硬盘的第三个分区为/dev/sdb3。

4.1.4　文件系统

Linux 系统核心支持十多种文件系统类型:

JFS、REISERFS、EXT、EXT2、EXT3、EXT4

ISO9660、XFS、MINX、MSDOS

UMSDOS、VFAT、NTFS、HPFS

NFS、SMB、SYSV、PROC

主要的文件系统有 EXT3/EXT4/XFS。

4.1.4.1　EXT2

EXT2 是为解决 EXT 文件系统的缺陷而设计的可扩展的高性能的文件系统，又称为二级扩展文件系统。它是在 1993 年发布的，设计者是 Rey Card。EXT2 是 Linux 文件系统类型中使用最多的格式，并且在速度和 CPU 利用率上较突出，是 GNU/Linux 系统中标准的文件系统。其特点为存取文件的性能极好，对于中小型的文件更显示出优势，这主要得利于其簇快取层的优良设计。EXT2 可以支持 256 字节的长文件名，其单一文件大小与文件系统本身的容量上限与文件系统本身的簇大小有关，在一般常见的 Intel x86 兼容处理器的系统中，簇最大为 4 KB，则单一文件大小上限为 2 048 GB，而文件系统的容量上限为 6 384 GB。尽管 Linux 可以支持种类繁多的文件系统，但是 2000 年以前几乎所有的 Linux 发行版都用 EXT2 作为默认的文件系统。

EXT2 的缺点：EXT2 的设计者主要考虑的是文件系统性能方面的问题，EXT2 在写入文件内容的同时并没有同时写入文件的 meta-data（和文件有关的信息，例如权限、所有者以及创建和访问时间）。换句话说，Linux 先写入文件的内容，然后等到有空的时候才写入文件的 meta-data。这样若出现写入文件内容之后但在写入文件的 meta-data 之前系统突然断电，就可能造成文件系统处于不一致的状态。在一个有大量文件操作的系统中出现这种情况会导致很严重的后果。另外，目前核心 2.4 所能使用的单一分割区最大只有 2 048 GB，尽管文件系统的容量上限为 6 384 GB，但是实际上能使用的文件系统容量最多也只有 2 048 GB。

总结：无日志功能（直接往硬盘写数据，读写速度快，但断电会丢失）。

4.1.4.2　EXT3

Linux 默认使用 EXT3 文件系统。

EXT3 是由开放资源社区开发的日志文件系统。EXT3 被设计成 EXT2 的升级版本，尽可能地方便用户从 EXT2FS 向 EXT3FS 迁移。EXT3 在 EXT2 的基础上加入了记录元数据的日志功能，努力保持向前和向后的兼容性。这个文件系统被称为 EXT2 的下一个版本，也就是在保留目前 EXT2 的格式之下再加上日志功能。EXT3 是一种日志式文件系统。日志式文件系统的优越性在于：由于文件系统都有快取层参与运作，如不使用时必须将文件系统卸下，以便将快取层的资料写回磁盘中。因此每当系统要关机时，必须将其所有的文件系统全部卸下后才能关机。如果在文件系统尚未卸下前就关机（如停电），下次重开机后会出现文件系统的资料不一致的现象，故这时必须做文件系统的重整工作，将不一致与错误的地方修复。然而，此重整工作是相当耗时的，特别是容量大的文件系统，而且也不能百分之百保证所有的资料都不会流失。故这在大型的伺服器上可能会造成问题。

EXT3 的缺点：没有现代文件系统所具有的能提高文件数据处理速度和解压的高性能，另外使用 EXT3 文件系统时要注意硬盘限额问题，在这个问题解决之前，不推荐在重要的企业应用上采用 EXT3＋disk quota（磁盘配额）。

总结：有日志功能（先往日志缓冲区写数据，速度稍慢，安全）。

4.1.4.3　EXT4

在 EXT4 文件系统中，有各种改进和创新。这些改进包括新特性（新功能）、伸缩性（打破当前文件系统的限制）和可靠性（应对故障），当然也包括性能的改善。

总结：EXT4 相对于 EXT3 的改进是更深层次的，是文件系统数据结构方面的优化。EXT4 是一个高效的、优秀的、可靠的和极具特点的文件系统。

4.1.4.4　XFS

XFS 文件系统是 SGI 开发的高级日志文件系统，XFS 极具伸缩性，非常健壮。XFS 的 Linux 版的到来是激动人心的，因为它为 Linux 社区提供了一种健壮的、优秀的以及功能丰富的文件系统，并且这种文件系统所具有的可伸缩性能够满足苛刻的存储需求。

主要特性包括数据完全性、传输特性、可扩展性和传输带宽。

4.1.4.5　SWAP

SWAP 是交换文件系统，它可以为系统建立交换分区，相当于虚拟内存，一般为物理内存的 1.5～2 倍，最好小于等于 1 GB，不用于直接存储数据。

SWAP 的调整对 Linux 服务器，特别是 Web 服务器的性能至关重要。调整 SWAP 可以越过系统性能瓶颈，节省系统升级费用。SWAP 空间的作用可简单描述为：当系统的物理内存不够用的时候，就需要将物理内存中的一部分空间释放出来，以供当前运行的程序使用。那些被释放的空间可能来自一些很长时间没有什么操作的程序，这些被释放的空间被临时保存到 SWAP 空间中，等到那些程序要运行时，再从 SWAP 中恢复保存的数据到内存中。这样，系统总是在物理内存不够时，才进行 SWAP 交换。

4.1.5　目录结构

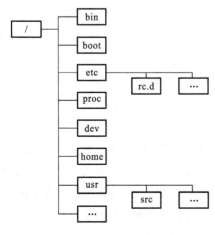

图 4-4

Linux 采用树形目录结构，如图 4-4 所示。

最顶层："/"根目录。

下级：

/boot 存放内核及必需文件，通常划分为独立的"/boot"分区。

/bin 存放最基本的用户命令（普通用户都有权限执行）。

/dev 存放硬件驱动文件（如硬盘、键盘、鼠标、光驱等）。

/etc 存放系统及各种程序的配置文件。

/home 存放所有普通用户的宿主目录。

/root 系统管理员的宿主目录，默认只有 root 用户不在/home 中。

/sbin 存放系统中最基本的管理命令(一般只有 root 有权限)。

/usr 存放其他用户的应用程序。

/var 存放经常变化的一些文件(系统日志文件,用户邮箱目录)。

/tmp 存放临时文件。

/自定义文件夹。

4.1.6　系统安装

系统的安装方式有网络安装(PXE)、光盘安装、U 盘安装等。

要求:至少要有/分区和 swap 分区,最好有/boot 分区,其他分区可以视具体情况而定。

环境:光盘安装 CentOS 系统。

4.1.6.1　安装引导

首先要设置计算机的 BIOS 启动顺序为光驱启动,保存设置后将安装光盘放入光驱,重新启动计算机。

计算机启动以后会出现图 4-5 所示的界面。

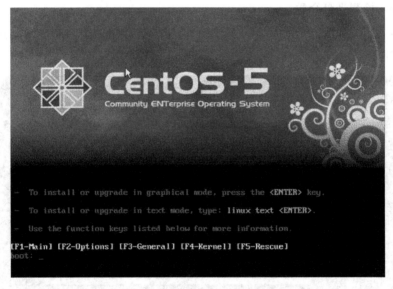

图 4-5

可以直接按下 Enter 键进入图形界面的安装方式;也可以直接在 boot:后面输入"linux text"进入文字界面的安装;还有其他功能选单,可按键盘上的 F1,…,F5 键来查阅各功能。

注意:如果在 10 秒钟内没有按任何按键的话,那么安装程式预设会使用图形界面来开始安装流程。

4.1.6.2　检测硬件信息

系统会检测用户计算机硬件的相关信息,如硬盘、声卡、显示器、键盘、鼠标等,如图 4-6 所示。

```
alg: No test for crc32c (crc32c-generic)
ksign: Installing public key data
Loading keyring
- Added public key 285B5C47ED7A1E8E
- User ID: CentOS (Kernel Module GPG key)
io scheduler noop registered
io scheduler anticipatory registered
io scheduler deadline registered
io scheduler cfq registered (default)
Limiting direct PCI/PCI transfers.
Activating ISA DMA hang workarounds.
pci_hotplug: PCI Hot Plug PCI Core version: 0.5
Real Time Clock Driver v1.12ac
Non-volatile memory driver v1.2
Linux agpgart interface v0.101 (c) Dave Jones
Serial: 8250/16550 driver $Revision: 1.90 $ 4 ports, IRQ sharing enabled
brd: module loaded
Uniform Multi-Platform E-IDE driver Revision: 7.00alpha2
ide: Assuming 33MHz system bus speed for PIO modes; override with idebus=xx
PIIX4: IDE controller at PCI slot 0000:00:01.1
PIIX4: chipset revision 1
PIIX4: not 100% native mode: will probe irqs later
    ide0: BM-DMA at 0xd000-0xd007, BIOS settings: hda:pio, hdb:pio
    ide1: BM-DMA at 0xd008-0xd00f, BIOS settings: hdc:DMA, hdd:pio
```

图 4-6

4.1.6.3 检测光盘介质

如图 4-7 所示,如果是一张完整的安装光盘,可以直接单击"Skip"按钮跳过,否则单击"OK"按钮检测安装光盘的完整性。

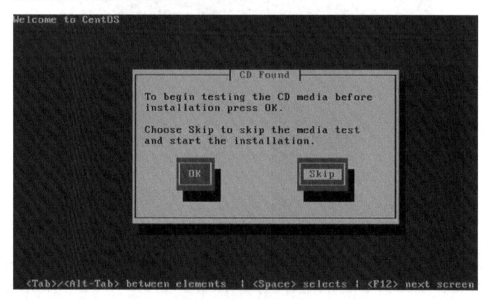

图 4-7

注意:如果确定安装光盘没有问题的话,那么这里可以单击"Skip"按钮。

4.1.6.4 欢迎界面

在检测完计算机硬件信息后,进入安装欢迎界面,如图 4-8 所示。

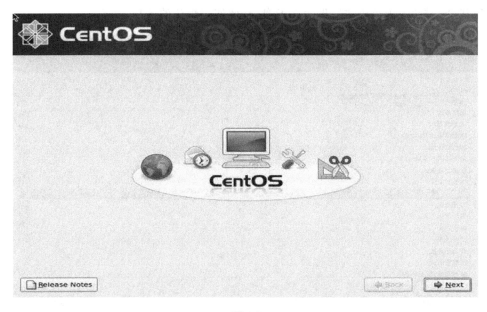

图 4-8

4.1.6.5　选择语言

单击"Next"按钮进入图 4-9 所示的界面,选择安装过程中使用的语言,此处选择"Chinese(Simplified)(简体中文)"。

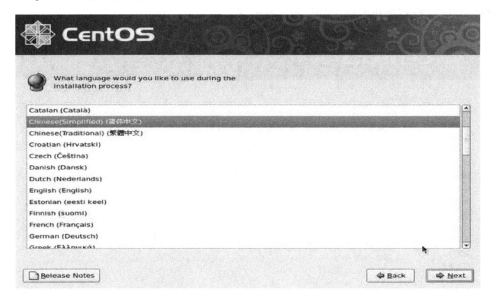

图 4-9

4.1.6.6　选择键盘布局类型

选择完安装过程中的语言后,单击"Next"按钮进入图 4-10 所示的界面,选择键盘类型,一般默认会选择"美国英语式",即美式键盘,在此使用默认的选择。

图 4-10

4.1.6.7　磁盘分区配置

如果是全新硬盘,可能会出现安装程序找不到分区表,需要格式化新硬盘的提示信息,此时直接单击"Yes"按钮即可,如图 4-11 所示。

图 4-11

分区模式如图 4-12 所示。

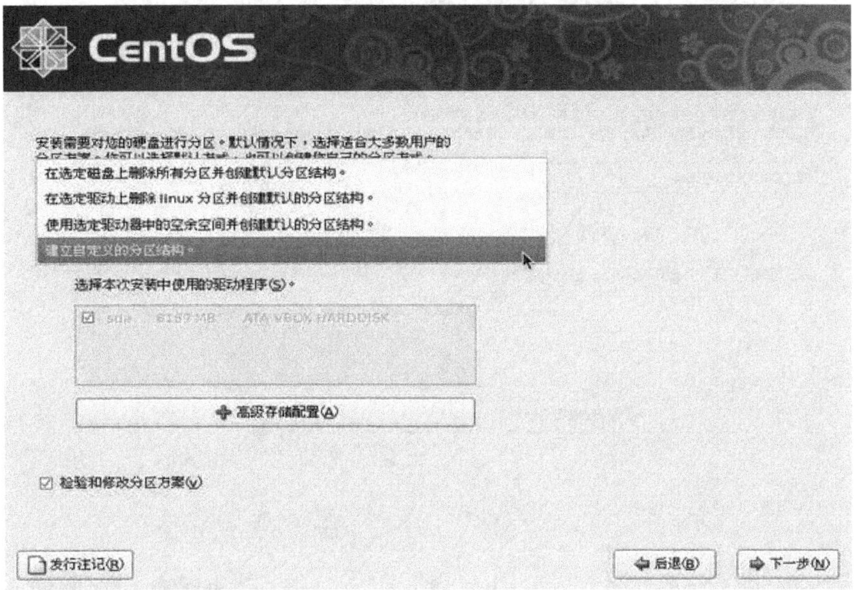

图 4-12

磁盘分区是整个安装过程中最重要的部分。CentOS 预设了四种分区模式，如图 4-12 所示。

（1）在选定磁盘上删除所有分区并创建默认分区结构。

（2）在选定驱动上删除 Linux 分区并创建默认的分区结构。

（3）使用选定驱动器中的空余空间并创建默认的分区结构。

（4）建立自定义的分区结构。

图 4-13 所示为磁盘分区设置对话框，选择"建立自定义的分区结构。"即可。这里将建立四个分区，分别是/，/boot，/home 与 swap 四个。

单击"下一步"按钮就会出现图 4-14 所示的分区视窗。这个画面主要分为三大区块：

最上方为硬盘的分区示意图，目前因为硬盘并未分区，所以呈现的就是一整块而且为 Free 的字样；中间是指令区；下方则是每个分区的设备名、挂载点目录、档案系统类型、是否需要格式化、分区容量大小、开始与结束的磁柱号码等。

指令区总共有六大区块，其中 RAID 与 LVM 是硬盘特殊的应用，这部分这里不做介绍。其他指令的作用如下。

新建：增加新分区，亦即进行分区动作，以建立新的磁盘分区。

编辑：编辑已经存在的磁盘分区，可以在实际状态显示区单击想要修改的分区，然后再单击"编辑"按钮即可进行该分区的编辑动作。

删除：删除一个磁盘分区，同样地，要在实际状态显示区单击想要删除的分区。

重设：恢复最原始的磁盘分区状态。

建立根目录（/）的分区：单击"新建"按钮后，就会出现图 4-15 所示的界面，由于我们需

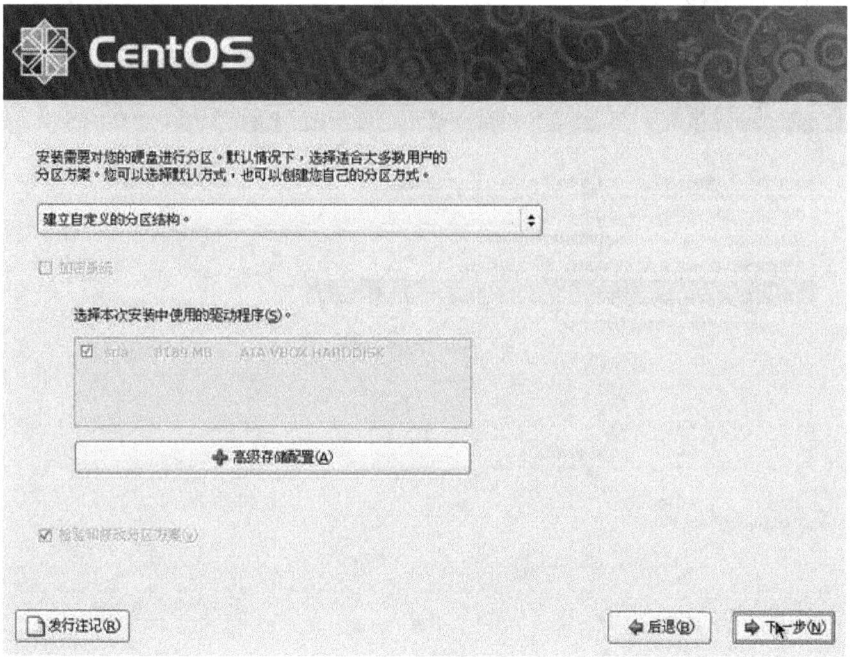

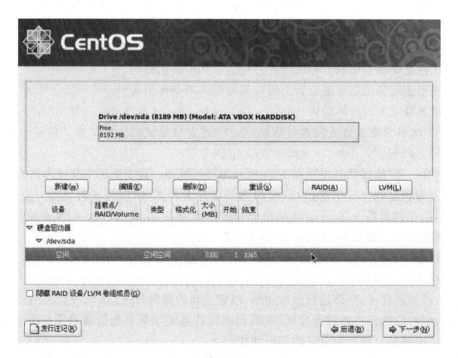

图 4-13

图 4-14

要的根目录使用 Linux 的文件系统,因此预设就是 EXT3 这个文件系统;在"挂载点"框内可以手动输入或用鼠标来选择；在"大小（MB）"框内输入所需要的磁盘容量即可。

图 4-15

单击"新建"按钮来建立/boot分区。依序填入正确的信息，包括挂载点、文件系统类型、大小等。务必让该分区是整个硬盘的最前面部分，因此选择"强制为主分区"，如图 4-16 所示。

创建 SWAP 分区，如图 4-17 所示。

创建/home 分区，如图 4-18 所示。

最终建立分区的结果如图 4-19 所示，它会主动地将/boot 这个特殊目录移到硬盘最前面，所以/boot 所在的硬盘分区为/dev/hda1，而起始磁柱则为 1 号。

系统自动地将/dev/hda4 变成扩展分区，然后将所有容量都给/dev/hda4，并且将 swap 分配到/dev/hda5 中。

4.1.6.8   引导装载程序设置

图 4-20 所示为 GRUB 引导安装窗口，可采用默认设置，直接单击"下一步"按钮。

注意：设置引导装载程序密码的方法（一般不用）是，选择"使用引导装载程序密码"，在弹出的窗口中输入密码，如图 4-21 所示。

4.1.6.7   网络配置

设置网络参数如图 4-22 所示，系统默认在网络适配器上启用了 DHCP 功能，也就是说，默认是自动获得 IP 地址。一般采用默认设置即可。

CentOS
添加分区
挂载点(M)：
/boot
文件系统类型(T)：
ext3
允许的驱动器(D)：
大小(MB)(S)：
100
其它大小选项
固定大小(F)
指定空间大小(MB)(u)：
使用全部可用空间(a)
强制为主分区(p)
加密（E）
取消(C)
确定(O)
新建(W)
LVM(L)
设备
硬盘驱动器
/dev/sda
空闲
发行注记(R)
后退(B)
下一步(N)

图 4-16

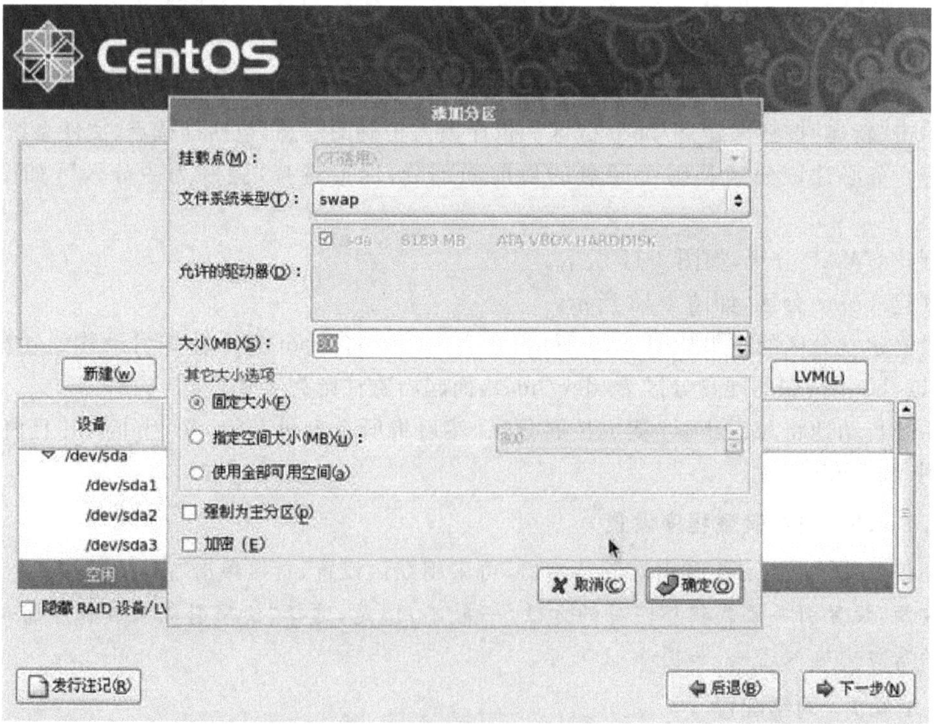
CentOS
添加分区
挂载点(M)：
文件系统类型(T)：
swap
允许的驱动器(D)：
大小(MB)(S)：
其它大小选项
固定大小(F)
指定空间大小(MB)(u)：
使用全部可用空间(a)
强制为主分区(p)
加密（E）
取消(C)
确定(O)
新建(W)
LVM(L)
设备
/dev/sda
/dev/sda1
/dev/sda2
/dev/sda3
空闲
发行注记(R)
后退(B)
下一步(N)

图 4-17

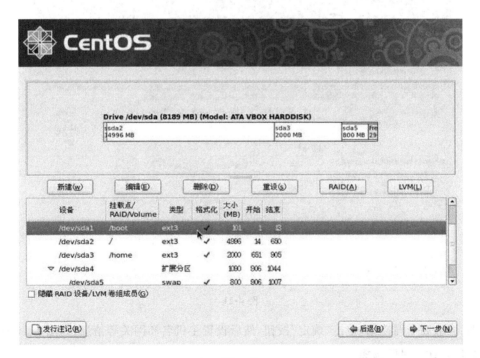

图 4-18

图 4-19

如果要采用固定 IP 地址,单击"编辑"按钮,弹出图 4-23 所示的对话框,选择手工设置,

图 4-20

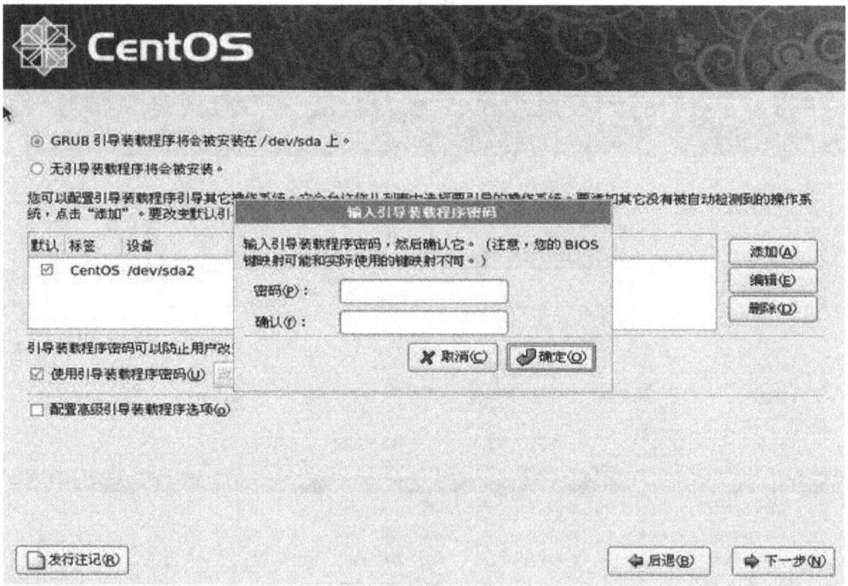

图 4-21

输入 IP 地址和子网掩码，单击"确定"按钮，然后设置主机名和网关等信息，如图 4-24 所示。

4.1.6.10　时区选择

时区一般选择"亚洲/上海"即可，如图 4-25 所示。

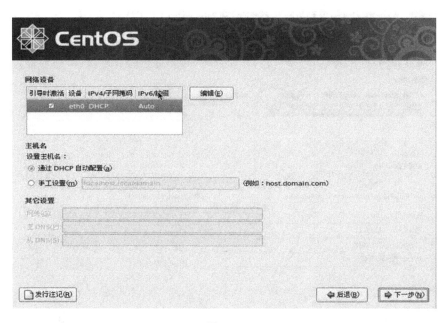

图 4-22

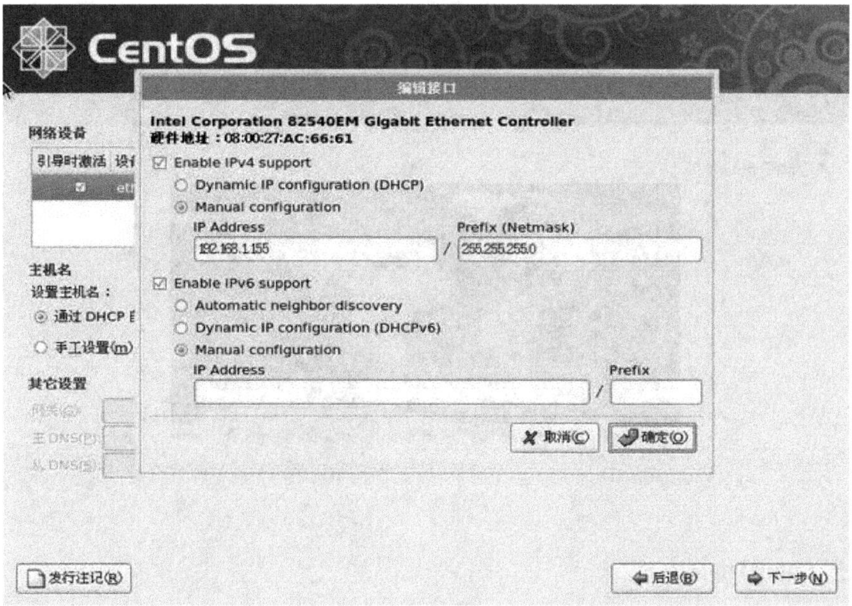

图 4-23

4.1.6.11　设置管理员密码

系统管理员的口令设置如图 4-26 所示。在 Linux 中,系统管理员的默认名称为 root。
注意:这个口令很重要,至少 8 个字符以上,含有特殊符号,并要记好。

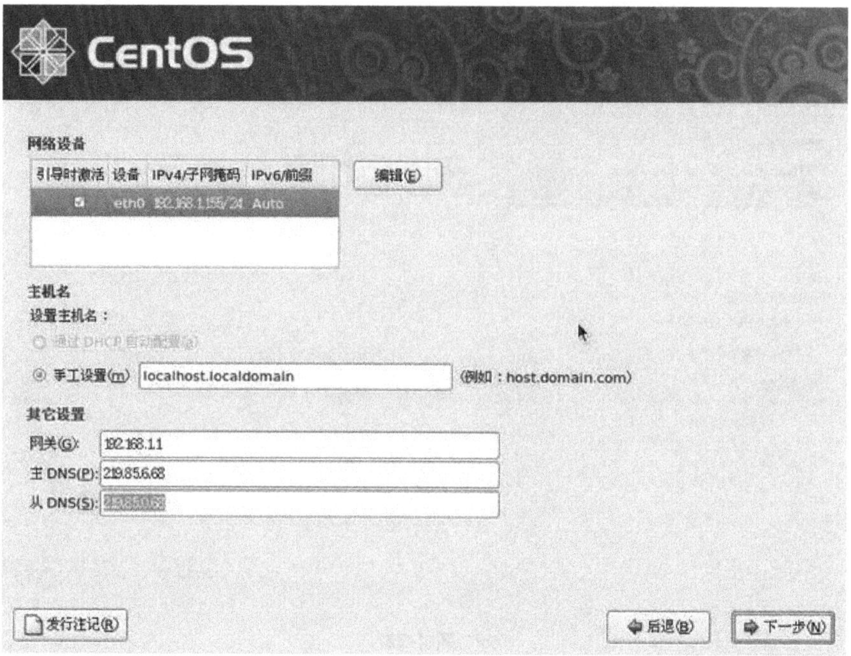

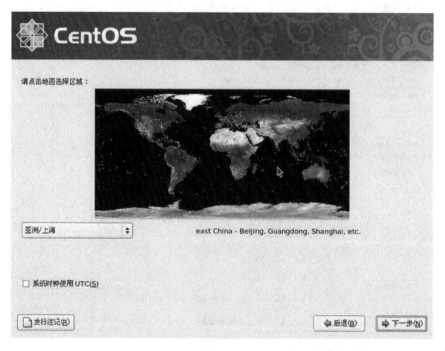

图 4-24

图 4-25

4.1.6.12　选择安装的软件包

选中"现在定制",然后单击"下一步"按钮,如图 4-27 所示。

图 4-26

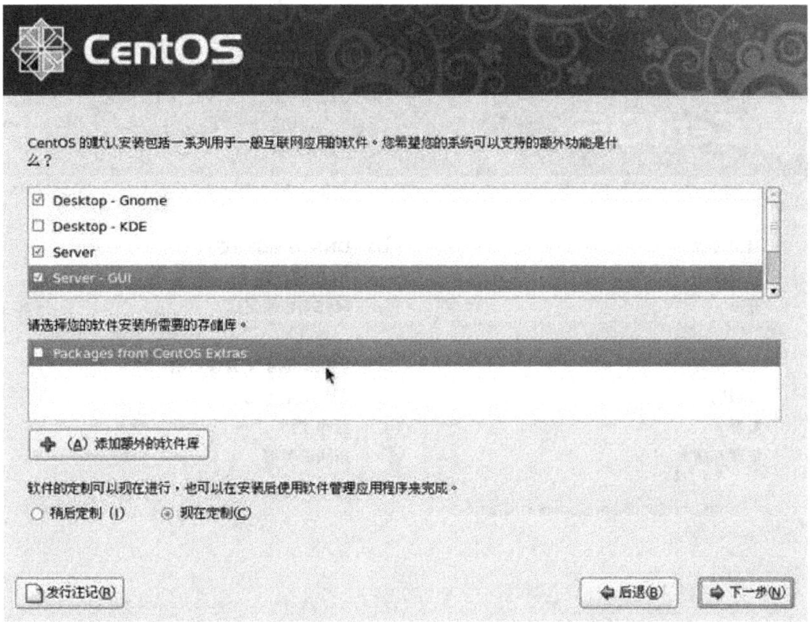

图 4-27

在各细节选项中选择所需的软件包(初学者可以选择全部的软件包),如图 4-28 所示,然后单击"下一步"按钮,系统会检查所选软件的依赖性,如图 4-29 所示。

4.1.6.13　准备安装

确认了所选择的软件包后,进入图 4-30 所示的界面,开始安装 Linux 系统,在安装完毕

图 4-28

图 4-29

后,用户可以查看/root/install.log 安装日志文件以获取安装信息,也可以查看/root/ana-conda-ks.cfg 文件来获取安装过程中的设置信息。

图 4-30

4.1.6.14　开始安装 Linux 系统

在安装的界面中,会显示还需要多少时间、每个软件包的名称及该软件包的简单说明,如图 4-31 所示。

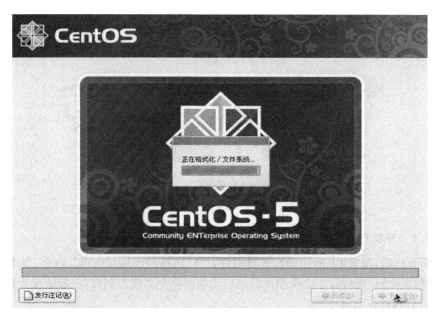

图 4-31

安装完成后，出现图 4-32 所示的界面，这时将光盘取出，并单击"重新引导"按钮来启动，如图 4-32 所示。

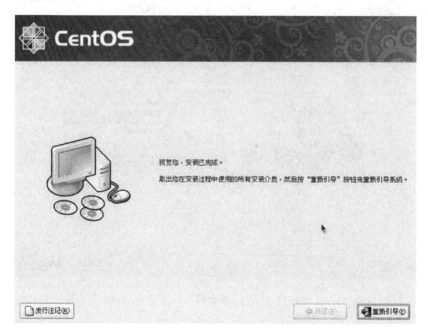

图 4-32

到此 CentOS 系统就安装完成了，重启之后根据提示完成安装后的初始化设置即可。

4.1.7 系统启动流程

图 4-33 所示为系统启动流程示意图。

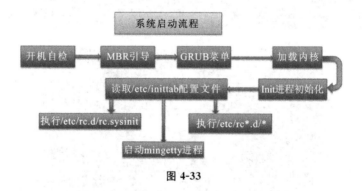

图 4-33

4.1.7.1 开机自检

服务器开机后，根据 BIOS 中的设置对硬件设备（包括但不限于 CPU、内存、显卡、键盘、硬盘等）进行初步检测，成功后才会根据预设的启动顺序移交系统控制权（一般情况会是硬盘）。

4.1.7.2 MBR 引导

当系统从硬盘启动时，首先会根据硬盘第一个扇区中 MBR 的设置，将系统控制权传递给包含操作系统引导文件的分区;或者直接根据 MBR 记录的引导信息进入 GRUB 菜单。

4.1.7.3 GRUB 菜单

GRUB 菜单会显示出启动菜单,如图 4-34 所示,让用户选择所要启动的操作系统,并根据所选择项加载相应的内核。

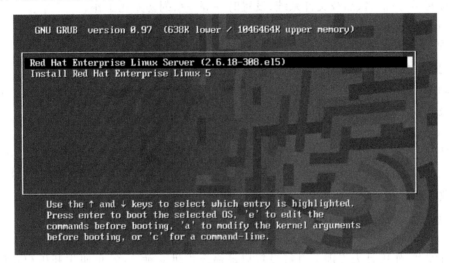

图 4-34

4.1.7.4 加载内核

Linux 内核介于各种硬件资源与系统程序之间,负责资源的分配与调度。Linux 内核本身是一个预告编译好的特殊二进制文件。内核加载后,将完全控制系统的运行。

4.1.7.5 Init 进程初始化

Init 进程是所有进程的始祖,PID 号永远为 1,并负责完成一系列进程的初始化工作:读取/etc/inittab 文件,根据配置文件内容首先执行/etc/rc. d/rc. sysinit 脚本文件,并通过"/etc/rcX. d/rc"脚本文件控制应该启动哪些程序和服务,最后运行终端程序"/sbin/mengetty"进入登录界面。

4.1.7.6 系统初始化的进程和文件

1) Init 进程

Init 进程运行以后将陆续执行系统中的其他程序,不断生成新的进程,这些进程称为 Init 的子进程,这些进程也可以进一步生成各自的子进程,依此不断繁衍下去,最终构成一棵枝繁叶茂的进程树,共同为用户提供服务。

2) inittab 配置文件

inittab 文件是 Init 程序的配置文件,Init 进程运行后将按照该文件中的配置内容再次启动系统中需要运行的脚本和程序。

Inittab 文件中每一个有效配置行的格式如下:

```
Id:runlevels:action:process
```

意思为如下：

标记:运行级别:动作类型:程序或脚本

3）rc.sysinit 脚本文件

rc.sysinit 是 Init 进程所调用的系统初始化脚本,位于"/etc/rc.d/rc.sysinit",主要完成包括设置网络、主机名、加载文件系统、设置时钟等一系列初始化工作。

4）rc 脚本文件

rc 脚本通过指定不同的级别参数分别加载及终止不同的系统服务,进入到相应的系统运行级别。在"/etc/rc.d/rc0.d/～/etc/rc.d/rc6.d/"目录中保存了一些特殊的符号链接文件。rc 脚本根据这些目录中的链接文件名及其所链接到的系统服务脚本,进行启动或者终止相关服务程序的操作。

"/etc/rc.d/rcX.d"目录中的链接文件具有共同的规律:文件名以 K 或 S 开头,中间是数字序号,最后是系统中的服务脚本名;所链接的原始服务脚本文件位于"/etc/rc.d/init.d"目录中。其中以 S 开头的文件表示启动对应的服务,以 K 开头的文件表示终止对应的服务,中间的数字表示在启动或终止服务时的执行顺序。

5）rc.local 脚本文件

rc.local 脚本是一个额外的启动控制文件,位于"/etc/rc.d/rc.local",通常由 rc 脚本在最后进行加载,作用是为管理员自行设置启动命令提供一种途径,也叫作开机启动脚本,开机后需要执行的命令都可以添加到该文件中。

4.1.8 运行级别

默认的系统运行级别有七种,其功能和服务如下。

◆ 0:单机状态,使用该级别时将会关闭主机。

◆ 1:单用户模式,不用密码即可登录系统,多用于系统维护。

◆ 2:字符界面的多用户模式,不支持网络。

◆ 3:字符界面的完整多用户模式,大多数服务器运行在此级别。

◆ 4:未分配使用。

◆ 5:图形界面的多用户模式,提供了图形桌面操作环境。

◆ 6:重新启动,使用该级别时将会重启主机。

runlevel:查看当前运行级别。

```
[root@ localhost~]# runlevel
N  5
```

通过 init 命令可以切换系统运行级别。比如,为了节省资源,将图形模式 5 变为字符模式 3,并确认状态。

```
[root@ localhost~]# init 3
[root@ localhost~]# runlevel
5  3
```

关闭系统:init 0。

重启当前系统:init 6。

4.1.9 常见基本命令

```
[root@ localhost~]#
[student@ localhost~]$
```

其中"root"表示当前登录用户的账号名,"localhost"表示本机的主机名,"～"表示在当前用户的目录,"♯"字符表示当前登录的是管理员,如果是普通用户,则"♯"字符将变为"＄"。

who:查看虚拟控制台。

df-Th:查看活动磁盘状态(-T 指定文件系统类型,-h 以人性化的方式显示)。

fdisk-l:查看所有磁盘状态。

alias:查看人为定义的别名。

重启:

```
shutdown-r now(马上重启)
shutdown-r + 15"内容"(提示并在 15 分钟后重启)
reboot
init 6
```

关机:

```
shutdown-h now
halt(= shutdown-h now)
halt-p(关闭系统同时关闭主机电源)
```

临时切换用户:

su-"用户名"

▶▶▶ 4.2 管理文件和目录

本节重点:

◆ 目录操作命令

◆ 文件操作命令

◆ 文件内容操作命令

◆ 归档及压缩命令

◆ VI 编辑器的使用

4.2.1 Linux 命令

4.2.1.1 概述

命令是用于实现某一类功能的指令或程序。

命令的执行依赖于解释器程序(eg:/bin/bash)。

4.2.1.2 分类

内部命令:集成于 shell 解释器程序内部的一些特殊指令。

外部命令:shell 解释器之外的命令,每个外部命令对应系统中的一个文件,且系统必须知道对应的位置才能加载并执行。

4.2.1.3　命令格式

通用格式：

命令字〔选项〕〔参数〕

选项的含义：用于调节命令的具体功能。

以"—"引导短格式选项（单个字符），eg："—l"。

以"--"引导长格式选项（多个字符），eg："--color"。

多个短格式选项可以写在一起，只用一个"-"引导，eg"-al"。

参数的含义：命令处理的对象（文件名，目录，用户名）。

注意：一种颜色代表文件的一种类型（默认 alias ls＝ls--color）。

黑（白）——文本文件.

黄——设备文件。

蓝——文件夹。

绿——可执行文件。

红——压缩及安装包文件或从光盘安装挂载的文件。

4.2.1.4　命令行的辅助操作

Tab 键：自动补齐（检验是否输入错误）。

反斜杠"\"：强制换行。

Ctrl＋U：清空至行首。

Ctrl＋K：清空至行尾。

Ctrl＋L：清屏。

Ctrl＋C：取消本次命令编辑。

4.2.1.5　命令帮助

内部命令 help：查看 Bash 内部命令的帮助信息。

eg：help＋"内部命令"。

"--help"：适合大多数外部命令。

eg："外部命令"＋"--help"。

man 手册页：（↑ ↓ 为滚动，pageup/pagedown 为翻页，Q 为退出，"/"为查找）。

eg：man＋"命令"。

info 命令：（相当于 man，且更详细）。

注意：将命令的 man 手册页信息保存到文本文件。

"|"：管道符，用于将上一个命令的结果交给下一个命令处理。

"＞"：重定向符，可以让所需的信息只重定向到文本文件，不显示出来。

eg：将 ls 命令的 man 手册信息保存为文本文件 lshelp.txt。

man ls | col-b ＞lshelp.txt

4.2.2　目录操作命令

pwd:查看当前的工作目录(－P 显示真实路径,不加则显示链接路径)。

cd:切换工作目录(注意相对路径和绝对路径)。

ls:列表显示目录内容。

　　-l:以长格式显示。

　　-a:显示隐藏文件(所有文件都显示)。

　　-d:显示自身属性而不是里面的内容。

　　-A:显示除了“.”和“..”两个特殊隐藏目录的所有内容信息。

　　-h:以更人性化的方式显示目录或文件的大小。

　　-R:以递归的方式显示指定目录及其子目录中的所有内容。

　　--color:以颜色区分不同的文件(默认 alias 中 ls＝ls-color)。

mkdir:创建新的目录。

　　-p:用于创建嵌套的多层目录,不用则只能在已存在的目录中创建。

du:统计目录及文件空间占用情况。

　　-a:包括所有的文件,而不仅仅只统计目录。

　　-h:以更人性化的方式显示出统计结果。

　　-s:只统计每个参数所占用空间总的大小(不算子目录及单个文件)。

4.2.3　文件操作命令

touch:新建空文件(若文件已存在,则改变其时间标记)。

file:查看文件类型。

cp:复制文件或目录(格式:cp　[选项]源文件或目录目标文件或目录)。

　　-f:覆盖目标同名文件或目录时不进行提醒,强制复制。

　　-i:覆盖目标同名文件或目录时提醒用户确认(交互式)。

　　-p:复制时保持源文件的权限,属主及时间标记等不变。

　　-r:复制目录时必须使用此选项,表示递归复制所有文件及子目录。

rm:删除文件或目录(默认 alias rm＝rm-i)。

　　-f:不提示直接删除。

　　-i:提醒用户确认。

　　-r:删除目录时必须使用-r,表示递归删除整个目录树。

mv:移动文件或目录。

如目标位置与源位置相同则效果相当于为文件或目录改名。

eg:mv 1.doc 2.txt　//把当前目录中的 1.doc 改名为 2.txt。

mv 1.txt /test/　//把当前目录中的 1.txt 转移到当前 test 目录。

which:查找 Linux 命令文件并显示所在位置。

eg:which ＋“命令名”。

默认找到第一个目标后就不再查找,若希望在所有路径中查找,可以添加“-a”(写脚本时用命令的绝对路径)。

echo ＄PATH:查看系统默认的搜索路径(用户的环境变量路径)。

注意:如果默认的路径被移动了,则在使用时需要指定路径。

eg:mv /bin/ls /boot 移动 ls 命令之后,只能用/boot/ls。

find:查找文件或目录(-empty:查找空文件)。

格式:find ＋［范围］＋［条件］。

［范围］:所查找文件或子目录对应的目录位置(可以有多个)。

［条件］:决定了 find 根据哪些属性、特征来进行查找。

按名称查找:"-name"(可用"＊""?"等通配符)。

eg:查找/etc 目录中以 resol 开头、以.conf 结尾的文件。

"find/etc-name"resol＊.conf""

按文件大小查找:"-size"(一般"＋"代表大于,"－"代表小于)。

eg:在/boot 中查找大小超过 1024k 的文件。

"find   /boot   -size   ＋1024"

按文件属主查找:"-user"。

eg:查找/var/log 目录中属于用户 stud 的文件或目录。

"find   /var/log   -user   stud"

按文件类型查找:"-type"(类型包括:普通文件 f,目录 d,块设备文件 b,字符设备文件 c)。

eg:在/boot 中查找所有的目录。

"find   /boot   -type   d"

注意:需要使用多个条件时,可以用逻辑运算符"-a"(表示 and)或"-o"(表示 or)。

eg:在/boot 中查找超过 1M 且以"tm"开头的文件。

find   /boot   -size   ＋1024   -a   -name   "tm＊"

ln:为目录或文件建立链接。

分类:

符号(软)链接:"-s",相当于快捷方式,可以为任意目标跨区创建。

eg:ln   -s   /etc/httpd/conf/httpd.conf   /etc/http.conf

即:/etc/http.conf →/etc/httpd/conf/http.conf

硬链接:不能对目录创建且不能跨区,相当于备份(ID 一样)。

eg:ln   /user/sbin/system-config-network   /sbin/mynetconfig

两个路径对应同一个文件。

4.2.4   文件内容操作命令

cat 命令:显示并连接文件的全部内容(可以接多个文件)。

eg:cat   /etc/host.conf   ［/etc/resolv.conf］

显示/etc/中 host.conf 文件和 resolv.conf 文件的内容。

more 命令:全屏方式分页显示文件内容。

eg:more   /etc/http.conf

enter 向下逐行滚动，空格向下翻屏，B 键向上翻屏，Q 键退出。

less 命令：与 more 相同，但扩展功能更多（操作基本相同）。

head 命令：查看文件开头的一部分内容（默认为 10 行）。

eg：查看文件/etc/passwd 的开头三行内容。

head　-3　/etc/passwd（不加-3 为默认 10 行）。

tail 命令：查看文件结尾的一部分内容。

eg：tail　-5　/var/log/httpd/error_log

eg：查看文件的最后十行内容，并在末尾跟踪显示该文件中更新的内容。

tail　-f　/var/log/message（-f：动态查看，Ctrl＋C 终止）。

wc 命令：统计文件内容中的单词数量等信息。

　　-c：统计文件内容的字节数。

　　-l：统计文件内容的行数。

　　-w：统计文件内容中的单词个数。

eg：统计/etc 目录中".conf"配置文件的个数。

ls　-l　/etc/＊.conf　｜　wc　-l

grep 命令：检索、过滤文件内容。

格式：grep　［选项］　［条件］　文件目标。

［选项］：-i：查找内容时忽略大小写。

-v：反向查找。

［条件］："ˆword"以 word 开头。

"word＄"以 word 结尾。

"ˆ＄"表示空行。

eg：在/etc/password 文件中查找包含"ftp"字串的行。

"grep "ftp" /etc/passwd"

eg：查看/etc/vs.conf 文件中除了以"＃"开头的行和空行以外的内容。

grep　-v　"ˆ＃"　/etc/vs.conf　｜　grep　-v　"ˆ＄"

4.2.5　归档及压缩命令

gzip、bzip2 命令：制作、解开压缩文件（gzip→.gz　bzip2→.bz2）。

格式：命令［选项］文件名……

［选项］：

-9——表示高压缩比。

-d——用于解开已经压缩的文件。

eg：使用 gzip 命令将当前目录正反 tfile.exe 文件压缩。

gzip　-9　tfile.exe（bzip2　-9　tfile.exe）

eg：解压：gzip/bzip2　-d　tfile.exe.bz2/.gz

tar 命令：制作归档文件或释放已归档文件（也可以只归档不压缩）。

［选项］:

-c——创建.tar 格式的包文件。

-C——解包时指定释放的目标文件夹。

-f——使用归档文件。

-j——调用 bzip2 程序进行压缩或解压。

-p——打包时保留文件及目录的权限。

-t——列表查看包内的文件。

-v——输出详细信息。

-x——解开.tar 格式的包文件。

-z——调用 gzip 程序进行压缩或解压。

制作归档及压缩:(zvcf/jvcf)。

格式:tar ［选项］ 归档及压缩文件名需要归档的源文件或目录。

eg:把/etc 和/boot 目录备份为 sysfile.tar.gz 包文件。

tar zvcfsysfile.tar.gz /etc /boot

解压并释放归档压缩包文件:(zvxf/jvxf)

格式:tar［选项］归档及压缩文件名［-C 目标目录］

eg:将 sysfile.tar.gz 包文件解压并释放到当前目录中。

tar zvxfsysfile.tar.gz

eg:将 userhome.tar.bz2 包文件释放到根目录中。

tar jvxfuserhome.tar.bz2 -C /

4.2.6 VI 编辑器

4.2.6.1 三种工作模式

如图 4-35 所示,VI 编辑器有三种模式。

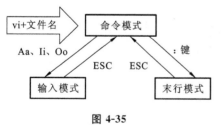

图 4-35

命令模式:光标移动,字符串查找、删除、复制、粘贴。

输入模式:录入文件内容(修改、添加)。

末行模式:设置 VIM 环境,保存、退出编辑器。

注意:一般 alias vi＝'/usr/bin/vim'。

4.2.6.2 命令模式中的基本操作

1) 模式切换

a——在当前光标位置之后插入内容。

A——在光标所在的行尾插入内容。

i——在当前光标位置之前插入内容。

I——在光标所在的行首插入内容。

o——在光标所在行的后面插入一个新行。

O——在光标所在行的前面插入一个新行。

2）光标移动（输入模式也适用）

光标方向移动：→　←　↑　↓。

翻页移动：Page Down/Ctrl＋F 向下翻一整页，Page Up/Ctrl＋B 向上翻一整页。

行内快速跳转："home"、"^"、数字"0"跳到本行行首，"end""＄"跳到本行行尾。

行间快速跳转："1 G""gg"跳到文件内容的第一行，"G"跳到文件的最后一行，"♯G"跳到文件第♯行（♯为自定义数字）。

3）复制、粘贴、删除

【删除】：

"x""del"删除光标处的单个字符。

"dd"删除当前光标所在行。

"♯dd"删除从光标所在行开始的♯行内容。

"d^"删除当前光标处到行首的所有字符。

"d＄"删除当前光标处到行尾的所有字符。

【复制】：

"yy"复制当前行的整行内容。

"♯yy"复制从光标行开始的♯行内容。

【粘贴】：

"p"将内容粘贴到光标之后。

"P"将内容粘贴到光标位置之前。

4）文件内容查找

"/"＋字符：从当前光标处开始向后进行查找。

"?"＋字符：从当前光标处向前查找。

"n"：移动到下一个查找结果。

"N"：向上查找结果。

5）撤销、编辑、保存和退出

"u"：取消最近的一次操作。

"U"：取消对当前行所做的所有编辑。

"ZZ"：保存并退出 VI 编辑器。

4.2.6.3　末行模式中的基本操作

1）基本命令

"：w"——保存文件。

"：q"——退出 VIM。

"：q!"——不保存，强制退出。

"wq"——强制性写入文件并退出。

"：x"——写入文件并退出。

"：e＋新的文件"——打开新的文件进行编辑。

"：r＋其他文件"——把其他文件的内容复制到当前光标的位置。

2）文件内容替换

格式："［替换范围］　sub　/旧的内容/新的内容［/g］"。

［替换范围］：可选，默认只对当前行的内容进行替换。

"％"在整个文件内容中查找并替换。

"n,m"在 n 到 m 行的范围内查找并替换。

［/g］：可选，表示对替换范围内的每一行所有匹配结果进行替换。

注意：省略/g 则将只替换每行中第一个匹配结果。

eg：将文档中的 10～20 行内的"init"字符串替换为"default"。

"：10,20　sub　/init/default　/g"。

3）行号显示

"：set nu"：显示行号。

"：set nonu"：取消显示行号。

▶▶▶ 4.3　安装及管理应用程序

本节重点：

◆ RPM 包管理工具

◆ RPM 包管理命令

◆ YUM 的搭建及使用命令

4.3.1　Linux 应用程序的组成

普通的可执行文件：在"/usr/bin"目录下，普通用户即可执行。

服务器程序、管理程序文件：在"/usr/sbin"目录下，管理员才能执行。

配置文件："/etc"目录，较多时会建立相应的子目录。

日志文件："/var/log"目录。

参考文档："/usr/share/doc/"目录。

执行文件及配置文件的 man 手册页："/usr/share/man/"目录。

4.3.2　软件包的封装类型

RPM 软件包：扩展名为".rpm"，只能在使用 RPM(rpm package manage)机制的 Linux 操作系统中安装。使用命令"rpm"。

DEB 软件包：扩展名为".deb"，只能在使用 DPKG 机制的 Linux 操作系统中安装，使用命令为"dkpg"。

源代码软件包：程序员开发完成的原始代码，一般被做成".tar.gz""tar.bz2"等格式的文件。

提供安装程序的软件包：扩展名多样，以.tarball 格式的居多，只需要运行软件包中提供的安装文件(eg：install.sh、setup)即可完成安装。

绿色免安装的软件包：有编译好的执行程序鹰爪，解压或复制某个文件夹即可使用。

4.3.3　RPM 包管理工具

1. 软件包的定义

RPM 包管理器通过建立统一的文件数据库,对在 Linux 系统中安装、卸载、升级的各种.rpm 软件包进行详细的记录,并能够自动分析软件包之间的依赖关系,保持各应用程序在一个协调、有序的整体环境中运行。

2. 软件包的命令

"软件名-软件版本-发布次数.硬件平台类型.rpm"。

eg:"bash-3.1-16.1.i386.rpm"。

硬件平台有"i386""i586""i686""noarch"。

4.3.4　RPM 管理命令——rpm

格式:rpm　［选项］　参数(用"man rpm"查看帮助信息)

【功能】:

(1) 查询、验证 RPM 软件包的相关信息。

(2) 安装、升级、卸载 RPM 软件包。

(3) 维护 RPM 数据库信息等综合管理操作。

1. 查询已安装的 RPM 软件包信息

格式:rpm　［选项］　参数(注:不需要完整的软件名及路径)。

"rpm-q 软件名":查看软件是否安装。

选项如下。

-qa:显示当前系统中以 RPM 方式安装的所有软件列表。

-qi:查看指定软件包的名称、版本、许可协议、用途描述等详细信息(--info)。

-ql:显示指定的软件包在当前系统中安装的所有目录、文件列表(--list)。

-qf:查看指定的文件或目录是由哪个软件包所安装的(--file)。

-qc:显示指定软件包在当前系统中安装的配置文件(--configfiles)列表。

-qd:显示指定软件包在当前系统中安装的文档文件(--docfiles)列表。

eg:显示当前系统中已安装的所有 RPM 包列表,并统计软件包的个数。

rpm- qa ｜ wc-l

eg:查看当前系统中是否已经安装有 dhcp.hynx 软件包。

rpm-qdhcp　lynx

eg:查看系统中的 VIM 程序文件由哪一个软件包安装。

rpm-qf　/usr/bin/vim

2. 查询尚未安装的 RPM 包文件中的相关信息

格式:rpm　［选项］　参数(注:需要完整的软件名及路径)。

选项如下。

-qpi:查看指定软件包的名称、版本、许可协议、用途等详细信息。

-qpl:查看该软件包准备要安装的所有目标目录、文件列表。

-qpc:查看该软件包准备要安装的配置文件列表。

-qpd:查看该软件包准备要安装的文档文件列表。

3. 安装、升级、卸载 RPM 软件包

选项如下。

-i:在当前系统中安装一个新的 RPM 软件包。

-e:卸载指定名称的软件包。

-U:检查并升级系统中的某个软件包,若该软件未安装则等同于"-i"。

-F:检查并更新系统中的某个软件包,若该软件包未安装,则放弃安装。

--force:强制安装某个软件包。

--nodeps:在安装或升级、卸载一个软件包时,不检查其依赖关系。

-h:在安装或升级软件包的过程中,以"♯"号显示安装进度。

-v:显示软件安装过程中的详细信息。

注意:安装过程中需要指定完整的软件包名,卸载时只需要指定软件名即可。

eg:安装 RHEL5 光盘中的 LYNX 软件包,并验证结果。

```
rpm  -ivh  lynx-2.85-28.1.i386.rpm
rpm  -q  lynx
which  lynx
```

eg:卸载当前系统中安装的 WGET 软件,并从 RHEL5 光盘中重新安装。

```
rpm  -e wget
cd  /media/cdrom/Server
rpm  -I wget-1.10.2-7.e15.i386.rpm
rpm  -q wget
```

4. 重建 RPM 数据库

--rebuilddb 或者—initdb

rpm --rebuilddb:通过此命令可以重建 RPM 数据库。

4.3.5 YUM

YUM 即 yellow dog updater modified,修订版的黄狗升级器。

注意:要想使用图形化的"添加/删除软件",必须先搭建 YUM 服务器。

功能:判断软件包的依赖关系。

原理:利用 RPM 安装。

前提:创建 YUM 仓库(仓库中包含所有的 RPM 软件包)。

4.3.5.1 搭建 YUM 服务器

(1) 编辑 YUM 配置文件:

```
vim  /etc/yum.repos.d/rhel-debuginfo.repo
```

把 baseurl 路径改为挂载的光盘路径:

```
/mnt/Server。
```

baseurl= file:///mnt/Server。

把下一行的参数 0 改为 1。

如果系统是 rhel 5.3 以前的版本,则还需要编辑:

    vim /rsr/lib/python2.4/site-packages/yum/yumrepo...

把其中的 url 路径改为/mnt/Server。

(2) 运行 system-config-packages 验证能否打开图形化界面查看各软件包的依赖关系。

4.3.5.2 YUM 相关命令

yum -y install"软件名":安装 RPM 软件包。

yum-y groupinstall"软件名":直接安装组件(-y 为不提示是否安装选项)。

yum list:显示所有的 RPM 包。

yum grouplist:显示 RPM 组件。

eg:yum grouplist | grep DNS:显示关于 DNS 的组件。

yum groupinstall"DNS Name Server":安装组件(当参数有空格时要用"")。

4.3.6 源代码编译安装

对于从互联网上下载的开源软件,应执行"md5sum 软件名"计算其校验和的值,然后与软件官方提供的校验值比较,验证是否被改动,若改动则尽量不用。

(1) 下载并解压软件(一般释放至/usr/src/目录,方便集中管理)。

eg:tar zxvf 软件名.tar.gz -C /usr/src/

ls -dl /usr/src/axel-1.0a(软件名)/

(2) 配置(侦测):在源代码目录中执行"configure"脚本文件,完成后生成的配置结果将保存到新生成的 Makefile 文件中。

相关命令如下。

    ./configure-help:查看具体配置参数。

    ./configure--prefix= /usr/local/axel:指定安装的目标文件夹。

(3) 编译:根据 Mikefile 文件中的配置信息,将源代码文件编译,连接成二进制的模块文件、执行程序等。

在源代码目录中执行"make"命令即可完成编译工作。

(4) 安装:在源码目录中执行"make install"完成安装。

注意:编译和安装步骤可以写成一行命令,用"&&"隔开,表示前面的命令执行成功之后再执行下一条命令,否则忽略下一条。

eg:"make && make install"

▶▶▶ 4.4 用户和文件权限管理

本节重点:

◆ 用户账号管理

◆ 组账号管理

◆ 文件和目录的权限管理

4.4.1　权限概述

Linux 的权限管理机制主要针对用户身份。

4.4.1.1　用户账号

存放目录为 etc/passwd 和 etc/shadow。

超级用户(UID＝0)：默认为 root，对本机有完全权限。

普通用户(UID＞＝500)：管理员创建，只在宿主目录中有完全权限。

程序用户(UID＝1～499)：不能登录，用于维持系统或某个程序的正常运行。

4.4.1.2　组账号

组分为基本组(私有组)和附加组(公共组)。

存放目录为/etc/group 和/etc/gshadow。

对组账号设置的权限，适用于组内的每个用户。

4.4.1.3　UID 和 GID

UID(user　identity,用户标识号)：划分如上。

GID(group　identity,组标识号)：

超级组 root 的 GID＝0；

普通组，500≤GID≤60000；

程序组，1～499。

4.4.2　用户账号管理

4.4.2.1　用户账号配置文件

每一行对应一个用户。

(1) /etc/passwd：保存用户名称、宿主目录、登录 shell 等基本信息。

passwd 文件(所有用户都能访问，但只有 root 才能修改)的格式如下。

超级用户：root：x：0：0：root：/root：/bin/bash。

程序用户：bin：x：1：1：bin：/bin：/sbin/nologin。

普通用户：teacher：x：500：500：teacher：/home/teacher：/bin/bash。

用":"分隔的七个部分的含义：

1——账号名；

2——密码占位符"x"；

3——UID；

4——基本组的 GID；

5——用户全名(用户相关的说明信息)；

6——宿主目录；

7——登录 shell 等信息。

(2) /etc/shadow：保存用户的密码、账号有效期等信息。

shadow 文件(默认只有 root 能读取,而不允许直接编辑内容)格式:

　　root:$ HB$ aaH:14374:0:99999:7:::

用":"分隔的九个部分的含义分别是:

1——账号名;

2——使用 MD5 加密的密码信息(为 * 或!! 表示此用户不能登录,为空表示用户无须密码即可登录);

3——上次修改密码的时间(从 1970.1.1 到最近一次修改时的天数);

4——密码最短有效天数(默认为 0 表示不限制);

5——密码最长有效天数(默认为 99999 表示不限制);

6——提前多少天警告用户口令将过期(默认为 7 天);

7——在密码过期后多少天禁用此用户;

8——账号失效时间,此字段指定了用户作废的天数(从 1970.1.1 算起),为空表示永久可用;

9——保留字段。

4.4.2.2　useradd——添加用户账号

格式:useradd ［选项］ 用户名。

常用选项如下。

-u:指定用户的 UID 号,要求该 UID 号未被其他用户使用。

-d:指定用户的宿主目录位置(默认为/home/用户名)。

-e:指定用户的账户失效时间(YYYY-MM-DD)。

-g:指定用户的基本组名(或使用的 GID 号)。

-G:指定用户的附加组名(或使用的 GID 号)。

-M:不为用户建立并初始化宿主目录。

-s:指定用户的登录 shell。

eg:创建名为 stu1、UID 号为 504 的账号。

［root@localhost~］# useradd　-u　504　stu1

eg:创建账号 admin,基本组为 wheel,附加组为"root",宿主目录为"/admin"。

［root@localhost~］# useradd　-d　/admin　-g　wheel　-G　root　admin

eg:创建一个账号 exam01,指定属于 users 组,于 2009-07-30 失效。

［root@localhost~］# useradd　-g　users　-e　2009-07-30　exam01

4.4.2.3　passwd——为用户账号设置密码

格式:passwd ［选项］ 用户名

-d:清空指定用户的密码(仅用户名即可登录)。

-l:锁定用户账户。

-S:查看用户账户的状态(是否被锁定)。

-u:解锁用户账户。

eg:为用户 stud 指定密码,即 passwd stud,如图 4-36 所示。

```
[root@localhost ~]# useradd stud2
[root@localhost ~]# passwd stud2
Changing password for user stud2.
New UNIX password:
Retype new UNIX password:
passwd: all authentication tokens updated successfully.
[root@localhost ~]#
```

图 4-36

eg:锁定用户账户,即[root@localhost～]♯ passwd -l stud。

4.4.2.4 usermod——修改用户账号属性

格式:usermod [选项] 用户名

-I:更改用户账号的登录名称。

-L:锁定用户账号。

-U:解锁用户账号。

注意:-u,-d,-e,-g,-G,-s 与 useradd 中的含义相同。

eg:将用户 admin 的登录名称改为 stud。

[root@localhost～]♯ usermod -I stud admin

4.4.2.5 USERDEL——删除用户账号

格式:userdel [选项] 用户名

eg:[root@localhost～]♯ userdel -r stud

-r:同时删除该用户的宿主目录。

4.4.2.6 用户账号的初始配置文件

(1) bash_profile:此文件中的命令在用户每次登录时被执行。

(2) bashrc:每次加载/bin/bash 程序时被执行。

(3) bash_logout:每次退出登录时执行。

4.4.3 组账号管理

"id":查看当前用户对应的 UID、基本组、附加组信息。

"id mysql":查看当前用户的 UID、GID、groups,即 mysql 身份信息。

1. 组账号配置文件

格式与用户文件相同。

/etc/group:保存组账号名称、GID 号、组成员等基本信息。

/etc/gshadow:保存组账号的加密密码字串等信息。

2. groupadd——添加、删除组账号

-g:指定 GID 号。

eg:[root@localhost～]♯ groupadd -g 1000 stud

3. gpasswd——添加、删除组成员

查看组成员：grep "^class" /etc/group

-a：添加用户成员。

-d：删除用户成员。

-M：同时添加多个用户。

eg：把 mike 添加到 root 组。

[root@localhost~]♯gpasswd　-a　mike　root

eg：把 mike 从 root 组删除

[root@localhost~]♯gpasswd　-d　mike　root

eg：把 stu1、stu2、stu3 等三个成员加入 root 组

[root@localhost~]♯gpasswd　-M　stu1,stu2,stu3　root

4．groupdel——删除组账号

eg：[root@localhost~]♯ groupdel　stud

4.4.4　查询用户和组账号

id：查看用户身份标识（UID、GID、所属组）。

eg：[root@localhost~]♯ id　stu1（直接用 id 表示查看当前用户的信息）。

groups：查看用户所属组。

eg：[root@localhost~]♯ groups　stu1。

finger：查询用户账号的详细信息（列出登录名、终端、登录时间及个人信息）。

eg：[root@localhost~]♯ finger　-l　stu1

user：查询已登录到主机的用户信息（仅列出用户名信息）。

w：查询已登录到主机的用户信息（列出用户名、终端、执行的命令等各种统计信息）。

who：查询已登录到主机的用户信息（列出用户名、终端、登录时间、来源地点等信息）。

4.4.5　图形化的用户和组管理工具

以 REDHAT 5 为例进行讲解。

打开方式：

（1）图形化模式，如图 4-37 所示：系统→管理→用户和组群。

（2）命令模式：system-config-users，如图 4-38 所示。

4.4.6　权限和归属管理

4.4.6.1　修改默认权限

♯ umask（输入命令 umask，在打开的文件中修改遮挡码），默认为 0022，可以改动后三位（其为遮挡码）。目录默认权限为 777，遮挡后为 755。文件默认权限为 666，遮挡后为 644。

4.4.6.2　查看/ETC目录的权限

[root@localhost~]♯ls　-ld　/etc

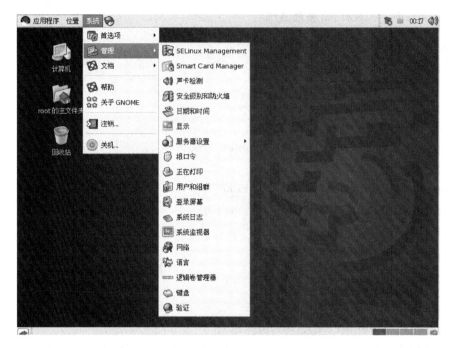

图 4-37

图 4-38

drwxr-xr-x　100　root　root　12288　05-12　21:18　/etc

注意:drwxr-xr-x:将其编号为1~10。

1:表示文件类型,d目录,b块设备文件,l链接文件,c字符设备文件,减号"一"普通文件。

2~4:表示文件的属主对该文件的权限。

5~7:表示该文件的属组内各成员用户对该文件的权限。

8~10:表示其他用户(other)对该文件的访问权限。

100:表示该目录的硬链接数。

12288:表示该目录的大小(单位:字节)。

5-12、21:18:表示该目录创建的日期和时间。

4.4.6.3　权限字符在文件和目录中的含义

表4-6所示为权限字符在文件和目录中的含义。

表 4-6

权限字符	文件(默认 644)	目录(默认 755)
r(4)	查看文件内容	查看目录内容(显示子目录、文件列表)
w(2)	修改文件内容	修改目录内容(新建、移动、删除文件夹及子目录)
x(1)	执行该文件/脚本/程序	执行 cd 命令进入或退出该目录

4.4.6.4　设置文件、目录的权限

-R 将目录中的所有子目录及文件的权限设为相同。

chmod［ugoa］［＋－＝］［rwx］"文件或目录"

chmodnnn"文件或目录"

［ugoa］中:"u"代表文件属主,"g"代表文件属组内的用户,"o"代表其他任何用户,"a"代表所有用户(包含 ugo)。

［＋－＝］中:"＋"代表增加相应权限,"－"代表减少相应权限,"＝"代表设置相应权限。

［rwx］中:rwx 是权限字符,可以为"r""rw""rwx""rx"。

nnn:为 ugo 对应的权限数字,7＝rwx,5＝rx,3＝wx,6＝rw,4＝r,1＝x,2＝w。

eg:去除 mymkdir 文件中的"x"权限。

［root@localhost～］#chmod　a-x　mymkdir

eg:为 mymkdir 文件的属主添加执行权限,去除其他用户的读取权限。

［root@localhost～］#chmod　u＋x,o-r　mymkdir

eg:重新设置 mymkdir 文件的权限为"rwxr-xr-x"。

［root@localhost～］#chmod　755　mymkdir

eg:使用递归方式将"/usr/src/"目录中的所有子目录及文件设置权限"rw-r--r--"。

［root@localhost～］#chmod　-R　644　/usr/src/

4.4.6.5　设置文件和目录的归属

-R:修改目录内的所有子目录及文件的属组、属主。

chown——修改文件/目录的属主及属组。

格式:chown 属主[:[属组]]　文件或目录

eg:将目录 mymkdir 的属主改为 mike。

[root@localhost~]♯chown　mike　mymkdir

eg:将目录 mymkdir 的属组改为 wheel。

[root@localhost~]♯chown　:wheel　mymkdir

eg:将目录 mymkdir 的属主改为 root,属组改为 daemon。

[root@localhost~]♯chown　root:daemon　mymkdir

▶▶▶ **4.5　Linux 磁盘管理和网络配置**

本节重点:

◆ 磁盘管理

◆ 网络配置命令

4.5.1　磁盘管理

4.5.1.1　分区

1) 查看分区

fdisk-l:列出当前系统中所有硬盘设备及其分区的信息,如图 4-39 所示。

```
[root@localhost ~]# fdisk -l

Disk /dev/sda: 21.4 GB, 21474836480 bytes
255 heads, 63 sectors/track, 2610 cylinders
Units = cylinders of 16065 * 512 = 8225280 bytes

   Device Boot      Start         End      Blocks   Id  System
/dev/sda1   *           1         184     1477948+  83  Linux
/dev/sda2             185        2479    18434587+  83  Linux
/dev/sda3            2480        2610     1052257+  82  Linux swap / Solaris
[root@localhost ~]#
```

图 4-39

Device:分区的设备名。

Boot:是否为引导分区,是则有"＊"标识。

Start:该分区在硬盘中的起始位置(柱面数)。

End:结束位置。

Blocks:分区的大小(默认单位为 KB)。

Id:分区类型的 ID 标记号(EXT3＝83、LVM＝8e、SWAP＝82)。

System:分区类型。

2) 分区工具——fdisk

fdisk:在交互式的操作环境中管理磁盘分区。

指令及含义：

m：查看所有指令的帮助信息。

p：列出硬盘中的分区情况。

n：新建分区。

d：删除分区。

t：变更分区类型。

w：保存分区设置并退出。

q：放弃分区设置并退出。

重读（刷新）分区表：partprobe（或者重启计算机）。

注意：分完区之后要注意刷新分区表。

分区示例：

```
[root@ localhost~]# fdisk /dev/sdb
Command(m for help):n
Command action
   e   extended
   p   primary partition(1-4)
p
Partition number(1-4):1
First cylinder(1-2610，default 1):1
Last cylinder or + size or + sizeM or + sizeK(1-2610，default 2610):+ 1000M
write
[root@ localhost~]# partprobe
```

4.5.1.2　创建文件系统

mkfs：格式化 EXT3、FAT32 等不同类型的分区。

eg：　mkfs　-t　文件系统类型　分区设备。

[root@localhost~]＃mkfs　-t　EXT3　/dev/sdb1

[root@localhost~]＃mkfs.EXT3　/dev/sdb1

mkswap：在指定的分区创建交换文件系统。

格式：mkswap 分区设备　（eg：mkswap　/dev/sdb5）

swapon：启用新增加的交换分区。

swapoff：停用指定的交换分区。

free：查看内存及交换空间的使用情况（free　│ grep　-i　swap）。

swapon　-s：查看系统交换空间的使用情况。

4.5.1.3　挂载、卸载文件系统

mount：挂载文件系统、ISO 镜像到指定文件夹。

格式：mount　[-t　类型]　存储设备　挂载点目录。

格式：mount　-o　loop　　ISO 镜像文件　挂载点目录（注1）。

eg:[root@localhost～]# mount　　/dev/cdrom　　/media

eg:[root@localhost～]# mount　-o　loop　*.iso　/media

mount:不带任何参数则显示当前系统中已挂载的各个文件系统的相关信息。

umount:卸载已挂载上的文件系统。

格式:umount 存储设备位置/挂载点目录。

eg:[root@localhost～]# umount　　/dev/cdrom(umount　/mnt)

4.5.1.4　自动挂载设置

编辑/etc/fstab 文件进行设置。

注意:mount 的配置文件包含了开机自动挂载的文件系统记录,在/etc/fstab 文件中添加相应的挂载配置可以实现自动挂载。

eg:[root@localhost～]# vi　/etc/fstab 在文件末尾添加如下内容:

/dev/sdb1　　/mailbox　　　EXT3　　　default　　0　　0(注1)

刷新 fstab 文件使配置生效:

[root@localhost～]#mount　-a:只能刷新当前没有挂载的分区。

[root@localhost～]# mount　-o:remount　/mnt/:刷新当前已经挂载的分区。

4.5.2　基本网络配置

4.5.2.1　基本网络命令

ifconfing:查看网络接口信息。

ifconfig:查看所有活动的网络接口。

ifconfig　-a:查看所有网络接口。

ping:测试到目标主机的网络连通性。

格式:ping　[选项]　目标主机 IP

-c:指定数据包的个数。

-s:指定数据的大小(字节)。

-i:指定发送的时间间隔。

eg:ping　-c　2　-s　1024　192.168.1.1

route:查看或设置主机中的路由表。

"route　-n":以数字形式显示路由表。

traceroute:测试到目标主机经过了哪些节点。

hostname:查看或设置当前的主机名。

nslookup:测试域名解析。

eg:nslookup　www.google.com

arp:查看及设置主机的 ARP 缓存表(绑定、删除静态 ARP 解析记录)。

"arp　-n":以数字形式显示 ARP 缓存表。

绑定:"arp　-s　IP 地址　MAC 地址"

删除:"arp　-d　IP 地址"

netstat:查看网络连接状态、路由表、接口统计信息。

格式:netstat　[选项]

选项如下。

-a:显示所有活动的网络连接信息。

-n:以数字形式显示相关的主机地址端口等信息。

-r:显示路由表信息。

-t:查看 TCP 协议相关信息。

-u:查看 UDP 协议相关信息。

-p:显示进程信息(root 权限)。

-l:显示处于监听状态(listening)的网络连接及端口信息。

例:查看本机中运行的 TCP 相关服务,并显示 PID 和进程名。

netstat　-anpt(/tulnp)

例:查看主机中的路由表。

[root@localhost~]# netstat　-nr　=　route　-n

4.5.2.2　配置网络参数(临时)

(1) 临时设置(使用命令调整网络参数,重启后失效)。

设置网卡的 IP、子网掩码:

> [root@ localhost~]# ifconfigeth0192.168.1.1netmask255.255.255.0
>
> [root@ localhost~]# ifconfigeth0192.168.1.1/24

禁用、激活网络接口:

> [root@ localhost~]# ifconfigeth0up
>
> [root@ localhost~]# ifconfigeth0down

设置网卡虚拟网络接口:

> [root@ localhost~]# ifconfig　eth0:0　172.16.1.1

(2) 设置路由记录——route 命令。

添加到指定网段的路由记录:

> [root@ localhost~]# route　add　-net　192.168.3.0/24　gw　192.168.4.1
>
> [root@ localhost~]# route　add　-host　192.168.1.10　gw　192.168.4.1

添加默认网关记录:

> [root@ localhost~]# route　add　default　gw　192.168.4.254

删除:

> [root@ localhost~]# route del……

4.5.2.3　配置网络参数(永久)

(1) 永久配置 IP 信息:通过配置文件修改网络参数(重启服务或计算机后生效),如图 4-40 所示。

网络接口配置文件——"vi /etc/sysconfig/ network-scripts/ifcfg-ethX"。

图 4-40

内容:

DEVICE:设置网络接口的名称(一般为默认)。

BOOTPROTO：设置网络接口的配置方式（static/dhcp）。

HWADDR：网卡的物理地址。

ONBOOT：是否在系统启动时激活（yes/on）。

IPADDR：设置网络接口的 IP 地址。

NETMASK：网络接口的子网掩码。

GATEWAY：网络接口的默认网关地址。

TYPE：网卡的类型。

重新加载网卡的配置文件使所有网络配置生效：

```
[root@ localhost~]# service  network  restart
[root@ localhost~]# /etc/init.d/network  restart
```

停止、启用指定的网络接口使某个网口的配置生效：

```
[root@ localhost~]# ifdown  eth0;ifup  eth0
```

（2）配置主机名——vi /etc/sysconfig/network，如图 4-41 所示。

HOSTNAME：设置主机名。

NETWORKING_IPV6＝yes/no：是否启用 IPV6。

注意：修改后重启才能生效。

（3）配置本地的主机名称解析——vi /etc/hosts。

向文件中添加相应记录会立刻生效。

相当于 Windows 中的 c：/windows/system32/drivers/etc/hosts。

（4）指定 DNS 服务器——vi /etc/resolv.conf，如图 4-42 所示。

图 4-41   图 4-42

作用：保存本地使用的 DNS 服务器的 IP 地址。

格式：nameserver 1.1.1.1。

特点：最多只使用该文件中记录的前三个 DNS 服务器地址。

（5）配置路由——vi /etc/rc.local。

如图 4-43 所示，可以通过把添加路由的命令写入开机启动脚本里来达到永久添加路由条目的目的。

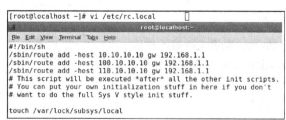

图 4-43

第5章 Linux应用

完成本章的学习后,您将:

了解 Linux 在服务器上安装的各种方式。

学会在服务器上线过程中 Linux 的基本配置。

掌握在服务器重启过程中常见的系统故障及解决方式。

熟悉硬盘更换中可能遇到的问题以及解决方案。

▶▶▶ 5.1 服务器上线

本节重点:

◆ PXE 安装系统

◆ 系统信息核查

◆ 系统网络配置

◆ 网络连通性测试

5.1.1 服务器系统安装

5.1.1.1 PXE 安装

1. 调试 PXEServer

通过 VM 虚拟机搭建 PXE 服务器,要先调节虚拟网卡,断开或禁用本机的无线网卡,开启 PXEServer 里的相关服务,比如 TFTP、DHCP、NFS。

2. ks.cfg 脚本文件的修改

按照分区信息更改 ks.cfg 文件,要求如下。

操作系统为:CentOS54(64 位)。

分区信息为:

/	2 G
/usr	10 G
/var	4 G
/tmp	4 G

swap 内存的两倍,最大 8 G

注意：有时候有的机器需要保留数据，这时要注意，只能格式化系统盘，最好是先把数据盘拔下来，装完系统后再插上去。

这里以常用的 PXEServer 的配置为例进行讲解。

首先，针对需要的系统版本通过更改对应的 KS 文件来设置分区信息。

```
vi  /pxe/date/centos/centos5/centos54_64/ks/ks.cfg
# ! /bin/sh
echo "part --fstype EXT3--size 2048--maxsize2048--grow  --asprimary--ondisksda"
> > /tmp/part-include
```

part 后面跟分区名称。

--fstype 后面跟文件系统类型。

--size2048　　　　分区大小，以 M 为单位 1 G＝1 024 M。

--maxsize2048　　　最大分区大小，如不设置会报错，它要与"--size 2048"的数值保持一致。

--asprimary 设置为主分区。

--ondisksda 在/dev/sda 上进行系统分区。

```
echo "part swap--size 8192--asprimary--ondisksda" > > /tmp/part-include
```

交换分区的大小首先看工单要求，如无特殊需求则按内存的两倍划分，内存超过 4G 则划分为 8192。

```
echo "part /usr--fstype EXT3--size 10240--maxsize 10240--grow  --ondisksda" > > /
tmp/part-include
echo "part /var--fstype EXT3--size 4096--maxsize4096--grow--ondisksda" > > /tmp/
part-include
echo "part /tmp--fstype EXT3--size 4096--maxsize4096--grow--ondisksda" > > /tmp/
part-include
echo "part /data0--fstype EXT3--size 1--grow--ondisksda" > > /tmp/part-include
#  echo "part /data1--fstype EXT3--size 1--grow--ondisksdb" > > /tmp/part-in-
clude
#  echo "part /data2--fstype EXT3--size 1--grow--ondisksdc" > > /tmp/part-in-
clude
#  echo "part /data3--fstype EXT3--size 1--grow--ondisksdd" > > /tmp/part-in-
clude
#  echo "part /data4--fstype EXT3--size 1--grow--ondisksde" > > /tmp/part-in-
clude
```

如服务器有多块硬盘则需添加上面几行代码。这几行代码可以清空硬盘上的所有数据，请慎重使用！

因 HP 服务器的磁盘命名规则与其他的服务器不同，HP 服务器的磁盘命名为：第一块 c0d0，第二块 c0d1，第三块 c0d2，以此类推。

范例如下：

```
# ! /bin/sh
echo "part /--fstype EXT3--size 4096--maxsize 4096--grow  --asprimary--ondiskc-
ciss/c0d0" > > /tmp/part-include
```

```
echo "part swap--size 8192--asprimary--ondiskcciss/c0d0" >>/tmp/part-include
echo " part /usr--fstype EXT3--size 12288--maxsize 12288--grow  --ondiskcciss/c0d0" >>/tmp/part-include
echo "part /var--fstype EXT3--size 8192--maxsize 8192--grow--ondiskcciss/c0d0" >>/tmp/part-include
echo "part /tmp--fstype EXT3--size 8192--maxsize 8192--grow--ondiskcciss/c0d0" >>/tmp/part-include
echo "part /data0--fstype EXT3--size 1--grow--ondiskcciss/c0d0" >>/tmp/part-include
echo "part /data1--fstype EXT3--size 1--grow--ondiskcciss/c0d1" >>/tmp/part-include
echo "part /data2--fstype EXT3--size 1--grow--ondiskcciss/c0d2" >>/tmp/part-include
echo "part /data3--fstype EXT3--size 1--grow--ondiskcciss/c0d3" >>/tmp/part-include
echo "part /data4--fstype EXT3--size 1--grow--ondiskcciss/c0d4" >>/tmp/part-include
```

其次，查看或者设置系统版本相关信息。

（1）修改选择系统版本的图形化界面默认的停留时间，如图 5-1 所示。

vi /pxe/tftproot/pxeLinux.cfg/default

将 timeout 后面的数字修改成想要的，注意这里的 3000 为 300 秒。

（2）查看或者修改选择系统版本的图形化界面中各个系统版本的顺序，如图 5-2 所示。

vi /pxe/tftproot/pxeLinux. cfg/pxemenu

```
default vesamenu.c32
prompt 0
timeout 3000

menu title Sina Auto-install System
menu include pxelinux.cfg/graphics.conf
menu include pxelinux.cfg/pxemenu
```

图 5-1

```
label dban 1.0.7
menu label DBAN 1.07
kernel dban/dban_1_0_7.bzi
APPEND nuke="dwipe" silent floppy=0

label dban 2.2.6
menu label DBAN 2.26
kernel dban/dban_2_2_6.bzi
APPEND nuke="dwipe" silent floppy=0

label centos-6.0
menu label Install CentOS-6.0
kernel centos/vmlinuz_60
APPEND initrd=centos/initrd_6.img noipv6 ksdevice=bootif ip=dhcp ks=http://192.168.0.2/centos/centos5/centos-6.0/ks/ks.cfg

label centos62_64_v1
menu label Install CentOS62_64_v1
kernel centos/vmlinuz62_64
APPEND initrd=centos/initrd_62_64.img noipv6 ksdevice=bootif ip=dhcp ks=http://192.168.0.2/centos/centos6/centos62_64_v1/ks/ks.cfg

label centos 54
"/pxe/tftpboot/pxelinux.cfg/pxemenu" 68L, 2778C
```

图 5-2

在 PXE 安装系统时，会出现与图 5-2 所示相对应的系统版本信息，如图 5-3 所示。

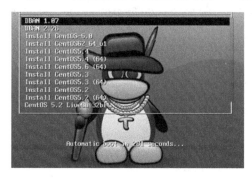

图 5-3

注意：可以通过修改 pxemune 内版本标签的顺序来调整安装时图形化界面中的系统顺序。

3. 引导前的准备工作

（1）将所有的连接关系记录好后断开，使其成为单机后再进行操作系统的安装。

（2）将笔记本网口与服务器网口连接起来。

（3）开启服务器网口的 PXE 功能（默认第一个网口为开启状态）。

（4）有 raid 卡需要对 raid 进行配置，没有的就直接安装。

4. 安装过程

开机启动服务器，按 F12 键进入 PXE 引导，如图 5-4 所示。

```
Network boot from Intel E1000
Copyright (C) 2003-2008  VMware, Inc.
Copyright (C) 1997-2000  Intel Corporation

CLIENT MAC ADDR: 00 0C 29 CF E4 76  GUID: 564D34F2-0F6F-859B-29D0-41C75ACFE476
DHCP....∠
```

图 5-4

在出现的图形化系统版本选择界面中，选择自己需要安装的系统版本，如图 5-5 所示。按回车键之后会出现自动硬件检测界面，如图 5-6 所示。

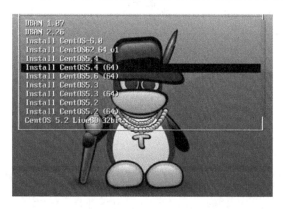

图 5-5

图 5-6

之后需要选择网卡信息，这时根据 PXE 安装时接入的网口进行选择，然后会进行分区检测，如果磁盘空间不够，会出现图 5-7 所示的报错提示。

如果没有问题，会进行安装检测，如图 5-8 所示。

注意：如果 KS 脚本文件有误，这里会出现图 5-9 所示的报错信息。

图 5-7

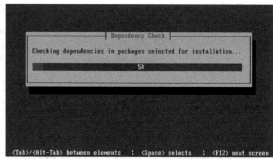

图 5-8

如果检测无误，会开始依次格式化相应的分区，如图 5-10 所示。

图 5-9

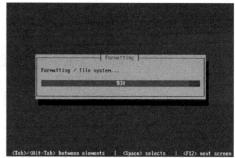

图 5-10

格式化完成后，开始进入图 5-11 所示的系统安装界面。

如图 5-12 所示，上面的进度条为单个软件包的安装进度，下面的进度条为系统的安装进度。

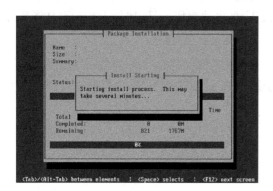

图 5-11

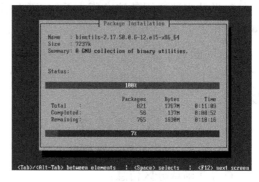

图 5-12

系统安装完成之后会出现图 5-13 所示的界面。

直接按回车键后重启服务器，这时可以拔掉安装的网线了。重新启动后进入图 5-14 所示的登录界面，系统安装成功。

图 5-13   图 5-14

5.1.1.2　光盘安装

1. 服务器相关配置

进入 BIOS 界面,保证服务器的光盘引导功能为开启并设置到硬盘引导前面。

配置服务器的 RAID 信息(具体参考 RAID 的相关配置资料)。

如果是外置光驱,需要开机后按 F11 键进入引导选项,选择外置光驱进行引导。

2. 安装过程

参考前面章节中的系统安装过程。

5.1.1.3　U 安装

1. U 盘的生成

一般情况下,定制的 U 盘安装盘由客户方提供。

如果是安装通用的纯净版本系统,可以通过 U 盘启动制作工具(比如 UItraISO)将系统镜像制作成 U 盘启动盘。

2. U 盘的引导

插入 U 盘之后,开机按 F11 键进入引导选项,选择 U 盘进行引导,之后会进入全自动安装过程。

5.1.2　系统信息核查

5.1.2.1　查看系统分区信息

查看并确认分区信息:

［root@localhost～］# df-h(查磁盘分区信息)

如图 5-15 所示,在安装完系统之后,我们需要查看分区信息并与工单的要求进行核对。

［root@localhost～］# fdisk-l(查看磁盘列表)

如图 5-16 所示,使用这条命令能查看到系统中所有可用的磁盘,包括还没有分区或格式化的磁盘。

［root@localhost～］# free(查看交换分区信息)

```
[root@localhost ~]# df -h
Filesystem           Size  Used Avail Use% Mounted on
/dev/sda1            2.0G  331M  1.6G  18% /
/dev/sda7            12G   159M   11G   2% /data0
/dev/sda6            3.9G  111M  3.6G   3% /var
/dev/sda5            3.9G   73M  3.7G   2% /tmp
/dev/sda3            9.7G  1.8G  7.5G  20% /usr
tmpfs                501M     0  501M   0% /dev/shm
[root@localhost ~]# _
```

图 5-15

```
[root@localhost ~]# fdisk -l

Disk /dev/sda: 42.9 GB, 42949672960 bytes
255 heads, 63 sectors/track, 5221 cylinders
Units = cylinders of 16065 * 512 = 8225280 bytes

   Device Boot      Start         End      Blocks   Id  System
/dev/sda1   *           1         261     2096451   83  Linux
/dev/sda2             262        1305     8385930   82  Linux swap / Solaris
/dev/sda3            1306        2610    10482412+  83  Linux
/dev/sda4            2611        5221    20972857+   5  Extended
/dev/sda5            2611        3132     4192933+  83  Linux
/dev/sda6            3133        3654     4192933+  83  Linux
/dev/sda7            3655        5221    12586896   83  Linux
[root@localhost ~]# _
```

图 5-16

使用 free 命令能查看到 SWAP 分区和内存的使用情况,如图 5-17 所示。

```
[root@localhost ~]# free
             total       used       free     shared    buffers     cached
Mem:       1025796     181088     844708          0      12880     135724
-/+ buffers/cache:      32484     993312
Swap:      8385920          0    8385920
[root@localhost ~]#
```

图 5-17

5.1.2.2 查看系统内核及版本相关信息

查看日期时间,如图 5-18 所示。

    [root@ localhost~]# date

查看系统内核,如图 5-19 所示。

    [root@ localhost~]# uname-a

```
[root@localhost ~]# date
Mon Sep 10 02:53:11 CST 2012
You have mail in /var/spool/mail/root
```

图 5-18

```
[root@localhost ~]# uname -a
Linux localhost.localdomain 2.6.18-128.el5 #1 SMP Wed
 Dec 17 11:42:39 EST 2008 i686 i686 i386 GNU/Linux
```

图 5-19

查看系统版本,如图 5-20 所示。

    [root@ localhost~]# cat /etc/issue

查看系统版本,如图 5-21 所示。

    [root@ localhost~]# cat /proc/version

```
[root@localhost ~]# cat /etc/issue
Red Hat Enterprise Linux Server release 5.3 (Tikanga)
Kernel \r on an \m
```

图 5-20

```
[root@localhost ~]# cat /proc/version
Linux version 2.6.18-128.el5 (mockbuild@hs20-bc1-5.bu
ild.redhat.com) (gcc version 4.1.2 20080704 (Red Hat
4.1.2-44)) #1 SMP Wed Dec 17 11:42:39 EST 2008
```

图 5-21

查看网卡驱动信息，如图 5-22 所示。

[root@ localhost～]# modinfo bnx2

```
[root@localhost ~]# modinfo bnx2
filename:       /lib/modules/2.6.18-128.el5/kernel/drivers/net/bnx2.ko
version:        1.7.9-1
license:        GPL
description:    Broadcom NetXtreme II BCM5706/5708/5709 Driver
author:         Michael Chan <mchan@broadcom.com>
srcversion:     71574E8CA8E4B7882A0AC73
alias:          pci:v000014E4d0000163Csv*sd*bc*sc*i*
alias:          pci:v000014E4d0000163Bsv*sd*bc*sc*i*
alias:          pci:v000014E4d0000163Asv*sd*bc*sc*i*
alias:          pci:v000014E4d00001639sv*sd*bc*sc*i*
alias:          pci:v000014E4d000016ACsv*sd*bc*sc*i*
alias:          pci:v000014E4d000016AAsv*sd*bc*sc*i*
alias:          pci:v000014E4d000016AAsv0000103Csd00003102bc*sc*i*
alias:          pci:v000014E4d0000164Csv*sd*bc*sc*i*
alias:          pci:v000014E4d0000164Asv*sd*bc*sc*i*
alias:          pci:v000014E4d0000164Asv0000103Csd00003106bc*sc*i*
alias:          pci:v000014E4d0000164Asv0000103Csd00003101bc*sc*i*
depends:
vermagic:       2.6.18-128.el5 SMP mod_unload 686 REGPARM 4KSTACKS gcc-4.1
parm:           disable_msi:Disable Message Signaled Interrupt (MSI) (int)
module_sig:     883f35049492fa331b497468cdd12cf112c9640a0f9f9689179c6ca922e44953
9daaa2f8ae88949a09f568b8c142d2977b53c2075cb4a4dbac6dadd94e
```

图 5-22

5.1.3 网络相关配置

5.1.3.1 IP 地址配置

[root@ localhost～]# vi /etc/sysconfig/network-scripts/ifcfg-eth0 （网卡 eth0 的配置文件）

[root@ localhost～]# vi /etc/sysconfig/network-scripts/ifcfg-eth1 （网卡 eth1 的配置文件）

配置如下：

[root@ localhost～]# cat/etc/sysconfig/network-scripts/ifcfg-eth0 （静态 IP）

DEVICE=eth0

ONBOOT=yes

BOOTPROTO=static

HWADDR=00:0C:29:5D:E3:33

IPADDR=192.168.1.1

NETMASK=255.255.255.0

GATEWAY=192.168.1.254

[root@ localhost～]# cat /etc/sysconfig/network-scripts/ifcfg-eth0 （动态获取 IP）

DEVICE=eth0

ONBOOT=yes

```
BOOTPROTO=dhcp
HWADDR=00:0C:29:5D:E3:33
```

5.1.3.2　指定 DNS 服务器

```
[root@ localhost～]# vi  /etc/resolv.conf
```

配置如下：

```
[root@ localhost～]# cat /etc/resolv.conf
domain sina.com.cn(默认的搜索域)
nameserver 202.106.182.253      (首先 DNS 服务器)
nameserver218.30.108.100       (备用 DNS 服务器)
```

5.1.3.3　配置路由

命令模式：

```
[root@ localhost～]# route add  -net 10.10.10.0/24 gw 20.20.20.2
[root@ localhost～]# routeadd  -host 10.10.10.1 gw 20.20.20.2
```

注意：采用这种方式添加路由，重启后路由信息会丢失。

脚本模式：

脚本放置位置：/etc/rc3.d（也可以直接写入/etc/rc.local 开机启动脚本中）。

脚本名称：以 S 开头＋没有使用过的数字＋自定义名称（注：以 S 开头表示此脚本会在开机时自动运行，中间的数字代表启动时的顺序）。

比如：

```
[root@ localhost～]# vi /etc/rc3.d/S27route
    /sbin/route-net 10.10.10.0/24 gw 20.20.20.2
    /sbin/route-host 10.10.10.1 gw 20.20.20.2
```

然后给自定义脚本设置权限，让其在每次开机时能自动运行：

```
[root@ localhost～]# chmod+ x  S27route
```

运行脚本立即添加路由：

```
[root@ localhost～]# cd  /etc/rc3.d/
[root@ localhost～]# ./S27route
```

5.1.3.4　bond 的配置

1. bond 模式详解

目前网卡绑定模式共有七种：bond0、bond1、bond2、bond3、bond4、bond5、bond6。
以下是这七种模式的说明。

第一种模式：mod＝0，即（balance-rr）Round-robin policy（平衡-循环策略）。

特点：传输数据包顺序是依次传输的（即第 1 个包走 eth0，下一个包就走 eth1，一直循环下去，直到最后一个包传输完毕），此模式提供负载平衡和容错能力；但是如果一个连接或者会话的数据包从不同的接口发出的话，中途再经过不同的链路，在客户端很有可能会出现数据包无序到达的问题，而无序到达的数据包需要重新要求被发送，这样网络的吞吐量就会下降。

第二种模式：mod＝1，即（active-backup）Active-backup policy（主-备份策略）。

特点:只有一个设备处于活动状态。MAC 地址是外部可见的,从外面看来,bond 的 MAC 地址是唯一的,以避免交换机发生混乱。此模式只提供了容错能力,可以提高网络连接的可用性,但是它的资源利用率较低,只有一个接口处于工作状态,在有 N 个网络接口的情况下,资源利用率为 $1/N$。

第三种模式:mod=2,即(balance-xor)XOR policy(平衡策略)。

特点:基于指定的传输 HASH 策略传输数据包。缺省的策略是:(源 MAC 地址 XOR 目标 MAC 地址)% slave 数量。其他的传输策略可以通过 xmit_hash_policy 选项指定,此模式提供负载平衡和容错能力。

第四种模式:mod=3,即 broadcast(广播策略)。

特点:在每个 slave 接口上传输数据包,此模式提供了容错能力。

第五种模式:mod=4,即(802.3ad)IEEE 802.3ad Dynamic link aggregation(IEEE802.3ad 动态链接聚合)。

特点:创建一个聚合组,它们共享同样的速率和双工设定。根据 802.3ad 规范将多个 slave 工作在同一个激活的聚合体下。外出流量的 slave 选举是基于传输 hash 策略,该策略可以通过 xmit_hash_policy 选项从缺省的 XOR 策略改变到其他策略。需要注意的是,并不是所有的传输策略都是 802.3ad 适应的。

必要条件如下。

条件 1:ethtool 支持获取每个 slave 的速率和双工设定。

条件 2:交换机支持 IEEE802.3ad Dynamic link aggregation。

条件 3:大多数交换机需要经过特定配置才能支持 802.3ad 模式。

第六种模式:mod=5,即(balance-tlb)Adaptive transmit load balancing(适配器传输负载均衡)。

特点:不需要任何特别的交换机支持的通道 bonding。在每个 slave 上根据当前的负载(根据速度计算)分配外出流量。如果正在接收数据的 slave 出故障了,另一个 slave 接管失败的 slave 的 MAC 地址。

该模式的必要条件:ethtool 支持获取每个 slave 的速率。

第七种模式:mod=6,即(balance-alb)Adaptive load balancing(适配器适应性负载均衡)。

特点:该模式包含了 balance-tlb 模式和针对 IPV4 流量的接收负载均衡,不需要任何交换机的支持。接收负载均衡是通过 ARP 协商实现的。bonding 驱动截获本机发送的 ARP 应答,并把源硬件地址改写为 bond 中某个 slave 的唯一硬件地址,从而使得不同的对端使用不同的硬件地址进行通信。

必要条件如下。

条件 1:ethtool 支持获取每个 slave 的速率。

条件 2:底层驱动支持设置某个设备的硬件地址,从而使得总是有个 slave(curr_active_slave)使用 bond 的硬件地址,同时保证每个 bond 中的 slave 都有一个唯一的硬件地址。

2. 配置 bond

环境:服务器上有四个网口。

需求：根据 sinaedge 的需求把 eth0、eth2、eth3 做 bond 的外网，eth1 做内网。

（1）修改需要 bond 绑定的网上配置：

先确认以下网卡文件是否存在，不存在则创建，存在的话确认内容是否正确。

```
[root@localhost network-scripts]♯ catifcfg-eth0
    #  Intel Corporation Unknown device 10c9
    DEVICE=eth0
    HWADDR=00:1B:21:BA:9E:6C
    ONBOOT=yes
    MASTER=bond0
    SLAVE=yes
    BOOTPROTO=none
    TYPE=Ethernet
[root@localhost network-scripts]♯ catifcfg-eth1
    # Intel Corporation Unknown device 10c9
    DEVICE=eth1
    HWADDR=00:1B:21:BA:9E:6D
    ONBOOT=yes
    BOOTPROTO=static
    TYPE=Ethernet
    IPADDR=1.1.1.1
    NETMASK=255.255.255.0
[root@localhost network-scripts]♯ catifcfg-eth2
    # Broadcom Corporation Unknown device 163b
    DEVICE=eth2
    HWADDR=78:2B:CB:4C:07:CE
    ONBOOT=yes
    MASTER=bond0
    SLAVE=yes
    BOOTPROTO=none
    TYPE=Ethernet
[root@localhost network-scripts]♯ catifcfg-eth3
    # Broadcom Corporation Unknown device 163b
    DEVICE=eth3
    HWADDR=78:2B:CB:4C:07:CF
    ONBOOT=yes
    MASTER=bond0
    SLAVE=yes
    BOOTPROTO=none
    TYPE=Ethernet
```

（2）生成 bond0 的配置文件，内容如下：

[root@localhost network-scripts]# vi ifcfg-bond0

```
DEVICE=bond0
ONBOOT=yes
BOOTPROTO=static
USERCTL=no
IPADDR=2.2.2.2
NETMASK=255.255.255.0
GATEWAY=2.2.2.1
```

（3）加载 bond 模块，查看/etc/modprobe. conf 是不是含有相应 bond0 的配置。
修改后的情况如下：

```
[root@ localhost network-scripts]# cat /etc/modprobe.conf
alias net-pf-10 off
alias ipv6 off
……
alias bond0 bonding
options bond0 mode=balance-rr use_carrier=1 miimon=1
```

注意：alias bond0 bonding

options bond0 mode＝balance-rr use_carrier＝1miimon＝1

use_carrier 定义链路状态监控方式，0 为网上驱动监测，1 为 et。

（4）验证 bond。

重启网络服务以后，验证 bond 是否做好的方法：

[root@localhost network-scripts]# cat /proc/net/bonding/bond0

```
Ethernet Channel Bonding Driver:v3.5.0(November 4,2008)
Bonding Mode:load balancing(round-robin)
MII Status:up
MII Polling Interval(ms):1
Up Delay(ms):0
Down Delay(ms):0
Slave Interface:eth0
MII Status:up
Link Failure Count:0
Permanent HWaddr:00:1b:21:ba:9e:6c
Slave Interface:eth2
MII Status:up
Link Failure Count:0
Permanent HWaddr:78:2b:cb:4c:07:ceSlave Interface:eth3
MII Status:up
Link Failure Count:0
Permanent HWaddr:78:2b:cb:4c:07:cf
```

到此 bond 配置成功。

5.1.4　网络连通性测试

5.1.4.1　使配置生效

网络配置完成之后，如果想使用当前配置，必须先重启网络服务。

重启网络服务：

```
[root@ localhost～]# /etc/init.d/network  restart
[root@ localhost～]# service network restart
```

通过查看路由表判断路由是否添加成功：

```
[root@ localhost～]# netstat-rn
[root@ localhost～]# route  -n
```

5.1.4.2　测试局域网

测试内网网关：ping　内网网关的 IP

测试外网网关：ping　外网网关的 IP

如果发现有不通的情况，可以尝试从以下几个方面查找问题：

(1) 查看服务器端和交换机端的网口指示灯是否正常；

(2) 可以通过将网线插入其他正常的服务器来观察指示灯是否正常的方式来判断网线是否正常；

(3) 可以将服务器接入正常的网线看服务器的配置是否正常；

(4) 询问客户方是否划分 VLAN。

5.1.4.3　测试广域网

通过 ping 任意公网地址来判断对外连接是否正常。

```
[root@ localhost～]#  ping  www.baidu.com
[root@ localhost～]# ping tiger.sian.com.cn
[root@ localhost～]# ping www.sina.com.cn
```

如果发现有不通的情况，可以尝试从以下几个方面查找问题：

(1) 查看并核对路由信息是否正确；

(2) 查看 DNS 服务是否指定正确；

(3) 如果局域网是通的，请与客户沟通，共同找出原因。

5.1.5　其他操作系统的网络配置

5.1.5.1　FREEBSD

1. 配置 IP

[root@localhost～]＃vi /etc/rc.conf

```
network_interfaces="bce0bce1 lo0"
Ifconfig_bce0="inet 202.108.43.161 netmask 255.255.255.128" #  网卡一
ifconfig_bce1="inet 172.16.43.161 netmask 255.255.255.128" #  网卡二
ifconfig_lo0="inet 127.0.0.1 netmask 255.255.255.255" # 回环地址
defaultroute="202.108.43.129" #  默认路由
```

```
hostname="D07082298"
sshd_enable="YES"
SYS_PACKAGES="base"
APP_PACKAGES=""
SINA_ASSET_TAG=D07082298
```

2. 配置静态路由

方法一：[root@localhost~]# vi /etc/rc.conf

```
static_routes="static1 static2 static3 static4 static5"
route_static1="-host 172.16.153.63  172.16.43.129 "
route_static2="-host 172.16.153.64 172.16.43.129 "
route_static2="-host 172.16.30.50   172.16.43.129 "
route_static2="-host 10.55.21.239   172.16.43.129 "
route_static2="-host 10.55.21.198   172.16.43.129"
```

方法二：[root@localhost~]# vi /etc/rc.local

```
/sbin/route add-host 172.16.153.63   172.16.43.129
/sbin/route add-host 172.16.153.64   172.16.43.129
/sbin/route add-host 172.16.30.50   172.16.43.129
/sbin/route add-host 10.55.21.239   172.16.43.129
/sbin/route add-host 10.55.21.198   172.16.43.129
```

3. 配置 DNS

[root@localhost~]# vi /etc/resolv.conf

```
domain sina.com.cn
nameserver 202.106.182.253
nameserver 218.30.108.100
```

5.1.5.2 UBUNTU

1. 配置 IP

[root@localhost~]# vi /etc/network/interfaces

```
auto eth0
iface eth0 inet static
address 202.108.43.161
netmask 255.255.255.128
gateway 202.108.43.129
auto eth1
iface eth1 inet static
address172.16.43.161
netmask 255.255.255.128
```

2. 配置 DNS

```
[root@ localhost~]# vi  /etc/resolv.conf
```

```
domain sina.com.cn
nameserver 202.106.182.253
nameserver 218.30.108.100
```

3. 配置静态路由

```
[root@ localhost~]# vi /etc/rc2.d/S27route
/sbin/route add-host 172.16.153.63 gw 172.16.43.129
/sbin/route add-host 172.16.153.64 gw 172.16.43.129
/sbin/route add-host 172.16.30.50 gw 172.16.43.129
/sbin/route add-host 10.55.21.239 gw 172.16.43.129
/sbin/route add-host 10.55.21.198 gw 172.16.43.129
```

4. 重启网络服务

```
[root@ localhost~]# /etc/init.d/networking restart
```

5.1.5.3　SOLARIS

1. 配置 IP

(1) [root@localhost~]# vi /etc/hostname.XXX　　　　#配置网卡接口名字

XXX 为网卡的型号,有 le、hme 等,le 是十兆网卡,hme 为百兆网卡等。后面跟一个数字,第一个十兆网卡为 le0,第二个为 le1;第二个百兆网卡为 hme0,第二个为 hme1。

例如:

```
vi /etc/hostname.hme0
outer
vi /etc/hostname.hme1
inner
```

(2) [root@localhost~]# vi /etc/host

#系统名与 IP 地址的映射,与/etc/hostname.XXX 协同工作,配置本机网卡地址。

```
127.0.0.1 localhost
202.108.43.161  outer
172.16.43.161 inner
```

(3) [root@localhost~]# vi /etc/inet/ipnodes　　#统一配置文件

```
127.0.0.1 localhost
202.108.43.161  outer
172.16.43.161 inner
```

(4) [root@localhost~]# vi　/etc/netmasks

#将网络的 IP 地址与网络地址联系起来划分子网,如果是标准网段,则不需要配置。

```
202.108.43.128   255.255.255.128
172.16.43.128    255.255.255.128
```

(5) [root@localhost~]# vi /etc/defaultrouter　　#设置默认路由。

```
202.108.43.129
```

(6) [root@localhost~]# vi　/etc/nsswitch.conf　　#添加 dns 到尾部。

```
hosts:      files  dns
```

2. 配置 DNS

```
[root@ localhost~]# vi  /etc/resolv.conf
domain sina.com.cn
nameserver 202.106.182.253
nameserver 218.30.108.100
```

3. 配置静态路由

♯将路由添加命令写入开机自动启动脚本。

```
[root@ localhost~]# vi /etc/rc3.d/S27route
/sbin/route add-host 172.16.153.63   172.16.43.129
/sbin/route add-host 172.16.153.64   172.16.43.129
/sbin/route add-host 172.16.30.50   172.16.43.129
/sbin/route add-host 10.55.21.239   172.16.43.129
/sbin/route add-host 10.55.21.198   172.16.43.129
```

⟫⟫⟫ 5.2　服务器重启

本节重点：

◆ 单用户扫描

◆ GRUB 修复

5.2.1　单用户扫描

5.2.1.1　报错信息

在服务器启动过程中,如果提示图 5-23 所示的文件系统错误,则需要进入单用户扫描文件系统。

```
                Welcome to Red Hat Enterprise Linux Server
Starting udev:                                         [ OK ]
Setting hostname localhost.localdomain:                [ OK ]
Setting up Logical Volume Management:   Couldn't find device with uuid sHf5Pj-f3
fu-tdUq-xX7F-HTYW-XN27-hO9h2B.
  Refusing activation of partial LV ftplv. Use --partial to override.
  0 logical volume(s) in volume group "hualian" now active
                                                        [FAILED]
Checking filesystems
/dev/sda2: clean, 255564/655360 files, 2345059/2621440 blocks
/dev/sda1: clean, 38/65536 files, 17684/262144 blocks
fsck.ext4: Unable to resolve 'UUID=f6dac7af-fd66-49c7-92c6-2ea474a8b3c0'
                                                        [FAILED]

*** An error occurred during the file system check.
*** Dropping you to a shell; the system will reboot
*** when you leave the shell.
*** Warning -- SELinux is active
*** Disabling security enforcement for system recovery.
*** Run 'setenforce 1' to reenable.
Give root password for maintenance
(or type Control-D to continue): _
```

图 5-23

5.2.1.2　进入单用户模式的过程

按 Ctrl＋D 组合快捷键重启服务器，拔掉内网、外网网线，进入系统引导界面，在默认 3 秒内按 E 键进入系统选择界面，如图 5-24 所示。

按 E 键进入图 5-25 所示的界面。

图 5-24

图 5-25

当出现 Red Hat 内核选择界面时按 E 键。选择第二行,再按 E 键(见图 5-26)。按空格键,在光标处输入"s"后按回车键(见图 5-27)。

图 5-26

图 5-27

再按 B 键,如图 5-28 所示。

图 5-28

等待出现红色字体 Red Hat 的欢迎界面,如图 5-29 所示。

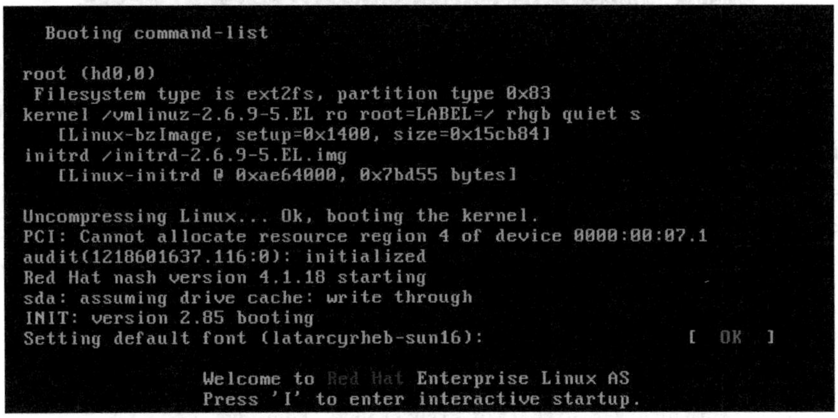

图 5-29

迅速按下 CtrL+C 键(要特别及时,用于暂停系统自检);输入"umount-a"后进行卸载(见图 5-30)。

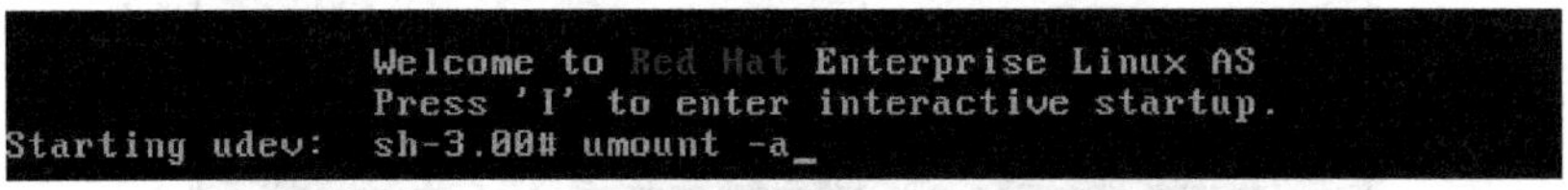

图 5-30

5.2.13　文件扫描

输入"fsck-y /；init 6"（自检，注意：一定在"-y"这个参数与"/"之间加空格）（重启，init 与
6 之间也要有空格）。

```
sh-3.00# fsck-y / ;init 6
fsck 1.35 (28-Feb-2004)
```

注意：服务器重启任务需要根据要求进行扫描分区，禁止随意操作。若系统无进入权
限，则禁止此项操作。

5.2.2　启动故障修复

系统启动时，如果出现了故障，则需要进行修复。

5.2.2.1　进入系统救援模式

将 RHEL 5 标准安装的第一张光盘放入光驱中，然后从光驱启动，引导进入 resuce 模式。
boot：linux resuce。

按回车键，出现图 5-31 所示的界面。

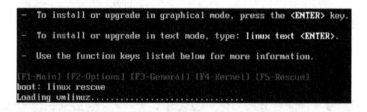

图 5-31

系统会检测硬件，引导光盘上的 Linux 环境，依次提示选择救援模式下使用的语言（建
议选择默认的英文即可，根据笔者测试，部分 Linux 系统选择中文会出现乱码）；键盘设置用
默认的"us"就好；网络设置可以根据需要，大部分故障修复不需要网络连接，可不进行此项
设置，选择"No"，如图 5-32 所示。

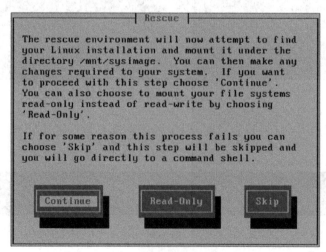

图 5-32

rescue 程序将查找当前硬盘上是否已安装 Linux 系统，如果找到的话，就自动挂载到/mnt/sysimage 下。单击"Continue"按钮继续，rescue 程序会搜索硬盘上是否存在已安装过的 Linux 和硬盘分区，最终结果如图 5-33 所示。

搜索结果显示，找不到 Linux 分区，因为/etc/fstab 文件被删除了，所以系统无法读取 Linux 分区，但是如果找到了，就将它挂到/mnt/sysimage 里面，可以读写。单击"OK"按钮后，系统会进入修复模式的 shell 下，如图 5-34 所示。

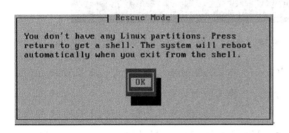

图 5-33

图 5-34

如图 5-35 所示，进入 shell 界面。

```
When finished please exit from the shell and your system will reboot.

sh-3.2#
sh-3.2#
```

图 5-35

5.2.2.2　还原 FSTAB 文件

根据上面步骤得知，rescue 程序无法找到硬盘分区，所以现在要做的事情就是恢复 Linux 分区，也就是 FSTAB 文件（FSTAB 文件在删除之前，做过备份/etc/fstab. bak）。

fdisk-l　　查看磁盘分区，如图 5-36 所示。

```
sh-3.2# fdisk -l

Disk /dev/sda: 8589 MB, 8589934592 bytes
255 heads, 63 sectors/track, 1044 cylinders
Units = cylinders of 16065 * 512 = 8225280 bytes

   Device Boot      Start         End      Blocks   Id  System
/dev/sda1   *           1          13      104391   83  Linux
/dev/sda2              14        1044     8281507+  8e  Linux LVM
sh-3.2#
```

图 5-36

根据 fdisk-l 输出，得到系统分区有两个，即/dev/sda1 和/dev/sda2。可使用 e2label 命令查看这两个分区的卷标。

由图 5-37 可得知，/dev/sda1 是/boot 分区，而/dev/sda2 无法查看，因为 sda2 是 LVM 分区。

```
sh-3.2# e2label /dev/sda1
/boot
sh-3.2#
sh-3.2# e2label /dev/sda2
e2label: Bad magic number in super-block while trying to open /dev/sda2
Couldn't find valid filesystem superblock.
sh-3.2#
```

图 5-37

使用命令激活 LVM 分区，# lvmvgchange-ay 这个命令的作用就是告诉系统建立相关的 device-mapper，这样就可以看到/dev 下建立了/dev/mapper/VGname-LVname 和/dev/VGname/LVname 的设备文件和链接文件，如图 5-38 所示。

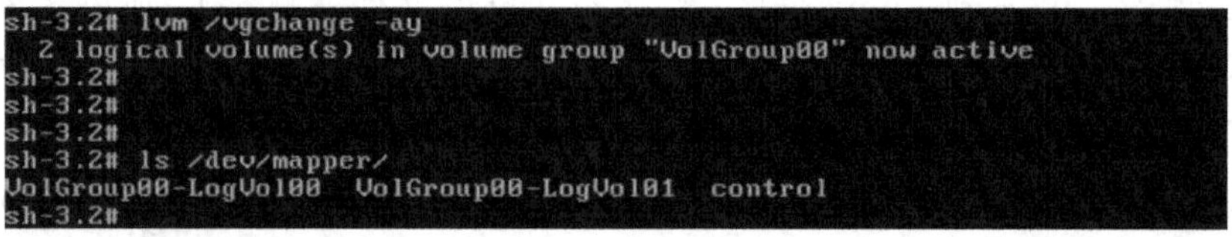

```
sh-3.2# lvm /vgchange -ay
  2 logical volume(s) in volume group "VolGroup00" now active
sh-3.2#
sh-3.2#
sh-3.2#
sh-3.2# ls /dev/mapper/
VolGroup00-LogVol00  VolGroup00-LogVol01  control
sh-3.2#
```

图 5-38

使用 ls /dev/mapper 命令可以看到 VolGroup00-LogVol00(/根分区)和 VolGroup00-LogVol01(SWAP 分区)，接下来，要挂载/根分区，并恢复 FSTAB 文件。

[root@localhost~]# mkdir test —建立一个空目录用于挂载分区

[root@localhost~]# mount-t EXT3 /dev/VolGroup00/LogVol00 /test —挂载包含根分区的 LVM 分区到 test 目录下，如图 5-39 所示。

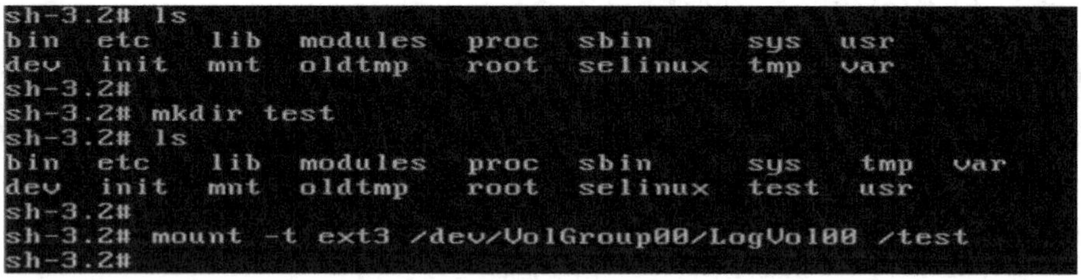

```
sh-3.2# ls
bin  etc   lib  modules  proc  sbin     sys  usr
dev  init  mnt  oldtmp   root  selinux  tmp  var
sh-3.2#
sh-3.2# mkdir test
sh-3.2# ls
bin  etc   lib  modules  proc  sbin     sys   tmp  var
dev  init  mnt  oldtmp   root  selinux  test  usr
sh-3.2#
sh-3.2# mount -t ext3 /dev/VolGroup00/LogVol00 /test
sh-3.2#
```

图 5-39

将系统原来的/根分区挂载到/test 目录之后，就可以还原 fstab. bak 到 fstab 了，如图 5-40 所示。

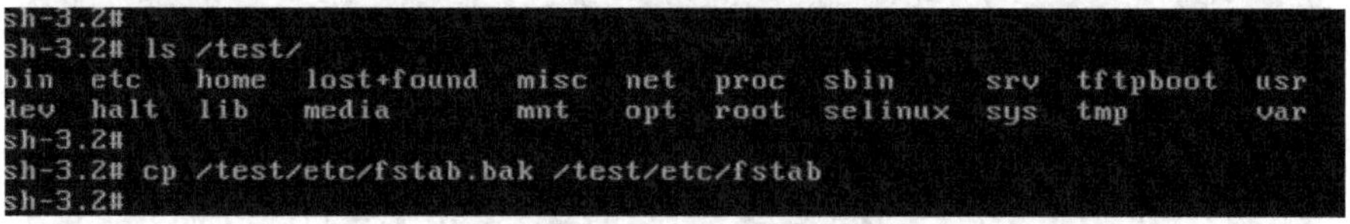

```
sh-3.2#
sh-3.2# ls /test/
bin  etc   home  lost+found  misc  net  proc  sbin     srv  tftpboot  usr
dev  halt  lib   media       mnt   opt  root  selinux  sys  tmp       var
sh-3.2#
sh-3.2# cp /test/etc/fstab.bak /test/etc/fstab
sh-3.2#
```

图 5-40

[root@localhost~]# cp /test/etc/fstab. bak /test/etc/fstab ----还原 FSTAB 文件

[root@localhost~]# reboot ----重启系统

5.2.2.3 修复内核和 GRUB

重启之后，按 Esc 键选择 CDROM 引导，输入 Linux rescue 再次进入修复模式。此时 rescue 程序将会找到 FSTAB 文件，也就是会找到 Linux 分区，并且把损坏的原 Linux 系统挂载到/mnt/sysimage 下。rescue 程序会提示，可以使用 # chroot(change root 修改根目录)修改根目录，进入到原系统中，如图 5-41 和图 5-42 所示。

如图 5-43 所示，单击“OK”按钮之后，系统就会全部挂载到/mnt/sysimage，如果想进

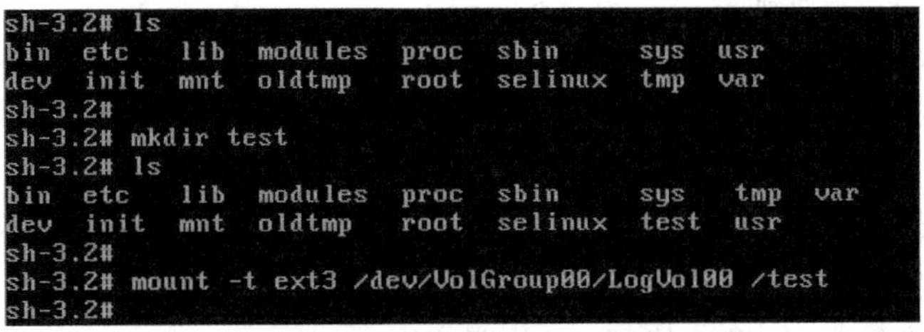

图 5-41

图 5-42

去,输入 ♯chroot /mnt/sysimage,修改根目录为/mnt/sysimage,使用 ls 命令可以查看原系统里的文件和目录。使用 exit 可以退回到 rescue 程序,再次使用 ls 命令可以进行比较。

一般把处于 resuce 模式的系统称为伪系统,把 ♯chroot /mnt/sysimage 后看到的系统称为真正的系统。接下来要修复内核文件,如图 5-44 和图 5-45 所示。

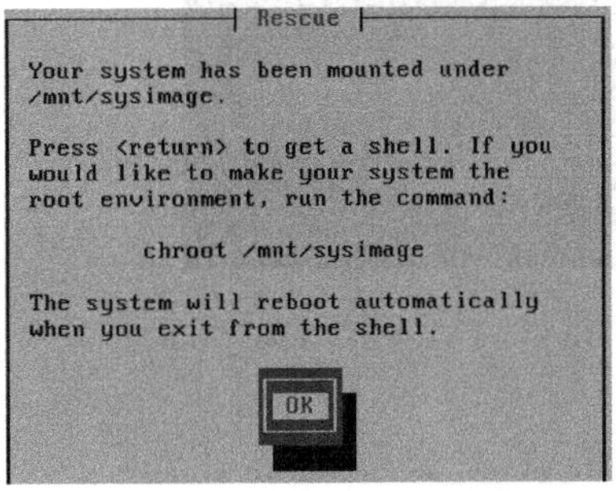

图 5-43

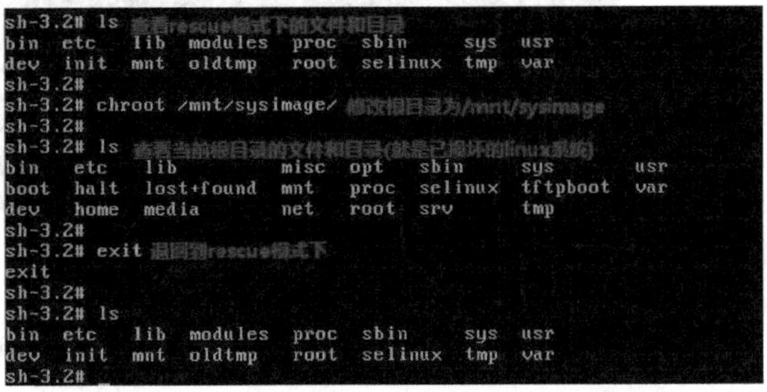

图 5-44

图 5-45

```
# exit---退回到 resecu 模式下
# mount /dev/hdc /mnt/source---挂载光驱 CDROM 到/mnt/source 目录
# rpm-ivh /mnt/source/Server/kernel-2.6.18-164.el5.i686.rpm--root= /mnt/
sysimage/--force
```

需要修复的三个内核文件在系统盘 server 目录下 kernel-2.6.18.rpm 软件包里,所以要挂载光盘并安装 kernel 软件包。

此时,内核已修复完成,继续修复 grub 程序。

```
# chroot /mnt/sysimage
# grub-install /dev/sda
# ls /boot/grub
# vim /boot/grub/grub.conf
```

进入已损坏的 Linux 系统中,安装 grub 程序到/dev/sda 查看 grub 目录下是否存在 grub.conf 文件。如果没有就手动编辑一个,如图 5-46 所示。

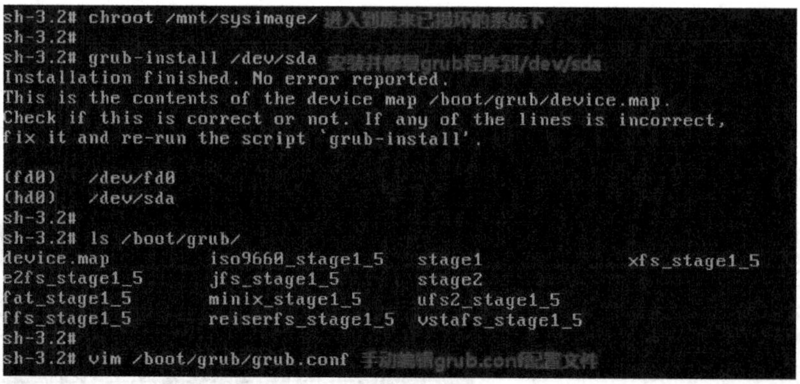

图 5-46

手动编辑 grub.conf 配置文件,内容如图 5-47 所示。

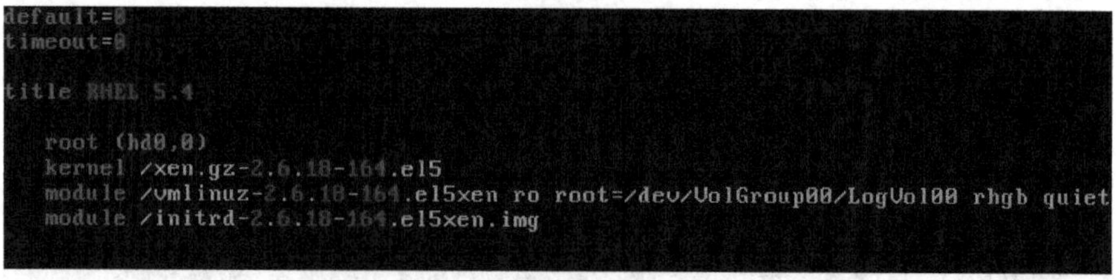

图 5-47

保存并退出,grub 修复完成。

5.2.2.4 修复/etc/inittab 等文件

[root@localhost~]#rpm-qf /etc/inittab　查询包含 inittab 文件的软件包。

[root@localhost~]#rpm-qf /etc/rc.d/rc.sysinit 查询包含 rc.sysinit 文件的软件包。

[root@localhost~]#rpm-qf /etc/rc.d/rc.local　查询包含 rc.local 文件的软件包。

如图 5-48 所示,经过 rpm-qf 查询命令可得知,要修复的文件都包含在 initscripts-8.45.rpm 这个软件包里面。

图 5-48

下一步,要把文件从这个 RPM 里面分离出来,并还原到/etc 目录下。

```
[root@ localhost~]# exit
[root @ localhost ~ ] # cp /mnt/source/Server/initscripts-8. 45. 30-2. el5.
i386.rpm
[root@ localhost~]# chroot /mnt/sysimage
[root@ localhost~]# cd tmp/
[root@ localhost~]# ls
[root@ localhost~]# rpm2cpioinitscripts-8.45.30-2.el5.i386.rpm |cpio-imd
[root@ localhost~]# ls
```

注意:两个 l s 命令注意比较区别。

```
[root@ localhost~]# cd etc/
[root@ localhost~]# ls
[root@ localhost~]# cp inittab /etc/
[root@ localhost~]# cp rc.sysinit /etc/rc.d/
[root@ localhost~]# cp rc.local /etc/rc.d/
```

如图 5-49 所示,最后只需要 reboot 就可以正常进入到 Linux 系统了。

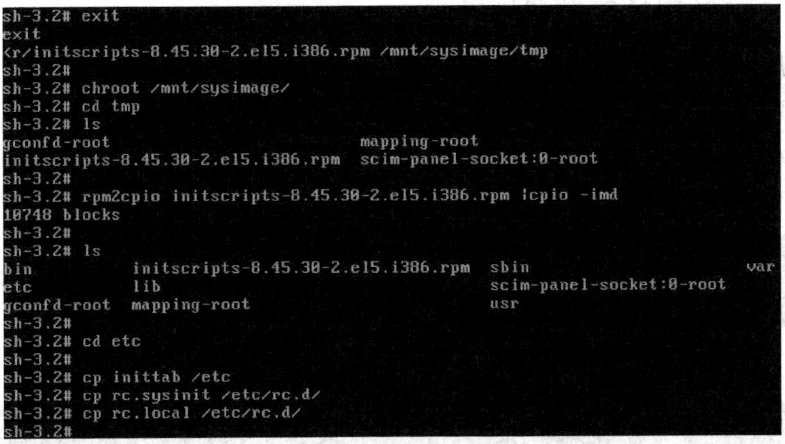

图 5-49

▶▶▶ 5.3 硬盘更换

本节重点:

◆ 分区报错识别

◆ 分区损坏的修复方法

5.3.1 分区报错识别

更换硬盘后重启机器时有可能会遇到图 5-50 所示的报错信息。

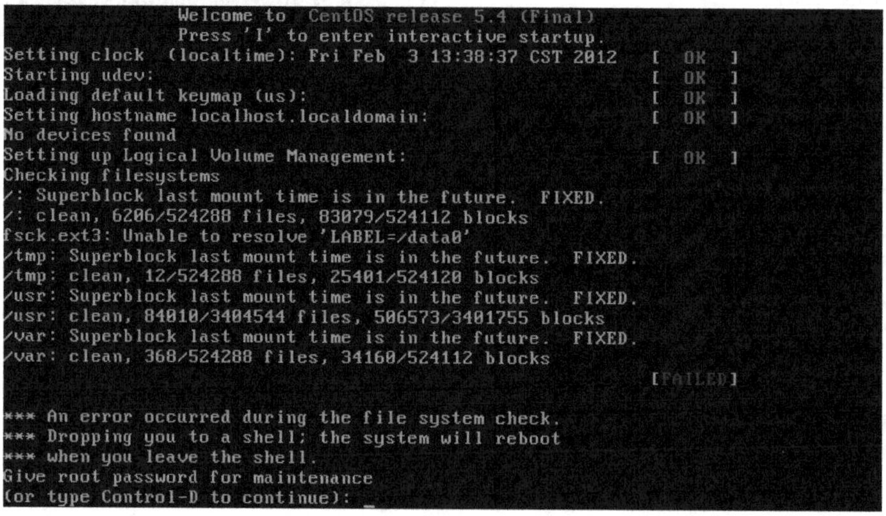

```
                    Welcome to CentOS release 5.4 (Final)
                    Press 'I' to enter interactive startup.
Setting clock  (localtime): Fri Feb  3 13:38:37 CST 2012        [  OK  ]
Starting udev:                                                  [  OK  ]
Loading default keymap (us):                                    [  OK  ]
Setting hostname localhost.localdomain:                         [  OK  ]
No devices found
Setting up Logical Volume Management:                           [  OK  ]
Checking filesystems
/: Superblock last mount time is in the future.  FIXED.
/: clean, 6206/524288 files, 83079/524112 blocks
fsck.ext3: Unable to resolve 'LABEL=/data0'
/tmp: Superblock last mount time is in the future.  FIXED.
/tmp: clean, 12/524288 files, 25401/524120 blocks
/usr: Superblock last mount time is in the future.  FIXED.
/usr: clean, 84010/3404544 files, 506573/3401755 blocks
/var: Superblock last mount time is in the future.  FIXED.
/var: clean, 368/524288 files, 34160/524112 blocks
                                                                [FAILED]

*** An error occurred during the file system check.
*** Dropping you to a shell; the system will reboot
*** when you leave the shell.
Give root password for maintenance
(or type Control-D to continue): _
```

图 5-50

出现以上报错是因为硬盘分区有问题，按 Ctrl＋D 键机器会自动重启，进入单用户模式后直接将有报错的分区在 FSTAB 文件注释掉就可以了。以上报错信息为 data0 的报错。

5.3.2 分区损坏的解决方法

5.3.2.1 单用户模式修复

进入单用户模式后修改 FSTAB 文件有时会提示只读文件，这时需要读写的方式重新挂到/分区，命令如下，如图 5-51 所示。

```
mount-o remount,rw /
```

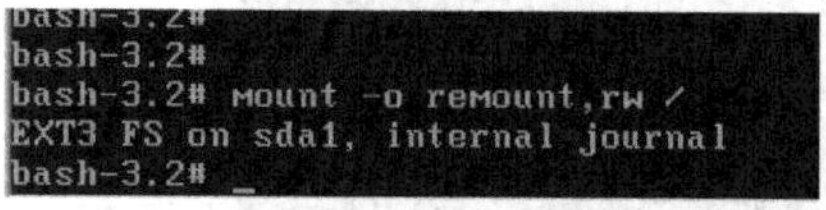

```
bash-3.2#
bash-3.2#
bash-3.2# mount -o remount,rw /
EXT3 FS on sda1, internal journal
bash-3.2# _
```

图 5-51

进去后在 data0 这一行最前面添加♯以把错误注释掉（根据报错信息进行注释），保存并退出，重启机器就可以进系统了，并告知管理员相关信息或在工单中进行反馈，如图 5-52 所示。

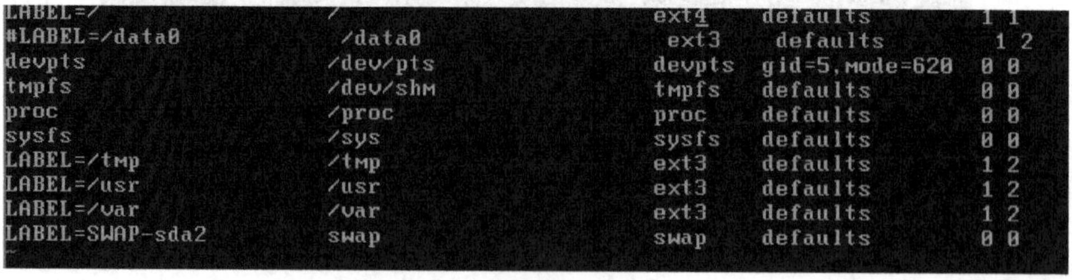

LABEL=/	/	ext4	defaults	1 1
#LABEL=/data0	/data0	ext3	defaults	1 2
devpts	/dev/pts	devpts	gid=5,mode=620	0 0
tmpfs	/dev/shm	tmpfs	defaults	0 0
proc	/proc	proc	defaults	0 0
sysfs	/sys	sysfs	defaults	0 0
LABEL=/tmp	/tmp	ext3	defaults	1 2
LABEL=/usr	/usr	ext3	defaults	1 2
LABEL=/var	/var	ext3	defaults	1 2
LABEL=SWAP-sda2	swap	swap	defaults	0 0

图 5-52

5.3.2.2 BASH 模式修复

进入单用户模式的方法如图 5-53 所示，在编辑时，在最后输入"1""s"或"single"。

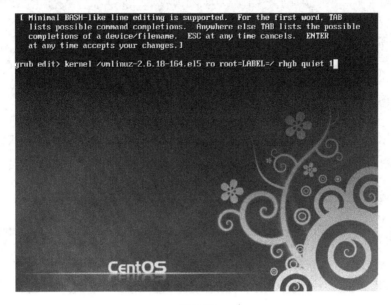

图 5-53

有时候单用户模式进入失败或者没反应，这时可以选择 BASH 模式来更改。进入 BASH 模式与单用户模式类似，只不过后面不是输入"1""s"或"single"，而是"init＝/bin/bash"，如图 5-54 所示。

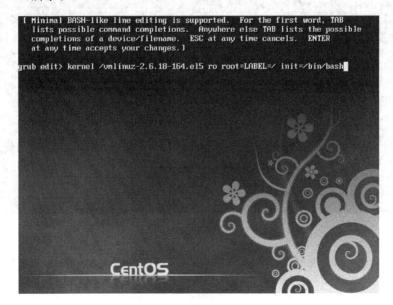

图 5-54

按回车键之后如图 5-55 所示，然后按 B 键重启。

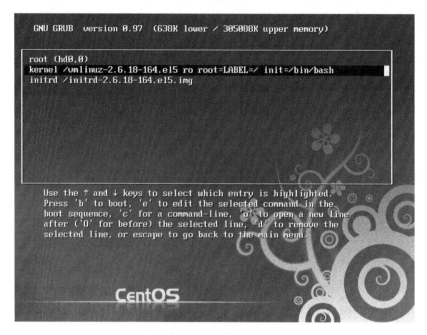

图 5-55

进入 BASH(shell)界面，如图 5-56 所示。

```
Loading dm-mem-cache.ko module
Loading dm-mod.ko module
device-mapper: uevent: version 1.0.3
device-mapper: ioctl: 4.11.5-ioctl (2007-12-12) initialised: dm-devel@redhat.com
Loading dm-log.ko module
Loading dm-region_hash.ko module
Loading dm-message.ko module
Loading dm-raid45.ko module
device-mapper: dm-raid45: initialized v0.25941
Waiting for driver initialization.
Scanning and configuring dmraid supported devices
Trying to resume from LABEL=SWAP-sda3
No suspend signature on swap, not resuming.
Creating root device.
Mounting root filesystem.
kjournald starting.  Commit interval 5 seconds
EXT3-fs: mounted filesystem with ordered data mode.
Setting up other filesystems.
Setting up new root fs
no fstab.sys, mounting internal defaults
Switching to new root and running init.
unmounting old /dev
unmounting old /proc
unmounting old /sys
bash-3.2#
```

图 5-56

开始修改/etc/fstab 文件，把报错的那一行注释掉或者删除，具体方式与单用户模式相同。

第6章　服务器介绍

完成本章的学习后,您将:

了解服务器的组成。

了解服务器与普通计算机的区别。

了解服务器的分类。

了解服务器上使用的核心技术。

了解主流服务器的品牌。

了解 IDC 中服务器的操作与配置。

▶▶▶ 6.1　服务器概述

本节重点:

◆ 服务器的结构与功能

6.1.1　服务器概述

服务器,也称伺服器,是网络环境中的高性能计算机,它侦听网络上其他计算机(客户机)提交的服务请求,并提供相应的服务。为此,服务器必须具有承担服务并且保障服务的能力。

与普通计算机的比较,如图 6-1 所示。

指标	服务器	普通计算机
处理器性能	支持多处理,性能高	一般不支持多处理,性能低
I/O(输入/输出)性能	强大	相对弱小
可管理性	高	相对低
可靠性	非常高	相对低
扩展性	非常强	相对弱

图 6-1

6.1.2　服务器的结构

图 6-2 所示为服务器内部结构示意图,图 6-3 所示为普通计算机内部结构示意图。

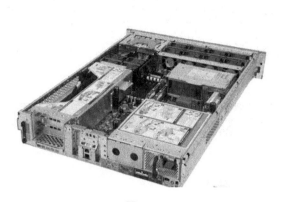

图 6-2

图 6-3

服务器与普通计算机最大的区别在于配置高,在硬件的冗余方面做得好。服务器比普通计算机多出了某些硬件,比如磁盘阵列卡、远程管理端口等。

6.1.3 服务器的功能

服务器在网络系统的控制下,将与其相连的硬盘、磁盘阵列卡、磁带、打印机及昂贵的专用通信设备提供给网络的客户站点共享,也能为网络用户提供集中计算、信息发布及数据管理等服务。

服务器是在网络环境中为客户机提供各种服务的、特殊的专用计算机。在网络中,服务器承担着数据的存储、转发、发布等关键任务,是各类基于客户机/服务器(C/S)模式网络中不可或缺的重要组成部分。

运行网络操作系统,通过网络操作系统控制和协调各个工作站的运行,响应和处理各个工作站发送来的各种网络操作请求。

存储和管理网络中的各种软硬件共享资源,如数据库、文件、应用程序、打印机等资源。

网络管理员在网络服务器上对工作站的活动进行监视、控制及调整。

▶▶▶ **6.2 服务器组成**

本节重点:

◆ 服务器的组成

◆ 配件的特征

6.2.1 中央处理器(CPU)

中央处理器(central processing unit,CPU)是一台计算机的运算核心和控制核心。CPU、内部存储器和输入/输出设备是电子计算机三大核心部件。其功能主要是解释计算机指令以及处理计算机软件中的数据。CPU 由运算器、控制器和寄存器及实现它们之间联系的数据、控制及状态的总线构成。CPU 的运作原理一般可分为四个阶段:提取(fetch)、解码(decode)、执行(execute)和写回(writeback)。CPU 从存储器或高速缓冲存储器中取出指令,放入指令寄存器,对指令译码,并执行指令。所谓的计算机的可编程性主要是指对 CPU 的编程。

图 6-4 所示为中央处理器原理图。

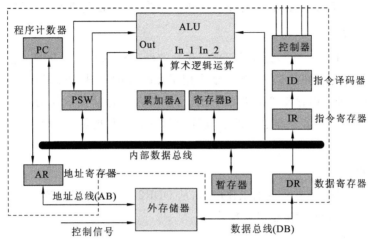

图 6-4

6.2.2　内存

6.2.2.1　概述

服务器内存也是内存(RAM),它与普通计算机内存在外观和结构上没有实质性的区别,主要是引入了一些新的特有的技术,如 ECC、ChipKill、热插拔技术等,具有极高的稳定性和纠错性能。图 6-5 所示为服务器 FBD 内存。

内存只是堆放数据的地方,它本身不能进行数据运算,所有运算功能都是由 CPU 完成的。

图 6-5

6.2.2.2　种类与型号

服务器内存主要有 FBD 内存和 DDR 内存。

1. FBD 内存

FBD 即 fully-buffer DIMM(全缓存模组技术),是一种串行传输技术,可以提升内存的容量和传输带宽。它是 Intel 在 DDR2、DDR3 的基础上发展出来的一种新型内存模组与互联架构,既可以搭配 DDR2 内存芯片,也可以搭配 DDR3 内存芯片。FBD 可以极大地提升系统内存带宽并且极大地增加内存最大容量。

FBD 内存的优势:

(1) 高容量:具有比普通内存更高的容量。

(2) 灵活有架构:让内存控制器不变的同时可以采用从 DDR2-533 到 DDR3-1600 范围

内的不同内存颗粒。

（3）高可靠性：Inter 宣称 FBD 内存的设计目标是 100 年内出现少于一次的无记载数据错误。

（4）高带宽：单 FBD 通道的峰值理论吞吐量是单 DRAM 通道的 1.5 倍。

2. DDR2 内存

DDR2（double data rate 2）是由 JEDEC 开发的新生代内存技术标准，它与上一代 DDR 内存技术标准最大的不同就是，虽然同是采用了在时钟的上升/下降沿同时进行数据传输的基本方式，但 DDR2 内存却拥有两倍于上一代 DDR 内存预读取能力。换句话说，DDR2 内存每个时钟能够以 4 倍外部总线的速度读/写数据，并且能够以内部控制总线 4 倍的速度运行。

3. DDR3 内存

DDR3 相比起 DDR2 有更低的工作电压，从 DDR2 的 1.8V 降落到 1.5V，性能更好更为省电；DDR2 的 4bit 预读升级为 8bit 预读。

6.2.2.3 特征

一般内存都具备 ECC、REG 内存的功能。

54 系列对应 DDR2 内存及 FBD 内存；DDR2 内存与 FBD 内存的主要区别在于 FBD 内存增加了一枚用于数据中转、读写控制的缓冲控制芯片，这样处理数据更快；DDR2 与 FBD 的范围在 512 MB～4 GB。

55 系列对应 DDR3 内存；内存频率高、电压低、容量大，单条可达 1 GB；范围在：1 GB～8 GB。

一般插槽可放置 6～8 根，最少可放置 4 根。

6.2.3　硬盘

6.2.3.1　厂商

目前市面上的硬盘品牌有如下几种。

Seagate 希捷：给 IBM、HP、SONY 等公司提供 OEM。

Maxtor 迈拓：2001 年收购昆腾后成名，2005 年底又被 Seagate 收购。

HDS 日立：由 IBM 硬盘部收购而来。

WD 西部数据：早期注重 OEM 市场，近年注重低功耗产品。

Samsung 三星：侧重大客户。

6.2.3.2　接口型号

（1）SATA 硬盘，如图 6-6 所示，又称串口 IDE 硬盘，目前较多应用于主机和存储设备。15 针电源插头，7 针数据插头。速率有 1.5 Gb/s 和 3.0 Gb/s 两种。

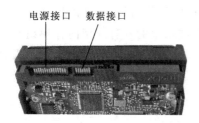

电源接口　数据接口

图 6-6

2）SCSI 硬盘，如图 6-7 所示。

图 6-7

CSI 是一种广泛应用于小型机上的高速数据传输技术。SCSI 接口具有应用范围广、多任务、带宽大、CPU 占用率低及热插拔等优点。因此，SCSI 硬盘主要应用于中、高端服务器，高档工作站以及存储设备中。

SCSI 接口目前常用的有 68 针和 80 针两种接口规格，如图 6-8 所示。

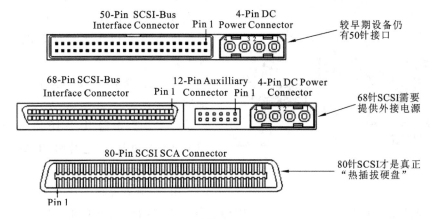

图 6-8

（3）SAS 硬盘，如图 6-9 所示。

更好的性能——采用串行传输代替并行传输，全双工模式。

更简便的连接线缆——将不再使用 SCSI 那种扁平的宽排线。

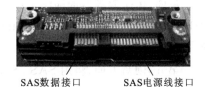

图 6-9

更广的扩展性——可与 SATA 兼容。

更低的成本——具备简化内部连接设计的优势，可以通过共用组件降低设计成本。

6.2.3.3 参数

（1）容量：硬盘能存储的数据量大小，以字节为基本单位。硬盘都是由一个或几个盘片组成的，单碟容量就是包括正、反两面在内的单个盘片的总容量。

SCSI/FC/SAS：36 GB、73 GB、146 GB、300 GB、450 GB、600 GB……

PATA/SATA：40 GB、60 GB、80 GB、120 GB、160 GB、200 GB、250 GB、300 GB、400 GB、500 GB、750 GB、1000 GB、2000 GB……

（2）转速：主马达转动速度，单位为 RPM，即每分钟盘片转动圈数。

SATA：一般为 7 200 转。

SCSI/SAS：一般为 10 000 转或 15 000 转。

（3）缓存：硬盘控制器上的一块内存芯片，具有极快的存取速度，是内部盘片和外部接口之间的缓冲器。

不同型号的硬盘缓存会不一样，一般会有 8M、16M、32M 等。

6.2.4　主板

普通计算机的主板更多的要求是在性能和功能上，而服务器主板是专门为满足服务器应用（高稳定性、高性能、高兼容性的环境）而开发的主机板，如图 6-10 所示。由于服务器的

图 6-10

高运作时间、高运作强度，以及巨大的数据转换量、电源功耗量、I/O 吞吐量，因此对服务器主板的要求是相当严格的。

服务器主板和普通计算机主板的区别如下。

第一，服务器主板一般至少支持两个处理器。

第二，服务器几乎任何部件都支持 ECC、内存、处理器、芯片组（但高阶台式计算机也开始支持 ECC）。

第三，服务器很多地方都存在冗余，高档服务器上面甚至连 CPU、内存都有冗余，中档服务器上，硬盘、电源的冗余是非常常见的，但低档服务器往往就是台式计算机的改装品。

第四，由于服务器的网络负载比较大，因此服务器的网卡一般都使用 TCP/IP 卸载引擎的网卡，效率高、速度快、CPU 占用小，但目前高档台式计算机也开始使用高档网卡甚至双网卡。

第五，硬盘方面，将用 SAS /SCSI 代替 SATA。

6.2.5　网卡

网卡是为计算机提供网络通信的部件，如图 6-11 所示。

普通计算机接入局域网或因特网时，只需一块网卡就足够了。而为了满足服务器在网络方面的需要，服务器一般需要两块网卡或是更多的网卡。如 AblestNet 的 X5DP8 服务器主板上面内置了 Intel 的 82546EM 1000 Mbps 自适应网卡芯片，这款芯片可以向下兼容 10 Mbps、100 Mbps 的端口。

图 6-11

6.2.6　电源

服务器电源如图 6-12 所示，和普通计算机的电源一样，都是一种开关电源。服务器电源按照标准可以分为 ATX 电源和 SSI 电源两种。ATX 电源使用较为普遍，主要用于台式

计算机、工作站和低端服务器;而 SSI 电源是随着服务器技术的发展而产生的,适用于各种档次的服务器。

服务器电源的特征:形状长条状;在性能上,元件多、耐高温、耐用。

6.2.7　风扇

服务器风扇如图 6-13 所示,和普通计算机的风扇一样,都是一种用来给主机降温的设备,服务器的稳定性取决于风扇的散热能力。

风扇的一些特性:

(1) CPU 的风扇转速一般为 6 000 转/分;

(2) 风墙的转速为 8 000~12 000 转/分,一排风扇集成,一般 3~4 个;

(3) 1U 一般放风墙、散热片;

(4) 2U 一般放风墙、散热片、风扇。

图 6-12

图 6-13

6.2.8　RAID 卡

磁盘阵列是由一个硬盘控制器来控制多个硬盘的相互连接,使多个硬盘的读写同步、减少错误、增加效率和可靠度的技术。磁盘阵列卡则是实现这一技术的硬件产品,磁盘阵列卡拥有一个专门的处理器和专门的存储器,用于高速缓冲数据。使用磁盘阵列卡服务器对磁盘的操作就直接通过磁盘阵列卡来进行处理,因此不需要大量的 CPU 及系统内存资源,不会降低磁盘子系统的性能。磁盘阵列卡专用的处理单元的性能要远远高于常规非阵列硬盘,并且更安全更稳定。

图 6-14

磁盘阵列卡也叫阵列控制器或 RAID 卡,如图 6-14 所示。

RAID 卡不是每个服务器都有的,它是应用在高端服务器上的一种能改善磁盘存储性能的附加配备。通俗地说,RAID 卡就是一种将多个磁盘进行合理的组合,从而达到优良的数据存储性和数据安全性的方式或方法。

RAID 卡可以根据需要的不同来提高数据的存储性能,也能提高数据的安全性。RAID 卡分很多种,每种都用数字编号区分,一共有 RAID 0、1、2、3、4、5、6、7、10 等 9 种方式。

6.2.9　Flash 卡

Flash card 是利用闪存技术达到存储电子信息的存储器,闪存卡大概有 SmartMedia (SM 卡)、Compact Flash(CF 卡)、MultiMediaCard(MMC 卡)、Secure Digital(SD 卡)、Memory Stick(记忆棒)、XD-Picture Card(XD 卡)和微硬盘(MICRODRIVE)。这些闪存卡虽然外观、规格不同,但是技术原理都是相同的。

6.3　服务器分类

本节重点:

◆ 服务器机箱结构的分类

6.3.1　应用层次划分

服务器根据其应用的等级区分为入门级服务器、工作组服务器、部门级服务器、企业级服务器。

1. 入门级服务器

CPU 采用单线程 4 核结构;部分硬件冗余处理,如硬盘、电源等,非必需性要求;通常采用 SCSI 接口硬盘和 SATA 串行接口硬盘;满足小型网络用户文件资源共享、简单数据库服务等需求。

图 6-15 所示为联想入门级服务器 T100。

2. 工作组服务器

CPU 采用双线程 4 核结构,多硬件冗余;提供的应用服务较为全面、可管理性强,易于维护;满足中小型网络多业务应用、大型网络局部应用的需求;可支持大容量的 ECC 内存和增强服务器管理功能的 SM 总线。

图 6-16 所示为 DELL PowerEdge T630 塔式服务器。

图 6-15

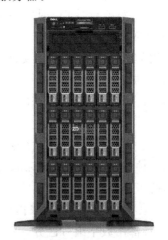

图 6-16

3．部门级服务器

CPU 采用双线程 4 核结构,多硬件冗余;硬件配置性能参数要求较高;满足用户在业务量迅速增大时能够及时在线升级系统,企业信息化的基础架构;除了具有工作组服务器全部服务器特点外,还集成了大量的监测及管理电路,具有全面的服务器管理能力,可监测如温度、电压等状态参数,结合标准服务器管理软件;适合中型企业(如金融、邮电等行业)作为数据中心、Web 站点等应用。

图 6-17 所示为 IBMsystem X3650。

4．企业级服务器

普遍可支持 4 至 8 个 PIII Xeon 或 P4 Xeon 处理器结构;拥有独立的双 PCI 通道和内存扩展板设计,具有高内存带宽;使用大容量热插拔硬盘和热插拔电源;大量监测及管理电路,具有全面的服务器管理能力;具有高度的容错能力及优良的扩展性能。

图 6-18 所示为 DELL 企业级服务器 R910。

图 6-17

图 6-18

6.3.2　处理器架构划分

服务器根据处理器架构划分为 CISC 架构服务器、RISC 架构服务器、VLIW 结构服务器。

1．CISC 架构服务器

CISC 为 complex instruction set computer,即复杂指令系统计算机,从计算机诞生以来,人们一直沿用 CISC 指令集方式。早期的桌面软件是按 CISC 设计的,并一直延续到现在,所以,微处理器厂商一直在走 CISC 的发展道路。在 CISC 微处理器中,程序的各条指令是按顺序串行执行的,每条指令中的各个操作也是按顺序串行执行的。顺序执行的优点是控制简单,但计算机各部分的利用率不高,执行速度慢。CISC 架构服务器主要以 IA-32 架构为主,多数为中低档服务器所采用。

2．RISC 架构服务器

RISC 为 reduced instruction set computing,即精简指令集,它的指令系统相对简单,只要求硬件执行很有限且最常用的那部分指令,大部分复杂的操作则使用成熟的编译技术,由简单指令合成。在中高档服务器中采用 RISC 指令的 CPU 主要有 Compaq 公司的 Alpha、HP 公司的 PA-RISC、IBM 公司的 Power PC、MIPS 公司的 MIPS 和 SUN 公司的 Spare。

3. VLIW 架构服务器

VLIW 为 very long instruction word,即超长指令集架构,VLIW 架构采用了先进的 EPIC(清晰并行指令)设计,我们也把这种构架叫作 IA-64 架构。每时钟周期 IA-64 可运行 20 条指令,而 CISC 通常只能运行 1~3 条指令,RISC 能运行 4 条指令,可见 VLIW 要比 CISC 和 RISC 强大得多。VLIW 的最大优点是简化了处理器的结构,删除了处理器内部许多复杂的控制电路,这些电路通常是超标量芯片(CISC 和 RISC)协调并行工作时必须使用的。VLIW 的结构简单,能够使其芯片制造成本降低,价格低廉,能耗少,而且性能要比超标量芯片高得多。目前基于这种指令架构的微处理器主要有 Intel 的 IA-64。

6.3.3 机箱结构划分

服务器根据其外观(机箱)结构区分为机架式服务器、塔式服务器、刀片式服务器、机柜式服务器。

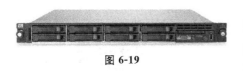

图 6-19

(1) 机架式服务器:服务器的外形并不像常规计算机,而是与交换机相似,有 1U、2U、4U 等不同种规格。一般安装在 19 英寸标准机柜中,这种服务器多为功能型服务器,如图 6-19 所示。

(2) 塔式服务器:服务器的外观与平常使用的立式计算机相似,服务器的主板扩展性较好、插槽较多,体积也比标准的 ATX 机箱大。塔式服务器自身的硬件配置很高,较大的机身使冗余扩展性更强大,应用范围更宽广,如图 6-20 所示。

(3) 刀片式服务器:刀片式服务器将传统的机架式服务器的所有功能集中在一块高度压缩的电路板中,然后再插到机箱中。一个单独的主板上包含一个完整的计算机系统,包括处理器、内存、网络连接和相关的电子器件。如果将多个刀片式服务器插入一个机架或机柜的平面中,那么该机架或机柜的基础设施就能够共用,同时具有冗余特性。刀片式服务器的优点有两个:一是克服了芯片服务器集群的缺点;另一个是实现了机柜优化,如图 6-21 所示。

(4) 机柜式服务器。在一些高档企业服务器中,由于内部结构复杂、设备较多,有的将许多不同的设备单元或几个服务器放在一个机柜中,这种服务器就是机柜式服务器。机柜式服务器通常由机架式服务器、刀片式服务器和其他设备组合而成,如图 6-22 所示。

图 6-20   图 6-21   图 6-22

6.4　核心技术

本节重点：

◆ 与普通计算机相比，服务器使用的核心技术

6.4.1　CPU 技术

CPU 技术包含超线程、SMP 及多核心三大基础技术。

1. 超线程（HT）

越线程就是利用特殊的硬件指令，把多线程处理器内部的两个逻辑内核模拟成两个物理芯片，从而使单个处理器能享用现成级的并行计算机的处理技术。

HT 技术需要的支持：

（1）需要 CPU 支持；

（2）需要主板芯片组支持；

（3）需要主板 BIOS 支持；

（4）需要操作系统支持；

（5）需要应用软件支持。

2. SMP

SMP 即对称多处理，指在一个计算机上汇集了一组处理器（多 CPU）。它们共享内存及总线结构，系统将处理任务队列对称地分布于多个 CPU 上，从而极大地提高了系统的数据处理能力。

在 SMP 架构中，一台计算机不是由单个 CPU 组成的，而是由多个处理器运行操作系统，共同使用内存和其他资源。虽然同时使用多个 CPU，但是对于用户来说，它们的表现就像一台单机一样。系统将任务分配给多个 CPU，从而提高了整个系统的数据处理能力。在对称多处理系统中，系统资源被系统中所有的 CPU 共享，工作负载能够均匀地分配到所有可用的处理器上。

SMP 技术需要的支持：

（1）CPU 内部必须内置 APIC 单元；

（2）相同的产品型号，同类型的 CPU 核心；

（3）完全相同的运行频率；

（4）尽可能保持相同的产品序列编号；

（5）操作系统的支持。

3. 多核心

简而言之，多核处理器是在一个 CPU 上集成多个完整的执行内核心，可以同时进行多个整点或者多个浮点运算，这样极大地提高了系统的利用效率，推动了系统性能的提升。

双核处理器:具有两个完整的内核,同时可以进行两个整数或者两个浮点运算。

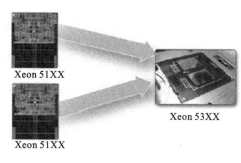

Xeon 51XX

Xeon 53XX

Xeon 51XX

图 6-23

四核处理器:用于主流服务器,为功能强大的高密度节能型服务器提供突破性的性能与功能。

53XX 是将两个 51XX 内核封装在一个 CPU 内,如图 6-23 所示。

6.4.2 内存技术

1. Register 技术

Register 技术主要是调成时钟信号,保证内存之间的信号同步,提供驱动能力。

服务器产品需要支持大容量的内存,单靠主板无法驱动如此大容量的内存,而使用带 Register 的内存条,通过 Register IC 提高驱动能力,使服务器可支持更大的内存。

在尺寸上,Registered-ECC 内存条比普通内存条要长,因为它比普通内存条多了 Register IC 和 PLL IC 等 2~3 个较小的芯片。

2. ECC 技术

ECC 技术出现前,内存使用更多的是 Parity(奇偶校验)。在数字电路中,最小的数据单位叫"比特"(bit),也叫数据"位","比特"也是内存中的最小单位,它是通过"1"和"0"来表示数据高、低电平信号的。在数字电路中,8 个连续的比特是一个字节(byte),不带"奇偶校验"的内存中的每个字节只有 8 位,若它的某一位存储出了错误,就会使其中存储的相应数据发生改变而导致应用程序发生错误。而带有"奇偶校验"的内存在每一字节(8 位)外又增加了一位用来错误检测。比如一个字节中存储了某一数值(1、0、1、0、1、0、1、1),把这每一位相加起来(1+0+1+0+1+0+1+1=5)。若其结果是奇数,对于偶校验,校验位就定义为 1,反之则为 0;对于奇校验,则相反。当 CPU 返回读取存储的数据时,它会再次相加前 8 位中存储的数据,计算结果是否与校验位相一致。当 CPU 发现二者不同时就会尝试纠正这些错误。但 Parity 的不足是:当内存查到某个数据位有错误时,不一定能确定在哪一个位,也就不一定能修正错误,所以带有奇偶校验的内存的主要功能仅仅是"发现错误",并能纠正部分简单的错误。

3. Chipkill 技术

Chipkill 内存最初是由 IBM 大型机发展过来的,Chipkill 是为美国航空航天局的"探路者"探测器赴火星探险而研制的。它是 IBM 公司为了弥补目前服务器内存中 ECC 技术的不足而开发的,是一种新的 ECC 内存保护技术。

ECC 内存技术虽然可以同时检测和纠正单一比特错误,但如果同时检测出两个以上比特的数据错误,则无能为力。但基于 Intel 处理器架构的服务器的 CPU 性能以几何级的倍数提高,而硬盘驱动器的性能同期只提高了 5 倍,因此为了保证正常运行,服务器需要大量的内存来临时保存从 CPU 上读取的数据。这样大的数据访问量就导致单一内存芯片在每次访问时通常要提供 4(32 位)或 8(64 位)字节以上的数据。一次性读取这么多数据,出现多位数据错误的可能性会大大提高,而 ECC 又不能纠正双比特以上的错误,这样就很可能造成全部比特数据的丢失,系统就会很快崩溃。IBM 的 Chipkill 技术是利用内存的子结构方法来解决这一难题的。

6.4.3　硬盘技术

硬盘技术包含两部分:磁盘阵列(RIAD)和数据传输。硬盘作为存储设备,其存储数据的空间与性能较高,但与服务器主板之间交互数据的速率达不到相匹配的程度,很容易造成服务器硬盘性能过剩。

1. 磁盘阵列

磁盘阵列利用数组方式做成磁盘组,配合数据分散排列的设计,提升数据的安全性。磁盘阵列是由很多便宜、容量较小、稳定性较高、速度较慢的磁盘组合成一个大型的磁盘组,利用个别磁盘提供数据所产生加成效果提升整个磁盘系统效能。同时利用这项技术,将数据切割成许多区段,分别存放在各个硬盘上。磁盘阵列还能利用同位检查(parity check)的概念,在数组中任一个硬盘故障时,仍可读出数据,在数据重构时,将数据经计算后重新置入新硬盘中。表 6-1 列出了各种 RAID 的特点。

表 6-1

级　　别	阵列容量	数据可靠性	数据传输率	最少硬盘数
0	100%	低	最高	2
1	50%	高	极高	2
0+1	50%	极高	低	4
3	$n-1/n$	高	低	3
5	$n-1/n$	高	极高	3
6	$n-2/n$	极高	极高	4

2. 硬盘接口

硬盘接口是硬盘与主机系统间的连接部件,作用是在硬盘缓存和主机内存之间传输数据。不同的硬盘接口决定着硬盘与计算机之间的连接速度,在整个系统中,硬盘接口的优劣直接影响着程序运行的快慢和系统性能的好坏。

硬盘接口一般分为 IDE、SCSI、SATA 和 SAS 等,其中 IDE、SCSI 接口已经淘汰,目前服务器使用的接口主要是 SATA 和 SAS 两种。

SATA 接口如图 6-24 所示,SAS 接口如图 6-25 所示。

图 6-24

图 6-25

3. 固态硬盘

固态硬盘(solid state drives)简称固盘,是用固态电子存储芯片阵列而制成的硬盘,由控制单元和存储单元(FLASH 芯片、DRAM 芯片)组成。固态硬盘在接口的规范和定义、功能及使用方法上与普通硬盘的完全相同,在产品外形和尺寸上也与普通硬盘完全一致,如图 6-26 所示。

新一代的固态硬盘普遍采用 SATA-2 接口、SATA-3 接口、SAS 接口、MSATA 接口、PCI-E 接口、NGFF 接口、CFast 接口和 SFF-8639 接口。

固态硬盘没有普通硬盘的电机和旋转介质,因此启动快、抗震性极佳。固态硬盘不用磁头,磁盘读取和写入速度非常快,延迟很小。因为没有电机马达,所以它工作时没有普通硬盘那种

图 6-26

吱吱声,另外固盘里没有机械装置,所以发热量小,也不用担心会出现机械故障。虽然有这些优点,但缺点也是有的,比如价格贵、容量小、电池航程较短、写入寿命有限等。

目前 IDC 机房内的一些特殊的应用已经开始大量使用固态硬盘,例如微博、淘宝等。

▶▶▶ **6.5** 主流服务器介绍

本节重点:

◆ 掌握服务器的常见品牌

6.5.1 戴尔服务器

DELL 服务器有塔式、机架式和刀片式等机型的服务器。

DELL 主流服务器型号如下。

1U 机架式:1950、R410、R610、R620。

2U 机架式:2850、2950、R510、R710、R720、FS12、FS12-TY。

图 6-27 所示为 DELL 的 2U 机架式服务器。

6.5.2 惠普服务器

惠普服务器有着类似 DELL 服务器的外形,即有塔式、机架式和刀片式。

惠普主流服务器型号如下。

1U 机架式：DL160、DL320、DL360。

2U 机架式：DL380 G4、DL380 G5、DL380 G6、DL380 G7、DL385 G1、DL180 G5、DL180 G6

图 6-28 所示为惠普的 2U 机架式服务器。

6.5.3　联想服务器

联想主流服务器型号如下。

机架式：systemx3250 M5、systemx3550 M5、systemx3650 M5、systemx3850 X6。

塔式：systemx3100 M5、systemx3300 M4、systemx3500 M5。

图 6-29 为联想的 2U 机架式服务器。

图 6-27　　　　　　　　图 6-28　　　　　　　　图 6-29

6.5.4　浪潮服务器

浪潮主流服务器型号如下。

机架式：NF8480M3、NF8470M3、NF5280M4、NF5170M4。

塔式：NP5580M3、NP5020M3、NP3020M3、NP5540M3。

图 6-30 为浪潮的 4U 机架式服务器。

6.5.5　华为服务器

华为主流服务器型号如下。

机架式：FusionServer RH8100 V3、FusionServer RH5885H V3、FusionServer RH5885 V3。

刀片式：FusionServer CH242 V3、FusionServer CH226 V3、E9000。

图 6-31 为华为的 2U 机架式服务器。

 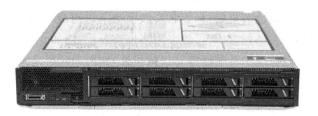

图 6-30　　　　　　　　　　　　　　图 6-31

第7章　服务器现场操作与配置

完成本章的学习后,您将:

了解 IDC 机房服务上架的各项标准。

掌握服务器硬件更换的规范。

熟悉各品牌服务器的 ILO 配置。

熟悉各品牌服务器的 RAID 配置。

熟悉 IDC 日常运维中服务器的故障分析。

▶▶▶ 7.1　服务器上架标准

本节重点:

◆ 线缆布线规范

7.1.1　电源线绑扎标准

(1)不同机房有不同机房的布线标准,基本原则如下。

◆ 电源线一定要插到底。

◆ 扎带要扎紧。

◆ 电源线头部和电线尾部不要绑太紧,留出一点空隙。

◆ 电源线要捋顺拉直,不要打结。

◆ 从外观上不允许看到电源线的结头。

◆ 电源线上下、左右两端要对称。

(2)有的机房电源需要打标签,则电源线两端统一绑扎标签。

标签命名规则:标签名由数字和字母组成,字母就是左右机架电源插线板,数字就是服务器所在的托盘位置,数字用两位数表示,例如 01A、15A。

电源线的两端标签要保持一致,如两端同时是 A1 或者 B1。

标签顺序:所有机房均为从机柜最下层机架位由下向上递增。

标签绑扎效果如图 7-1 所示。

(3)电源线固定处理。固定每个机架位电源线。

将每个机架位的电源线(连接服务器端预留部分),自上而下顺序绑扎在 PDU 后侧的机架上并将线槽中的电源线从上往下捋顺并用扎带固定好,如图 7-2 所示。

图 7-1

图 7-2

注意：电源线固定的位置不能阻碍服务器末端的进入。

最后把多余的电源线捋顺绑扎好放在最下面的托盘下并将其固定，如图 7-3 所示。

图 7-3

固定每个机架位对应的 PDU 端电源线。电源线弯曲弧度需保持一致，如图 7-4 所示。弯曲弧度不宜过小，否则长时间运行后容易导致电源线插头自动松脱，如图 7-5 所示。

图 7-4

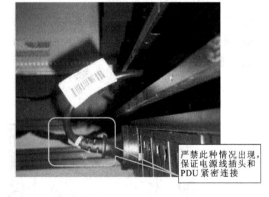

严禁此种情况出现，保证电源线插头和 PDU 紧密连接

图 7-5

绑线效果如图 7-6 所示。

7.1.2　网线绑扎标准

（1）布置网线的基本原则：

◆ 布线时要注意安全。

◆ 线走线槽，切勿随便布置。

◆ 网线不要和光纤混合在一起。

◆ 留出一定距离，以便网线能绑在机架两边。

◆ 每十厘米要打一根扎带。

◆ 剩余的网线，打好圈，绑好后放在服务器顶端或者放置于服务器最下端。

◆ 网线在绑扎过程中禁止弯折绑扎。

（2）网线禁止弯曲和杂乱穿插，统一穿插在两台服务器电源之间，如图7-7所示。

网线和电源线保持水平，并且互不交叉

图7-6　　　　　　　　　　　　　　　图7-7

（3）布置网线前一定要根据机房的标准打上线标，如图7-8所示。

7.1.3　光纤布置标准

光纤布置的基本原则：

◆ 不要用眼睛直视光纤或者光模块的 TX 端。

◆ 光纤的弯曲程度不能过大。

◆ 光纤不能用硬扎带捆绑。

◆ 插光纤的时候不要用手触碰光纤的接头。

◆ 剩余的光纤要打大圈后放置在机柜上面。

光纤布置如图7-9所示。

 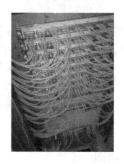

图7-8　　　　　　　　　　　　　　　图7-9

7.1.4　服务器摆放标准

服务器摆放基本原则：

◆ 服务器要推到底。

◆ 服务器摆放要上下左右保持一致。

◆ 放置服务器前要先观察托盘上面有没有物品。

◆ 放置时要注意分寸，切勿蛮力用事。

◆ 放置后要检查服务器是否摆放妥当。

从服务器前段将服务器推到位,需紧贴机架框,如图 7-10 所示。

机柜内服务器需保持水平位置,如图 7-11 所示。

图 7-10

图 7-11

7.2　硬件更换

本节重点:

◆ 服务器部件更换行为规范

7.2.1　硬盘更换

硬盘更换步骤如下。

(1) 从服务器中卸下故障硬盘。

(2) 从托架中卸下故障硬盘。如图 7-12 所示,打开驱动器托盘释放手柄以松开驱动器,向外滑动硬盘驱动器,直至其从驱动器托架中松开。

(3) 安装备用硬盘。如图 7-13 所示,打开硬盘驱动器托盘手柄;将硬盘驱动器托盘插入驱动器托架,直至托盘触及背板;合上手柄以将驱动器锁定到位。

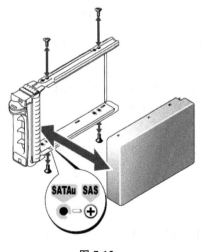

图 7-12

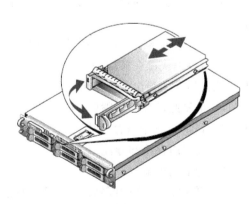

图 7-13

（4）新硬盘安装到服务器后，硬盘处于 rebuild 状态，指示灯开始闪烁，等待硬盘灯变为绿色，操作完成。

（5）更换下的故障硬盘需要在一侧贴上标签，注明所属服务器序列号等信息。

7.2.2　内存更换

内存更换步骤如下。

（1）关闭系统和所有已连接的外围设备，断开系统与电源插座的连接。

（2）打开主机盖。

（3）卸下/安装内存冷却导流罩。卸下内存冷却导流罩；内存冷却导流罩由导流罩末端的闩锁固定，将闩锁拉向机箱外壁以将其释放（见图 7-14）；在导流罩的铰接部件上向上并向着系统前面转动导流罩，然后将导流罩从系统中提出；安装内存冷却导流罩。

（4）将铰接部件和风扇支架两端的导流罩铰合片对准（见图 7-14）。

（5）将导流罩竖直向下慢慢放入系统中，直到风扇连接器卡入并且闩锁卡入。

（6）确定内存模块插槽在系统板上的位置。

（7）向下并向外按压内存模块插槽上的弹出卡舌，以便在插槽中插入/卸下内存模块（见图 7-15）。

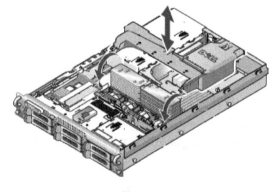

图 7-14

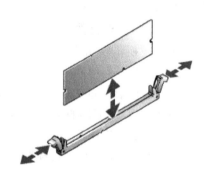

图 7-15

（8）将内存模块的边缘连接器与内存模块插槽的定位卡锁对准，并将内存模块插入插槽。

（9）用拇指向下按压内存模块，同时用食指向上拉动弹出卡舌，将内存模块锁定在插槽。如果内存模块已在插槽中正确就位，则内存模块插槽上的弹出卡舌应与已安装内存模块的其他插槽上的弹出卡舌对准。

（10）重复此过程的步骤（3）至步骤（7）以安装其余的内存模块，重复此过程的步骤（3）至步骤（6）以卸下其余内存模块。

（11）装回内存冷却导流罩。

（12）合上主机盖。

（13）更换完毕故障内存后清除 SEL 日志（此操作仅限在 DELL 2950/R710/R510 上使用），具体步骤如下。

◆ 更换完内存后，开机，在 BIOS 引导阶段按 Ctrl＋E 热键进入 Remote Access Setup 配置页面。

◆ 选择菜单 System Event Log Menu，按回车键进入。

◆ 屏幕会提示 Loading Sensor Data Records。

◆ 弹出确认菜单，移动光标选择＜ YS(Continue)＞，等待日志清除完毕后，重启机器即可。

注意：此操作仅限在 DELL2950/R710/R510 上使用，其他机型不需要此操作，且此操作必须在更换完内存后进行。

7.2.3　Flash 卡更换

更换 Flash 卡的步骤如下。

（1）关闭系统和所有已连接的外围设备，并断开系统与电源插座的连接。

（2）打开主机盖。

（3）卸下/安装内存冷却导流罩。

（4）拔下 2950 PCIX 扩展槽（见图 7-16）。

图 7-16

（5）插入 PCIE 扩展槽（见图 7-17）。

（6）插入 SSD 板卡（见图 7-18）。

图 7-17

图 7-18

（7）装回内存冷却导流罩。

（8）合上主机盖。

7.2.4　RAID 卡更换

更换 RAID 卡的步骤如下。

（1）关闭系统和所有已连接的外围设备，并断开系统与电源插座的连接。

（2）打开主机盖。

（3）移除硬盘背板与 RAID 卡之间的线缆（按住两边的卡扣，向外拉出），并记录原位置以便新卡安装，如图 7-19 所示。

（4）移除 RAID 卡自带电池，如图 7-20 所示。

图 7-19

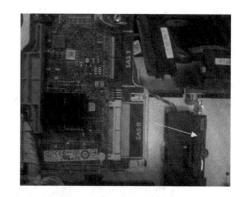

图 7-20

（5）移除 RAID 卡以及电池（向上提起蓝色卡扣，并向箭头方向推动），如图 7-21 所示。

（6）按照相反步骤换上正常 RAID 卡。

（7）合上主机盖。

7.2.5 网卡更换

更换网卡的步骤如下。

（1）关闭系统和所有已连接的外围设备，并断开系统与电源插座的连接。

（2）打开主机盖。

（3）断开所有与扩充卡相连接的电缆。

（4）卸下或添加网卡（见图 7-22）。打开系统机箱背面的扩充卡门锁，抓住扩充卡顶部两角，小心地将插卡从扩充卡连接器中拔出或插入。

图 7-21

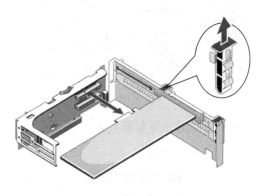

图 7-22

（5）如果卸下网卡后不打算再装回,请在闲置的扩充槽开口处安装金属填充挡片,然后关上扩充卡锁。

（6）合上机器上盖,将系统和外围设备重新连接,并打开系统。

注意:当增加或卸下 PCI 扩展卡上的网卡时,可能会出现网卡顺序发生变动的情况,一般为 PCI 扩展卡插槽位置的网卡为 eth0,主板上的 eth0、eth1 网卡将会变为 eth1、eth2,那么相应的网卡上所插的网线也要随之变化,即 eth0 插外网线或副网线,eth1 插主网线,eth2 待定。

7.2.6　电源模块更换

电源模块更换的步骤如下。

（1）卸下电源模块。断开电源电缆与电源的连接;断开电源电缆与电源设备的连接并将电缆从电缆固定支架中卸下;向右按入以松开电源设备左侧的锁定卡舌,然后向上转动电源设备手柄,直到电源设备脱离机箱为止;向外拉动电源设备,直至将其从机箱中取出。

（2）安装电源模块（见图 7-23）。在电源设备手柄处于延伸位置时,将新电源设备滑入机箱;向下转动手柄,直到其完全与电源设备面板平齐,橙色卡扣卡到位;将电源电缆连接至电源设备,然后将电缆插入电源插座。

（3）故障处理完毕,重启服务器进入登录界面,手机 ping 服务器系统 IP 和 ILOIP 确保连接正常。

（4）反馈操作完成,申请人确认结单。

（5）替换下来的坏件交给资产管理员登记管理。

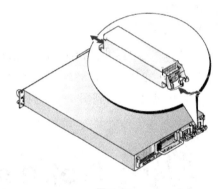

图 7-23

7.2.7　主板更换

主板更换的步骤如下。

（1）关闭系统和所有已连接的外围设备,并断开系统与电源插座的连接。

（2）打开主机盖。

（3）卸下/安装内存冷却导流罩。

（4）将铰接部件和风扇支架两端的导流罩铰合片对准。

（5）将导流罩竖直向下慢慢放入系统中,直到风扇连接器卡到位并且闩锁卡到位。

（6）拆除内存条、CPU 风扇、CPU、RAID 卡与主板连接线缆、PCI 转接卡,有些型号需要拆除服务器内的散热风扇。

（7）拆除主板上连接的所有部件及线缆后,拆除固定主板螺丝,取出故障主板。

（8）按照相反的步骤插回主板上连接的所有部件及线缆。

（9）装回内存冷却导流罩。

（10）合上主机盖。

（11）主板更换操作完成后,服务器需启动并进入系统登录界面,操作完成。

7.2.8 CPU 更换

CPU 更换的步骤如下。

(1) 关闭系统和所有已连接的外围设备,并断开系统与电源插座的连接。

(2) 打开主机盖。

(3) 拆除 CPU 散热器。根据散热器固定方式进行相应操作(拧下固定散热器四个螺丝或拆除固定散热器卡片)。

(4) 打开固定 CPU 的挡片,替换故障 CPU。

(5) 安装好 CPU 散热器,合上主机盖。

6. CPU 更换操作完成后,服务器需启动并进入系统登录界面,操作完成。

▶▶▶ 7.3 ILO 配置

本节重点:

◆ 服务器 ILO 配置

7.3.1 惠普服务器 ILO 配置

(1) HP 380G4、HP 385G1 和 HP 380G5 的欢迎界面,如图 7-24 所示。

(2) 开机之后,看到图 7-25 的提示后,按 F8 键进入 ILO 配置界面。

图 7-24   图 7-25

(3) 进入 ILO 配置界面,选择"Network"的下拉菜单"DNS/DHCP",如图 7-26 所示。

(4) 查看"DHCP Enable"是不是"OFF",若不是则选择"OFF",然后按 F10 键保存,如图 7-27 所示。

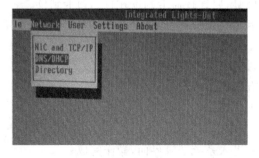
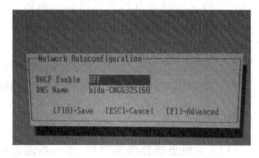

图 7-26   图 7-27

（5）选择"Network"的下拉菜单"NIC and TCP/IP"，如图 7-28 所示。

（6）输入 IP、子网掩码、网关，然后按 F10 键保存，如图 7-29 所示。

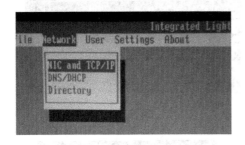

图 7-28

图 7-29

（7）选择"File"的下拉菜单"Exit"，如图 7-30 所示。

（8）在"Are you sure?"提示框中，选择"enter-OK"，ILO 配置完成，如图 7-31 所示。

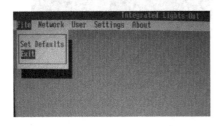

图 7-30

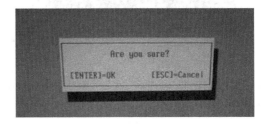

图 7-31

7.3.2 DELL 服务器 ILO 配置

（1）DELL 欢迎界面，如图 7-32 所示。

（2）机器自检到图 7-33 所示的界面，按 Ctrl+E 键进入 ILO 配置界面。

图 7-32

图 7-33

（3）选择"LAN Parameters"，如图 7-34 所示。

（4）配置 IP、子网掩码、网关，完成后按 Esc 键，如图 7-35 所示。

（5）选择"Save Changes and Exit"，配置完成，如图 7-36 所示。

DELL R620/720 的 ILO 配置，需要进入 UEFI 界面进行配置。

7.3.3 IBM 服务器 ILO 配置

（1）重启机器，按 F1 键进入 BIOS 设置，如图 7-37 所示。

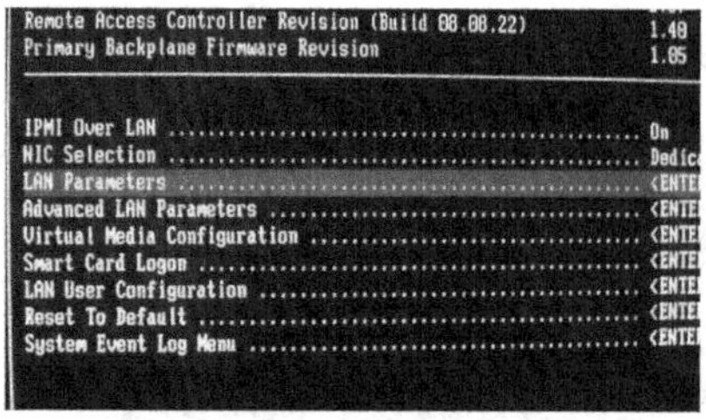

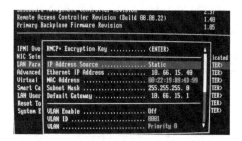

图 7-34

图 7-35

图 7-36

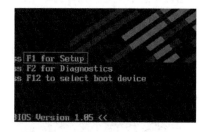

图 7-37

（2）进入 BIOS 界面后，选择"Advanced Setup"，如图 7-38 所示。

（3）选择"RSA II Settings"，如图 7-39 所示。

图 7-38

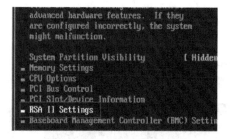

图 7-39

（4）若使用 DHCP 获得 IP，则将"DHCP Control"设为"DHCP Enabled"。若使用固定 IP，则将"DHCP Control"设为"Static Enabled"，然后再配置相应的 IP 地址，如图 7-40 所示。

用户配置：

IBM 的服务器一般不需要设置用户，若需要可以通过 BMC Settings 来设置，如图 7-41 所示。

图 7-40

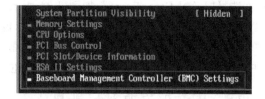

图 7-41

进入 BMC Settings 之后首先把右边的 Disabled 变为 Enabled,然后通过最下方的"User Account Settings"对用户进行设置,如图 7-42 所示。

7.3.4　华为服务器 ILO 配置

华为服务器通过 BIOS 查询和设置。

(1)重启服务器。

(2)在启动过程中,根据界面提示信息按 Del 键,进入 BIOS 设置界面。

(3)如果在启动过程中出现输入密码对话框,请在对话框中输入密码,如图 7-43 所示。

说明:华为服务器 BIOS 的默认密码为 uniBIOS123。

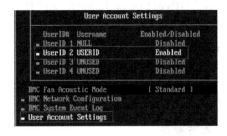　　　　　　　　　　

图 7-42　　　　　　　　　　　　　　　　　　图 7-43

(4)选择"Advanced",如图 7-44 所示。

(5)在图 7-44 中选择"IPMI BMC Configuration",按 Enter 键进入配置界面,如图 7-45 所示。

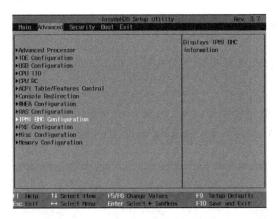　　　　　　　　　　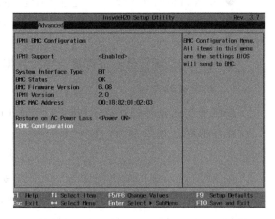

图 7-44　　　　　　　　　　　　　　　　　　图 7-45

(6)在图 7-45 中选择"BMC Configuration",按 Enter 键进入配置页面,如图 7-46 所示。

(7)在图 7-46 中,选择"Port Mode",按 Enter 键后选择 iMana 管理网口模式。

Port Mode 说明:

Dedicated:iMana 网络配置对管理网口生效(出厂默认配置)。

Adaptive:iMana 网络配置网口自适应。

Shared_OnBoard:iMana 网络配置对板载的共享网口生效,需要设置"NCSI NIC Port Select"和"Vlan ID"。

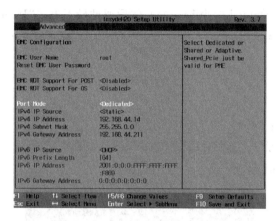

图 7-46

Shared_Pcie：iMana 网络配置 Pcie 插板共享网口生效，需要设置"NCSI NIC Port Select"和"Vlan ID"。

（8）在图 7-46 中，分别选择"IPv4 IP Source""IPv4 IP Address""IPv4 Subnet Mask"和"IPv4 Gateway Address"，按 Enter 键设置管理网口 IPv4 地址。

（9）在图 7-46 中，分别选择"IPv6 IP Source""IPv6 Prefix Length"和"IPv6 IP Address""IPv6 Gateway Address"，按 Enter 键，设置管理网口 IPv6 地址。

>>> 7.4 RAID 配置

本节重点：

◆ 服务器 RIAD 配置

7.4.1 DELL 服务器 RAID 配置

DELL 服务器 RAID 配置说明：

◆ 开机自检时按 Ctrl＋R 键进入配置界面。

◆ 如果服务器有 RAID 卡，而不想做磁盘阵列时，需要做单盘 RAID 0，主要是为了让卡来识别一下硬盘。

◆ 对 RAID 进行操作很可能会导致数据丢失，请在操作之前务必与相关人员确认。

1. 创建虚拟磁盘

按照虚拟磁盘管理器提示，按 F2 键展开虚拟磁盘创建菜单，如图 7-47 所示。

在虚拟磁盘创建窗口，选择"Create New VD"，按回车键创建新虚拟磁盘，如图 7-48 所示。

在 RAID Level 选项按回车键，会出现支持的 RAID 级别。RAID 卡能够支持的级别有 RAID0、1、5、10、50，根据具体配置的硬盘数量不同，这个位置出现的选项可能会有所区别。选择好需要配置的 RAID 级别（这里以 RAID5 为例），按回车键确认，如图 7-49 所示。

确认 RAID 级别以后，按向下的方向键，将光标移至 Physical Disks 列表中，上下移动至需要选择的硬盘位置，按空格键来选择（移

图 7-47

除）列表中的硬盘,当选择的硬盘数量达到这个 RAID 级别的要求时,Basic Settings 的 VD Size 中会显示这个 RAID 的默认容量信息。

图 7-48

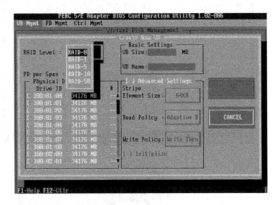

图 7-49

选择完硬盘后按 Tab 键,可以将光标移至 VD Size 栏,VD Size 可以手动设定大小,也就是说可以不用将所有的容量配置在一个虚拟磁盘中。如果这个虚拟磁盘没有使用我们所配置的 RAID5 所有的容量,剩余的空间可以配置为另外的一个虚拟磁盘,但是配置下一个虚拟磁盘时必须返回 VD Mgmt 创建。VD Name 根据需要设置,也可以为空,如图 7-49 所示。

各 RAID 级别最少需要的硬盘数量: RAID0 = 1,RAID1 = 2,RAID5 = 3, RAID10=4,RAID50=6。

修改高级设置,选择完 VD Size 后,可以按向下的方向键或者 Tab 键,将光标移至 Advanced Settings 处,按空格键开启（或禁用）高级设置。开启（红框处有 X 标志为开启）后,可以修改 Stripe Element Size 大小,以及阵列的 Read Policy 与 Write Policy,Initialize 处可以选择是否在阵列配置的同时进行初始化。

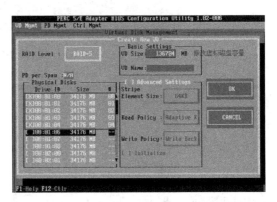

图 7-50

高级设置默认为关闭（不可修改）,如果没有特殊要求,建议不要修改此处的设置,如图 7-51 所示。

上述的配置确认完成后,按 Tab 键,将光标移至“OK”按钮上,按回车键,会出现如下提示:如果是一个全新的阵列,建议进行初始化操作,如果配置阵列的目的是恢复之前的数据,则不要进行初始化。按回车键确认即可继续,如图 7-52 所示。

配置完成后,会返回至 VD Mgmt 主界面,将光标移至图 7-53 中的“Virtual Disk 0”处,按回车键。

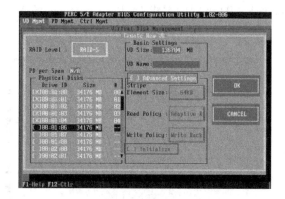

图 7-51

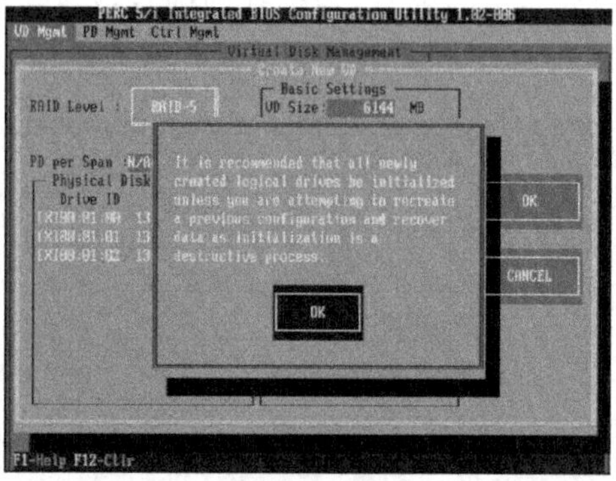

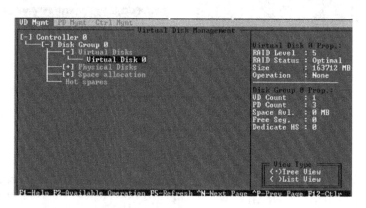

图 7-52

图 7-53

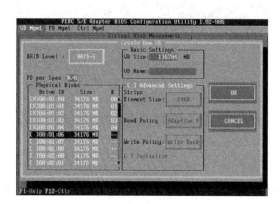

图 7-54

可以看到刚才配置成功的虚拟磁盘信息，查看完成后按 Esc 键可以返回主界面，如图7-54 所示。

将光标移至"Virtual Disk 0"处，按 F2 键可以展开对此虚拟磁盘操作的菜单。

左边有"＋"标志的，将光标移至此处，按向右的方向键，可以展开子菜单，按向左的方向键，可以关闭子菜单，如图 7-55 所示。

如图 7-56 中的红框所示，可以对刚才配置成功的虚拟磁盘（Virtual Disk 0）进行初始化（Initialization）、一致性校验（Consistency Check）、删除、查看属性等操作。

如果要对此虚拟磁盘进行初始化，可以将光标移至"Initialization"处，按回车键后选择"Start Init."，此时会弹出提示窗口（初始化将会清除所有数据），如果确认要进行初始化操作，在"OK"按钮处按回车键即可继续，如图 7-57 所示。

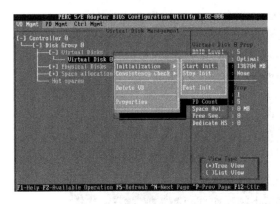

图 7-55

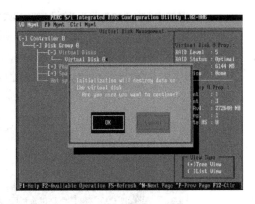

图 7-56　　　　　　　　　　　　　　　图 7-57

注意：初始化会清除硬盘、阵列中的所有信息，并且无法恢复。

确认后可以看到初始化的进度，左边红框处为百分比表示，右边红框处表示目前所进行的操作。初始化进程为 100%，虚拟磁盘的配置完成，如图 7-58 所示。

2．配置热备

配置热备（hot spare）有两种模式：一种是全局热备，也就是这个热备硬盘可以作为这个通道上所有阵列的热备；另一种是独立热备，配置硬盘为某个指定的磁盘组中的所有虚拟磁盘做热备。

图 7-58

1）配置全局热备

首先要有存在的磁盘组（阵列）。这里配置了两个阵列，阵列 0 是由 0、1、2 三块物理磁盘配置的 RAID5，阵列 1 是由 4、5 两块物理磁盘配置的 RAID1，如图 7-59 所示。

按 Ctrl＋N 键切换至 PD Mgmt 界面，可以看到 4 号硬盘的状态是 Ready，如图 7-60 所示。

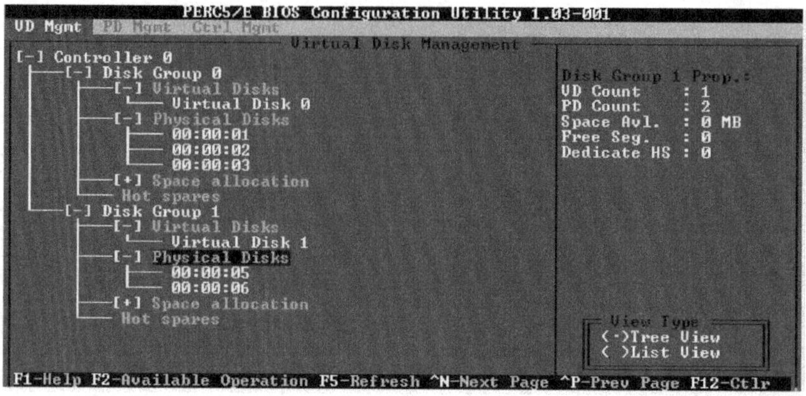

图 7-59

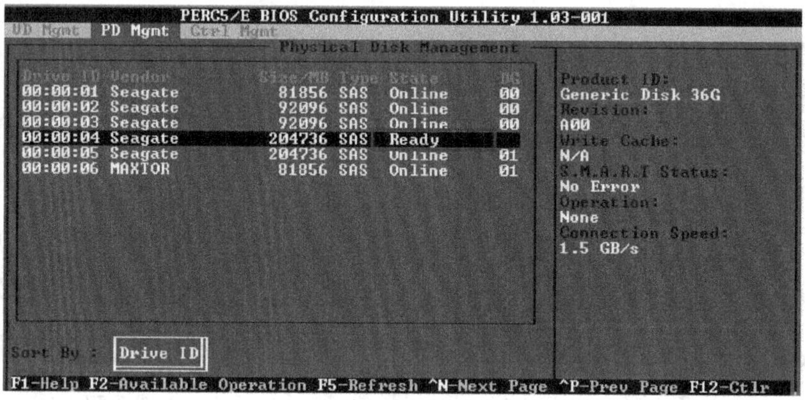

图 7-60

将光标移至 4 号硬盘,按 F2 键,在弹出的菜单中选择"Make Global HS",配置全局的热
备盘,如图 7-61 所示。

图 7-61

确认后,4 号硬盘的状态变为 Hotspare,如图 7-62 所示。

图 7-62

配置完成后,可以看到磁盘组 0 与磁盘组 1 的热备盘是同一个,如图 7-63 所示。

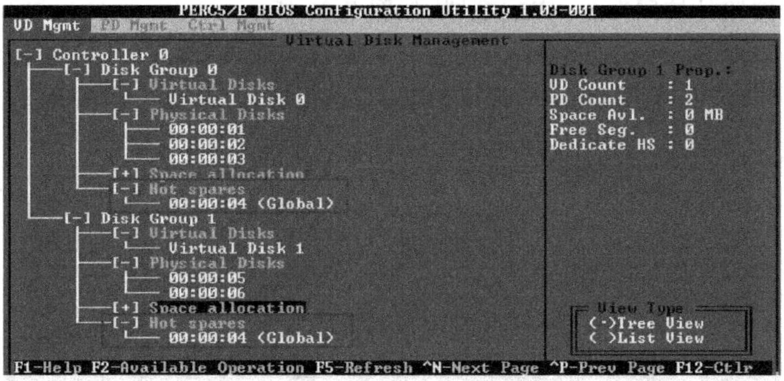

图 7-63

移除热备:进入 PD Mgmt 菜单,将光标移至热备盘处,按 F2 键,在弹出的菜单中选择
"Remove Hot Spare",按回车键移除,如图 7-64 所示。

图 7-64

2) 配置独立热备

在配置好的虚拟磁盘管理界面下,将光标移至需要配置独立热备的磁盘组上,按 F2 键,
在出现的菜单中选择"Manage Ded. HS",如图 7-65 所示。

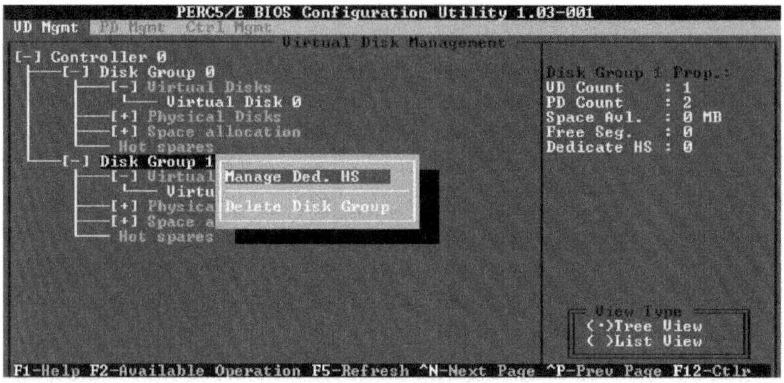

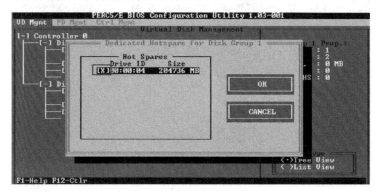

图 7-65

将光标移至需要配置为热备的硬盘上,按空格键,看到 X 标识,说明此硬盘被选择。将光标移至"OK"按钮处按回车键,完成配置,如图 7-66 所示。

图 7-66

可以看到磁盘组 0 有了热备盘,是 Dedicated。而磁盘组 1 没有热备盘,如图 7-67 所示。

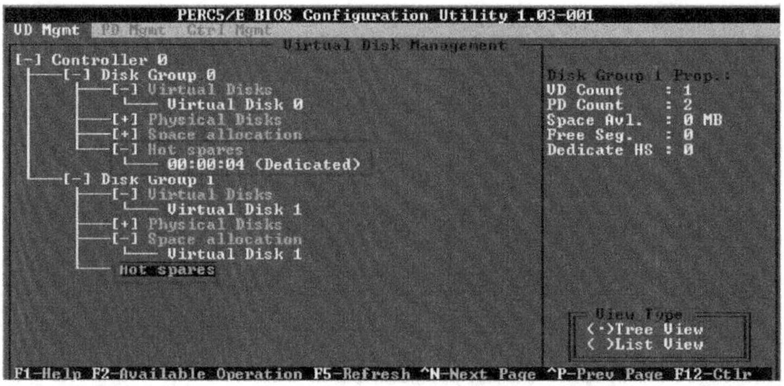

图 7-67

移除热备:将光标移至需要移除热备的磁盘组上,按 F2 键,在出现的菜单中选择"Manage Ded. HS",如图 7-68 所示。

将光标移至需要移除的热备硬盘上,按空格键,去掉 X 标识,说明此硬盘被移除。将光

图 7-68

标移至"OK"按钮处按回车键,完成热备移除,如图 7-79 所示。

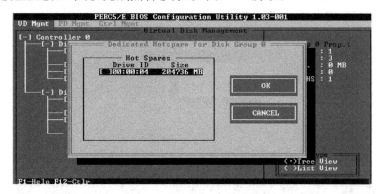

图 7-69

3. 删除虚拟磁盘

将光标移至要删除的虚拟磁盘处,按 F2 键,在弹出的菜单中选择"Delete VD",按回车键继续,如图 7-70 所示。

图 7-70

在弹出的确认窗口中,将光标移至"OK"按钮处,按回车键确认即可删除,如图 7-71 所示。

注意:删除虚拟磁盘的同时会将此虚拟磁盘的数据全部删除。

图 7-71

删除磁盘组:将光标移至要删除的磁盘组处,按 F2 键,在弹出的菜单中选择"Delete Disk Group",按回车键继续,如图 7-72 所示。

图 7-72

在弹出的确认窗口中,将光标移至"OK"按钮处,按回车键确认,即可删除,如图 7-73 所示。

图 7-73

注意:删除磁盘组的同时会将此磁盘组的数据全部删除。

4. Foreign 状态的处理

出现 Foreign 状态后，系统会有提示，按图 7-74 进行操作会进入 RAID 管理界面。

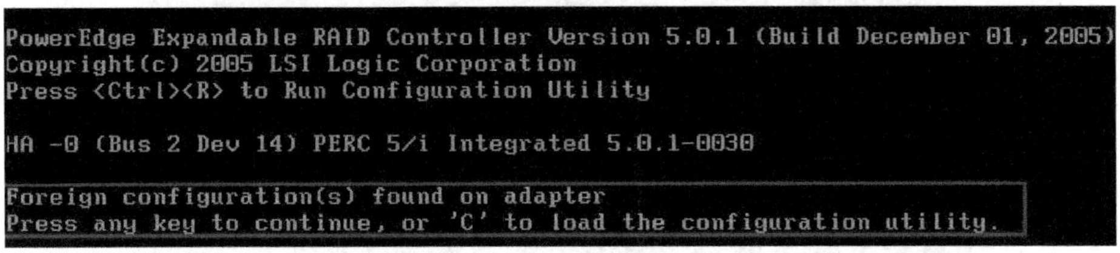

```
PowerEdge Expandable RAID Controller Version 5.0.1 (Build December 01, 2005)
Copyright(c) 2005 LSI Logic Corporation
Press <Ctrl><R> to Run Configuration Utility

HA -0 (Bus 2 Dev 14) PERC 5/i Integrated 5.0.1-0030

Foreign configuration(s) found on adapter
Press any key to continue, or 'C' to load the configuration utility.
```

图 7-74

Raid BIOS VD Missing Disk，VD Degraded，如图 7-75 所示。

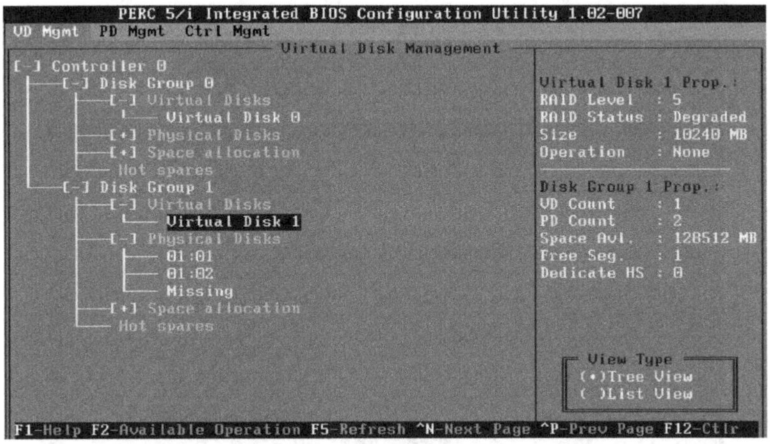

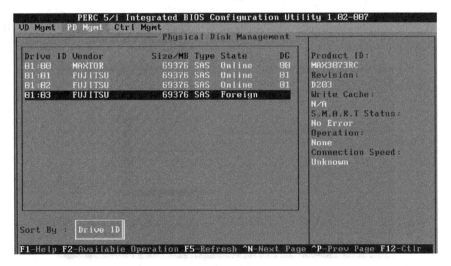

图 7-75

检查 PD 的状态，如图 7-76 所示。

图 7-76

清除 Foreign 配置，如图 7-77 所示。

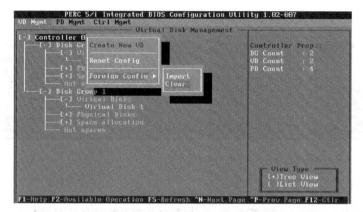

图 7-77

之后可以看到 PD 状态变成 Ready，如图 7-78 所示。

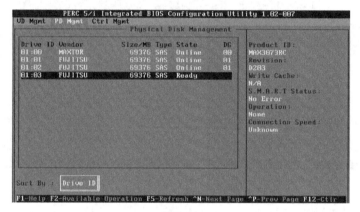

图 7-78

如果磁盘没有错误，按 F2 键，在弹出的菜单中选择"Make Global HS"，磁盘开始自动 Rebuild，如图 7-79 所示。

图 7-79

可以看到 Rebuild 进度检查界面,到此操作完成,如图 7-80 所示。

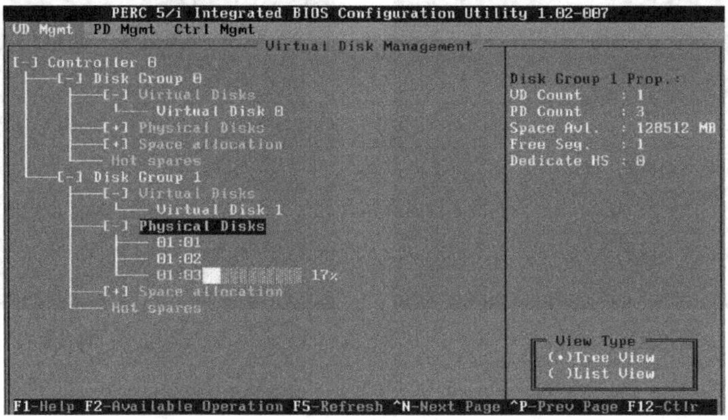

图 7-80

7.4.2   惠普服务器 RAID 配置

惠普服务器 RAID 配置如下。

从自检信息中(见图 7-81)可以判断出,机器加的阵列卡为 HP Smart Array 642。

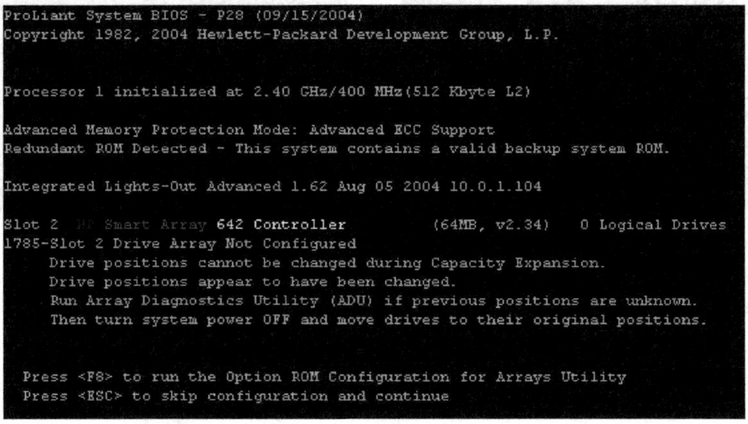

图 7-81

上面提示信息说明,进入阵列卡的配置程序需要按 F8 键。阵列卡的配置程序有 4 个初始选项,如图 7-82 所示。

◆ Create Logical Drive 创建阵列;

◆ View Logical Driver 查看阵列;

◆ Delete Logical Driver 删除阵列;

◆ Select as Boot Controller 将阵列卡设置为机器的第一个引导设备。

注意:选择最后一个选项,即将阵列卡设置为机器的第一个引导设备,这样设置后,重新启动机器,该选项消失。

选择"Select as Boot Controller",出现红色的警告信息。选择此选项,服务器的第一个引导设备是阵列卡(HP Smart Array 642),按 F8 键进行确认,如图 7-83 所示。

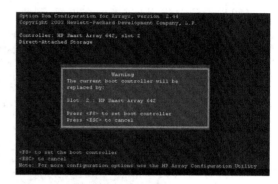

图 7-82	图 7-83

按 F8 键确认之后，系统提示：确认改变，必须重新引导服务器，改变才可以生效，如图 7-84 所示。

按 Esc 键，返回到主界面，现在界面中只有三个选项了，如图 7-85 所示。

图 7-84	图 7-85

进入"Create Logical Drive"的界面，可以看到四个部分的信息，如表 7-1 和图 7-86 所示。

按回车键进行确认，提示已经创建一个 RAID 0 的阵列，逻辑盘的大小为 33.9 GB，如图 7-87 所示。

表 7-1

选　　项	说　　明
Available Physical Drives	列出连接到此阵列卡上的硬盘。图 7-86 所示的硬盘在 SCSI Port 2（SCSI B），ID 为 0，硬盘的容量为 36.4 GB
Raid Configurations	有三种选择，即 RAID 5、RAID 1（1+0）、RAID 0。图 7-86 所示的机器带一个硬盘，默认为 RAID 0
Spare	把所选择的硬盘作为热备的硬盘
Maximum Boot partition	最大引导分区的设置，可以有两个选项，即 Disable（4 GB maximum）（默认）和 Enable（8 GB maximum）

图 7-86　　　　　　　　　　　　　　　　　　图 7-87

按 F8 键进行保存,如图 7-88 所示。

提示配置已经保存,按回车键,如图 7-89 所示。

图 7-88　　　　　　　　　　　　　　　　　　图 7-89

进入"View Logical Drive"界面,可以看到刚才配置的阵列,状态是"OK",RAID 级别是 RAID 0,大小为 33.9 GB,如图 7-90 所示。

按回车键,查看详细信息,如图 7-91 所示。

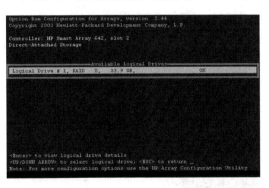

图 7-90　　　　　　　　　　　　　　　　　　图 7-91

选择"Delete Logical Drive"选项,进入删除阵列的界面,如图 7-92 所示。

按 F8 键,把刚才设置的阵列删除,出现红色警告提示信息,意思为:删除该阵列,将把阵列上的所有数据都删掉,如图 7-93 所示。

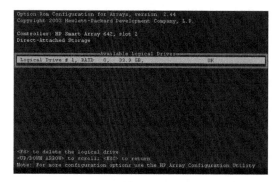

图 7-92

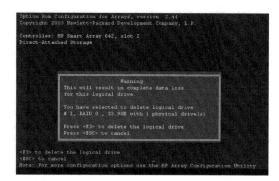

图 7-93

注意：如果有数据，一定要和相关人员确认数据是否要保留。

按 F3 键，进行确认即可，提示保存配置，如图 7-94 所示。

提示已经保存，如图 7-95 所示。

图 7-94

图 7-95

再次进入"View Logical Drive"界面，会提示没有可用的逻辑盘，说明删除成功。

7.4.3 IBM 服务器 RAID 配置

IBM 服务器开机自检时，会有"<Ctrl><H>"的提示，如图 7-96 所示。

此时，按组合键 Ctrl＋H，会出现选择 RAID 卡的界面。

进入 WebBIOS CU 后，主界面如图 7-97 所示。

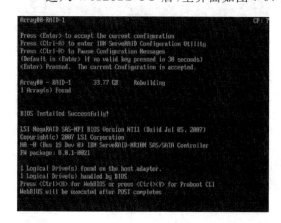

图 7-96

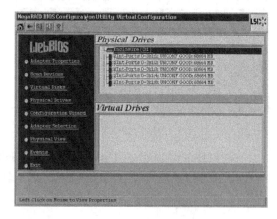

图 7-97

7.4.3.1 配置 RAID 信息

配置 RAID 时选择"Configuration Wizard",会出现图 7-98 所示界面。

1. 配置 RAID0、1、5、6

使用自定义配置(Custom Configuration),配置 RAID0、1、5、6 等的步骤如下。

(1) 选择"Custom Configuration"选项,然后单击"Next"按钮。

(2) 进入选择硬盘界面,选中硬盘后,单击"AddtoArray"按钮将硬盘加入 Disk Groups,如图 7-99 所示。

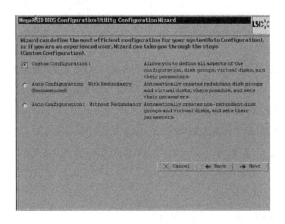

图 7-98

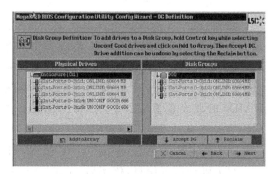

图 7-99

(3) 选择所需硬盘后,单击"Accept DG"按钮,接受当前配置。然后单击"Next"按钮,如图 7-100 所示。

(4) 进入 Disk Group 选择界面,选择刚才配置的 Disk Group,然后单击"Add to SPAN"按钮,如图 7-101 所示。

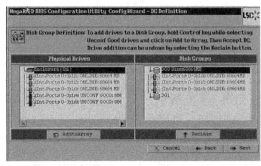

图 7-100

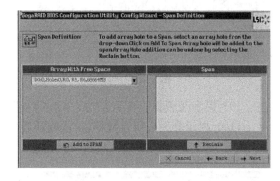

图 7-101

(5) 确认之后,单击"Next"按钮,如图 7-102 所示。

(6) 进入调整 RAID 参数界面,根据实际需要修改相应参数,如 Strip Size 等(通常建议选择默认参数)。选择所需要配置的 RAID 级别,修改 RAID Level 选项,如图 7-103 所示。

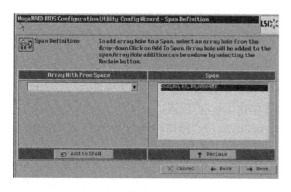

图 7-102

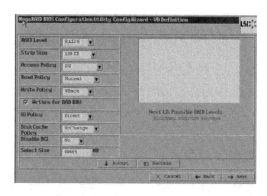

图 7-103

注意：选中三个及三个以上硬盘并且配置 RAID5 时，请注意修改 Select Size 选项的数值。因默认是配置 RAID6，故此时 Select Size 在修改 RAID Level 参数后，仍然是配置 RAID6 时的数值。配置不同 RAID 级别时不同的数值，请参考图 7-103 中"Next LD，Possible RAID Levels"给出的具体数值，如本例中提示"R0：205992 R5：137328 R6：68664"，RAID0 时最大容量为 205 992 MB，RAID5 时最大容量为 137 328 MB，RAID6 时为 68 664 MB（即为默认的 Select Size 值）。

（7）确认配置信息，单击"Next"按钮，如图 7-104 所示。

（8）确认配置信息，核实后，单击"Accept"按钮，如图 7-105 所示。

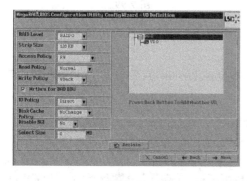

图 7-104

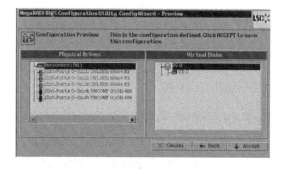

图 7-105

（9）提示是否保存配置信息，单击"Yes"按钮，如图 7-106 所示。

（10）提示会丢失所有数据，再次确认后，单击"Yes"按钮。否则单击"No"按钮，如图 7-107 所示。

图 7-106

图 7-107

配置完成之后的界面如图 7-108 所示。

2. 配置 RAID10、50、60

使用自定义配置（Custom Configuration），配置 RAID10、50、60 等的步骤如下。

（1）选择"Custom Configuration"选项，然后单击"Next"按钮，如图 7-109 所示。

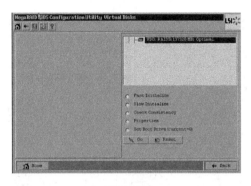

图 7-108

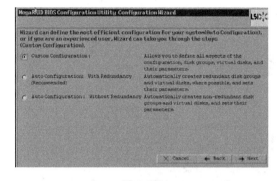

图 7-109

（2）进入选择物理硬盘配置 Disk Group 界面。选择硬盘，单击"AddtoArray"按钮将选择的硬盘添加到 Disk Groups 中（本例以 RAID10 为例。）配置 RAID10 需要创建两个物理硬盘数量相同的 Disk Group，如图 7-110 所示。

（3）选择硬盘，配置完 Disk Group 之后，单击"Accept DG"按钮。然后单击"Next"按钮，如图 7-111 所示。

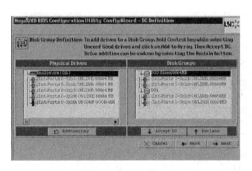

图 7-110

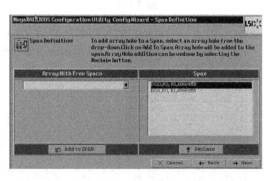

图 7-111

（4）进入配置 Span 的界面，选择已有的 Disk Group，单击"Add to SPAN"按钮将其加入到 Span 中。单击"Next"按钮，如图 7-112 所示。

（5）进入配置 RAID10 参数界面，根据需求修改相应参数，如 Strip Size 和 RAID Level 等参数。通常建议选择默认设置。配置完成之后，单击"Accept"按钮，如图 7-113 所示。

之后的操作与前面提到的配置 RAID0、1、5、6 的方法一致。

图 7-112

7.4.3.2 添加或删除 Hotspare

在主界面单击 Physical Drives,进入物理
硬盘属性配置界面。单击处于未配置的硬盘,选择"Properties"选项,然后单击"Go"按钮,如
图 7-114 所示。

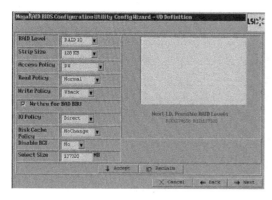

图 7-113

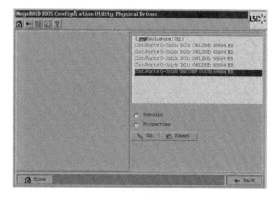

图 7-114

如图 7-115 所示,HotSpare 分为两类,即 Global Hotspare(图中 Global HSP 选项)和
Dedicated Hotspare(图中 Dedicated HSP 选项)。

(1)创建 Dedicated Hotspare。单击"Make Dedicated HSP"选项,然后单击"Go"按钮,
如图 7-116 所示。

图 7-115

图 7-116

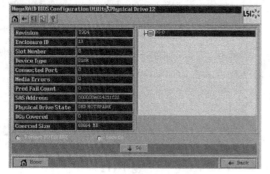

图 7-117

创建完成之后,显示该物理硬盘的属
性。图 7-117 显示该硬盘的 Physical Drive
State 为 DED HOTSPARE,即为 Dedicated
Hotspare。

单击"Home"按钮返回主界面,可以看
到目前所有硬盘的状态,如图 7-118 所示。

(2)创建 Global Hotspare。选择
"Make Global HSP"选项,单击"Go"按钮,
如图 7-119 所示。

图 7-118

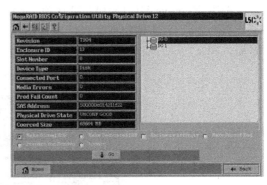
图 7-119

配置完成后,显示该物理硬盘的属性信息,图 7-120 中显示该硬盘的 Physical Drive State 为 GL HOTSPARE,即 Global Hotspare。

单击"Home"按钮返回主界面,可以查看目前所有物理硬盘的状态信息,如图 7-121 所示。

图 7-120

图 7-121

(3) 删除 Hotspare 硬盘。在主界面单击 Physical Drives 选项,进入物理硬盘属性界面,如图 7-122 所示。

选择已有的 Hotspare 硬盘,并且选择"Properties"选项,单击"Go"按钮,如图 7-123 所示。

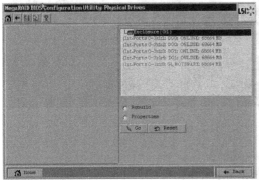
图 7-122

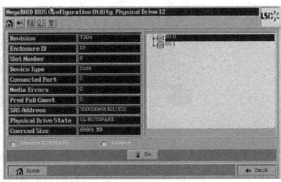
图 7-123

选择"Remove HOTSPARE"选项,单击"Go"按钮。

删除之后,显示该物理硬盘的属性信息,如图 7-124 所示。单击"Home"按钮可返回主界面。

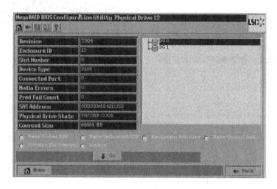

图 7-124

>>> 7.5 故障分析

本节重点:

◆ 常见服务器的故障分析

7.5.1 DELL 服务器故障分析

有一部分 DELL 服务器通过前面板的报警灯来判断故障所在,如图 7-125 所示。

大部分 DELL 服务器是通过 LED 滚动的日志报警来判断故障所在的,如图 7-126所示。

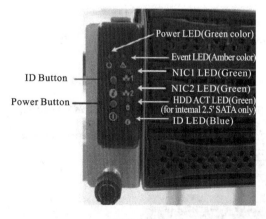

图 7-125

图 7-126

下面列出 DELL 服务器报警代码、日志信息及故障分析。

E1114:Temp Ambient:系统周围环境温度超出允许范围。

E1116:Temp Memory:内存已超过允许温度,系统已将其禁用以防止损坏组件。

E1210:CMOS Batt:缺少 CMOS 电池,或电压超出允许范围。

E1211:ROMB Batt:RAID 电池丢失、损坏或因温度问题而无法再充电。

E12nn:XX PwrGd:指定的稳压器出现故障。

E1229:CPU ♯ VCORE:处理器 ♯ VCORE 稳压器出现故障。

E122B:0.9V Over Voltage:0.9 V 稳压器电压已超过电压允许范围。

E122C:CPU Power Fault:启动处理器稳压器之后,检测到稳压器故障。

E1310:RPM Fan ♯♯:指定的冷却风扇的 RPM 超出允许的运行范围。

E1410:CPU ♯ IERR:指定的微处理器正在报告系统错误。

E1414:CPU ♯ Thermtrip:指定的微处理器超出了允许的温度范围并已停止运行。

E1418:CPU ♯ Presence:指定的处理器丢失或损坏,系统的配置不受支持。

E141C:CPU Mismatch:处理器的配置不受 DELL 支持。

E141F:CPU Protocol:系统 BIOS 已报告处理器协议错误。

E1420:CPU Bus PERR:系统 BIOS 已报告处理器总线奇偶校验错误。

E1421:CPU Init:系统 BIOS 已报告处理器初始化错误。

E1422:CPU Machine Chk:系统 BIOS 已报告机器检查错误。

E1618:PS ♯ Predictive:电源设备电压超出允许范围;指定的电源设备安装错误或出现故障。

E1620:PS ♯ Input Range:指定的电源设备的电源不可用,或超出了允许范围。

E1710:I/O Channel Chk:系统 BIOS 已报告 I/O 通道检查错误。

E1711:PCI PERR B♯♯ D♯♯ F♯♯/PCI PERR Slot ♯:系统 BIOS 已报告组件的 PCI 奇偶校验错误,该组件所在的 PCI 配置空间位于总线 ♯♯,设备 ♯♯,功能 ♯♯。系统 BIOS 已报告组件的 PCI 奇偶校验错误,该组件位于 PCI 插槽 ♯。

E1712:PCI SERR B♯♯ D♯♯ F♯♯/PCI SERR Slot ♯:系统 BIOS 已报告组件的 PCI 系统错误,该组件所在的 PCI 配置空间位于总线 ♯♯,设备 ♯♯,功能 ♯♯。系统 BIOS 已报告组件的 PCI 系统错误,该组件位于插槽 ♯。

E1714:Unknown Err:系统 BIOS 已确定系统中存在错误,但无法确定错误来源。

E171F:PCIE Fatal Err B♯♯ D♯♯ F♯♯/PCIE Fatal Err Slot ♯:系统 BIOS 已报告组件的 PCIE 致命错误,该组件所在的 PCI 配置空间位于总线 ♯♯,设备 ♯♯,功能 ♯♯。系统 BIOS 已报告组件的 PCIE 致命错误,该组件位于插槽 ♯。卸下并重置 PCI 扩充卡,如果问题仍然存在,请参阅排除扩充卡故障。

E1913:CPU & Firmware Mismatch:BMC 固件不支持 CPU。

E2010:No Memory:系统中没有安装内存。

E2011:Mem Config Err:检测到内存,但是内存不可配置。配置内存期间检测到错误。

E2012:Unusable Memory:已配置内存,但内存不可用。内存子系统出现故障。

E2013:Shadow BIOS Fail:系统 BIOS 无法将其快擦写映像复制到内存中。

E2014:CMOS Fail:CMOS 出现故障。CMOS RAM 未正常工作。

E2015:DMA Controller:DMA 控制器出现故障。

E2016：Int Controller：中断控制器出现故障。

E2017：Timer Fail：计时器刷新故障。

E2018：Prog Timer：可编程间隔计时器错误。

E2019：Parity Error：奇偶校验错误。

E201A：SIO Err：SIO 出现故障。

E201B：Kybd Controller：键盘控制器出现故障。

E201C：SMI Init：系统管理中断(SMI)初始化失败。

E201D：Shutdown Test：BIOS 关闭系统检测失败。

E201E：POST Mem Test：BIOS POST 内存检测失败。

E201F：DRAC Config：DELL 远程访问控制器(DRAC)配置失败。

E2020：CPU Config：CPU 配置失败。

E2021：Memory Population：内存配置不正确。内存安装顺序不正确。

E2022：POST Fail：视频出现一般故障。

E2110：MBE DIMM ♯♯ & ♯♯："♯♯ & ♯♯"指示的 DIMM 组中的一个 DIMM 发生内存多位错误(MBE)。

E2111：SBE Log Disable DIMM ♯♯：系统 BIOS 已禁用内存单位错误(SBE)记录，在重新引导系统之前，不会再记录更多的 SBE。"♯♯"表示 BIOS 指示的 DIMM。

E2112：Mem Spare DIMM ♯♯：系统 BIOS 确定内存中有太多错误，因此已将内存释放。"♯♯ & ♯♯"表示 BIOS 指示的 DIMM 对。

E2113：Mem Mirror DIMM ♯♯ & ♯♯：系统 BIOS 确定一半镜像中有太多错误，因此已将内存禁用。"♯♯ & ♯♯"表示 BIOS 指示的 DIMM 对。

E2118：Fatal NB Mem CRC：北侧的全缓冲 DIMM (FBD)内存子系统链接中的一个连接失败。

E2119：Fatal SB Mem CRC：南侧的 FBD 内存子系统链接中的一个连接失败。

I1910：Intrusion：主机盖被卸下。

图 7-127

I1911：＞3 ERRs Chk Log：LCD 溢出信息。LCD 上最多只能按顺序显示三条错误信息。第四条信息显示为标准的溢出信息。

I1912：SEL Full：系统事件日志中的事件已满，无法再记录更多事件。

W1228：ROMB Batt ＜ 24hr：预先警告 RAID 电池只剩下不足 24 小时的电量。

7.5.2　惠普服务器故障分析

惠普服务器一般是通过前面板的报警指示灯来判断故障所在的，如图 7-127 所示。

平面图上的指示灯分别代表服务器上相应的配件，图 7-127 所示为第 5 根内存条故障。

在图 7-127 中，UID 右边第一个灯为服务器内部报警指示灯，第二个灯为服务器外部报警指示灯，第三个灯和第四个灯分别为服务器的 1 号和 2 号网卡报警指示灯。

注意：有些较老的惠普服务器没有前面板报警示意图，需要拆开机盖进行查看故障所在，这里不做具体介绍。

7.5.3　IBM 服务器故障分析

目前常见的 IBM 服务器判断故障的方式与惠普服务器类似，都是通过报警指示灯来判断的，但是 IBM 的报警指示灯面板是隐藏在面板里面的，需要拉出来才能看到，如图 7-128 所示。

IBM 服务器故障指示灯的报警提示参照如下。

PS 指示灯：当此指示灯发亮时，表明电源 2 出现故障。

TEMP 指示灯：当此指示灯发亮时，表明系统温度超出阈值级别。

FAN 指示灯：当此指示灯点亮时，表明散热风扇或电源风扇出现故障或运行太慢。

图 7-128

OVER TEMP 指示灯：温度过高，可能是风扇故障。

LINK 指示灯：当此指示灯发亮时，网卡出现故障。

VRM 指示灯：当此指示灯发亮时，表明微处理器托盘上的某个 VRM 出现故障。

CPU 指示灯：当此指示灯发亮时，表明某个微处理器出现故障。

PCI 指示灯：当此指示灯发亮时，表明某个 PCI 总线发生错误。

MEM 指示灯：当此指示灯发亮时，表明发生内存错误。

DASD 指示灯：当此指示灯发亮时，表明某个热插拔硬盘驱动器出现故障。

NMI 指示灯：当此指示灯发亮时，表明出现一个不可屏蔽中断。

SP 指示灯：当此指示灯发亮时，表明服务处理器遇到错误。

BRD 指示灯：当此指示灯发亮时，表明某个连接的 I/O 扩展单元出现故障。

LOG 指示灯：当此指示灯发亮时，表明应该查看事件日志或 remotesupervisor。

CNFG 指示灯：当此指示灯发亮时，表明 BIOS 配置错误。

RAID 指示灯：当此指示灯发亮时，表明阵列卡故障。

OVER SPEC 指示灯：当此指示灯发亮时，表明对电源的需求超过了指定的电源供应。

REMIND 按钮：按下此按钮可重新设置操作员信息面板上的系统错误指示灯并将服务器置于提醒方式。在提醒方式下，故障并没有清除但系统错误指示灯会闪烁（每 2 秒闪烁一次）而不是持续发亮；如果出现另一个系统错误，则系统错误指示灯将会持续发亮。

第8章 数据中心介绍

技能描述

完成本章的学习后,您将:

了解什么是 IDC,并对数据中心的概念有一定的认识。

了解数据中心的功能分区。

对数据中心的网络系统有一定的了解。

了解数据中心的基础设施。

了解数据中心的配套设施。

了解常见的数据中心的业务类型。

》》》 8.1 IDC 简介

8.1.1 定义

中文名称:网络数据中心(见图 8-1)。

英文名称:internet data center。

定义:以外包方式让许多互联网公司存放它们的设备(主要是网站或数据)的地方,是场地出租概念在因特网领域的延伸(如电信、联通数据中心)。

数据中心基础设施平台的作用是为网络平台提供支撑和保护,所以网络平台的建设特性直接决定基础设施平台的建设特性。IT 设备功率密度增大,对可靠性的要求大大提高。

数据中心是一整套复杂的设施。它不仅仅包括计算机系统和其他与之配套的设备(例如通信和存储系统),还包含冗余的数据通信连接、环境控制设备、监控设备以及各种安全装置。

图 8-1

8.1.2　按属性分类

机房分托管和自建两种。

托管机房是由电信运营商或者专业的第三方供应商提供的,一般用户为大中型组织,只需要支付一定的租金和服务费,就可以使用由其提供的一定面积的机房空间。这种情况下,所有机房建设维护都由专业公司操作,用户不需要操心太多,可以专注于自己的系统。当然,费用也相对较高。

自建机房一般是中小企业或者 IDC 规模特别大的互联网企业会采用的方案。由组织自行选择地址,在办公室内部划出一块空间,或者直接建设专用的 IDC 大厦,然后根据一定的标准自行搭建。自建的专用 IDC 大厦在稳定性、可用性、效率等各方面都和托管机房差不多,因为也会与运营商合作,引入高流量的专用线路和设备。自建机房能节省大量的预算,从而将更多费用投入到信息系统其他方面的建设上去。

托管机房如图 8-2 所示。

自建机房如图 8-3 所示。

图 8-2　　　　　　　　　　　　　　　　　图 8-3

8.2　功 能 分 区

8.2.1　核心设备区

核心设备区主要存放长途设备、核心路由器、控制设备、传输的波分设备等核心设备,一般会在 IDC 大厦内划分一块专门的区域。考虑到网络布线的便捷性,一般会在大厦的中心位置,如图 8-4 所示。

8.2.2　监控室

监控室是每个 IDC 大厦的标配,如图 8-5 所示。24 小时值守,一般由运营商负责。

图 8-4　　　　　　　　　　　　　　　　　图 8-5

8.2.3　UPS 室

UPS 室主要存放 UPS 的相关设备,包括主机和蓄电池,如图 8-6 所示,有些 IDC 机房是将主机和电池分开存放,蓄电池存放在专门的电池室。图 8-6 所示的 UPS 室是主机和蓄电池一起存放的。

8.2.4　办公区

办公区主要有运营商办公区和客户办公区,如图 8-7 所示,现场运维值守人员日常办公就在客户办公区,只有在有工单需要时才会进机房操作或巡检。

图 8-6

图 8-7

8.2.4　变压器室

图 8-8

变压器室就是用来安放变压器的房间,如图 8-8 所示。一般是独立的,在小容量的变压器室还会安装隔离刀闸和高压开关。

凡是对地电压在 1 000 V 以上的都属于高压,在这个电压段运行的电气设备都是高压设备,由高压配电设备所组成的配电室就叫作高压配电室。高压配电室内一般安装高压配电柜,配电柜内有隔离刀闸、手车式断路器、真空式断路器、六氟化硫断路器、高压电流互感器、电压互感器等,用来分配、控制、监测、计量。

凡是对地电压在 1 000 V 以下的属于低压,在这个电压段运行的电气设备都是低压设备,由低压配电设备所组成的配电室就叫作低压配电室。室内安装低压配电柜和功率因数自动补偿柜。

8.2.6　机房

机房是 IDC 里面存放各种服务器和接入交换机的地方,如图 8-9 所示,综合布线主要是在机房内进行的。小的机房有几百平方米,一般放置两三百个机柜,大的机房有上万平方米,放置上千个机柜,甚至更多,机房里面通常放置各种机架式服务器,有1U、2U、4U 等各种尺寸,机房的温度和湿度以及防静电措施都有严格的要求,非专业项目人员一般不能进入。

图 8-9

8.3　网络系统

网络管理系统是一个软硬件结合、以软件为主的分布式网络应用系统,其目的是管理网络,使网络高效正常运行。

网络管理功能一般分为性能管理、配置管理、安全管理、计费管理和故障管理等五大管理功能。

网络管理对象一般包括路由器、交换机、HUB等。近年来,网络管理对象有扩大化的趋势,即把网络中几乎所有的实体(网络设备、应用程序、服务器系统、辅助设备如 UPS 电源等)都作为被管理的对象,为管理者提供一个全面、系统的网络视图。

8.3.1　网络系统设计

8.3.1.1　设计目标

1. 应用系统分析

网络设备选择要能够满足企业级应用,同时主干交换机不但能够满足目前的应用,还要有一定的扩容能力及适当的灵活性,以便于网络扩容和增加新的功能。

2. 网络拓扑结构需求

网络拓扑结构要满足网络管理的要求:主要是在整个网络系统中易于管理到所有设备,结构清晰,便于扩展。

网络拓扑结构要满足网络稳定性的要求:主要是在整个网络系统中尽量避免单点故障,不会因为某个设备的损坏导致整个网络瘫痪。

3. 网络系统需求

网络系统存在多个业务子系统,有些业务是相对保密并极为重要的,不能因为办公网的故障(误操作、病毒、非法入侵等)而造成数据损失或篡改。因此,需要在网络子系统之间进行有效的隔离,保证各子系统之间的通信是灵活、高效而又受到控制的。

4. 网络管理需求

网络管理的目的在于提供一种对网络系统进行规划、设计、操作、运行、管理、监视、分析、控制、评估和扩展的手段,从而以合理的代价,组织和利用系统资源,提供正常、安全、可靠、有效、充分、用户友好的服务。

8.3.1.2　设计原则

(1) 实用性。在考虑整体网络设计时,尽量从经济实用的角度进行考虑。

(2) 可靠性。整个网络方案选用高可靠性的网络设备,并在设计上从物理层、链路层到网络层均采用备份冗余式的设计,保证了网络的可靠性。

（3）网络安全性。使用适当的安全技术实现从应用到底层系统的整体安全,使系统达到端到端的安全,保证各系统之间的安全访问。

（4）易于管理和维护。该网络系统应该易于管理,通过网络管理工具可以方便地监控网络运行情况,对出现的问题及时解决,对网络系统进行及时的优化。另外,网络的设计应采用简单易用的网络技术,降低运行维护的费用。

（5）符合国际标准。网络设计应采用国际标准的技术和符合标准的设备。

（6）可扩展性。网络设计不仅要满足当前的需求,还要为将来的扩展留有余地,保护用户投资。当系统业务扩展时可方便实现系统扩展。

（7）高性能。为了适应业务迅速增长的需要,设计时应考虑网络带宽,性能不仅要适应现在的需要,还要满足未来几年的数据量的要求,同时要满足系统功能的扩充及用户的要求。

8.3.2 网络系统安全

8.3.2.1 安全结构

网络系统的安全涉及平台的各个方面。按照网络 OSI 模型,网络安全贯穿于整个模型。针对网络系统实际运行的 TCP/IP 协议,网络安全贯穿于信息系统的 4 个层次。

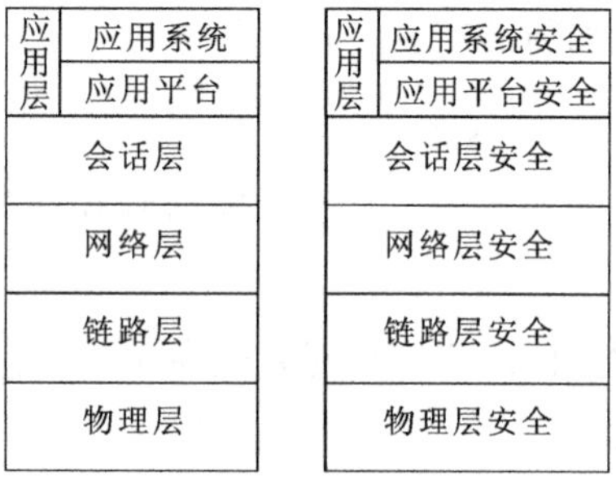

图 8-10 所示为对应网络系统的网络安全体系层次模型。

图 8-10

（1）物理层。物理层信息安全,主要防止物理通路的损坏、物理通路的窃听、对物理通路的攻击（干扰等）。

（2）链路层。链路层的网络安全需要保证通过网络链路传送的数据不被窃听,主要采用划分 VLAN（局域网）、加密通信（远程网）等手段。

（3）网络层。网络层的安全需要保证网络只给授权的客户使用授权的服务,保证网络路由正确,避免被拦截或监听。

（4）操作系统。操作系统安全要求保证客户资料、操作系统访问控制的安全,同时能够对系统上的应用进行审计。

（5）应用平台。应用平台是指建立在网络系统之上的应用软件服务,如数据库服务器、电子邮件服务器、Web 服务器等。应用平台的系统非常复杂,通常采用多种技术（如 SSL 等）来增强应用平台的安全性。

（6）应用系统。应用系统的安全与系统设计和实现关系密切。应用系统使用应用平台提供的安全服务来保证基本安全,如通信内容安全、通信双方的认证、审计等手段。

8.3.2.2　安全技术

为了保证数据中心网络系统的安全性,需要在网络中的各个部分采取多种防范手段,使用各种安全防范技术。

1. 防火墙技术

提到网络安全,人们往往首先想到防火墙。通过在网络中设置防火墙,可以过滤网络通信的数据包,对非法访问加以拒绝。

防火墙所解决的网络安全问题,要包括几个方面的内容:隔离不信任网段间的直接通信;隔离网络内部不信任网段间的直接通信;拒绝非法访问;地址过滤;访问发起位置的判断;过滤网络服务请求;系统认证;日志功能。

2. 入侵检测技术

基于主机的实时入侵检测系统有两类:基于网络的实时入侵检测系统和基于主机的实时入侵检测系统。其中基于网络的实时入侵检测系统由于受自身应用技术的影响,已经不再被广泛使用,取而代之的是基于主机的实时入侵检测系统。

基于主机的实时入侵检测系统安装在需要保护的主机上,为关键服务提供实时的保护。它通过监视来自网络的攻击、非法的闯入、异常进程,能够实时地检测出攻击,并做出切断服务、重启服务器进程、发出警报、记录入侵过程等动作。

由于反馈信息可以跨越路由,同时又考虑到管理的方便性和可行性,建议在网络上设置一台网管工作站作为网络检测的控制台,如图8-11所示。

3. 漏洞扫描安全评估技术

网络建成后,应该制定完善的网络安全和网络管理策略,但网络管理者不可能完全依靠自身的能力建立十分完善的安全系统。漏洞扫描安全评估技术可以帮助网络管理者对网络的安全现状进行检测,发现漏洞后可以提出具体的解决办法。

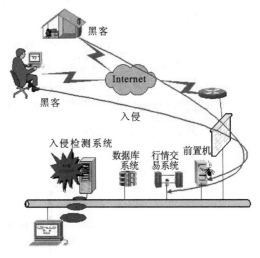

图8-11

基于网络的安全扫描主要扫描设定网络内的服务器、路由器、网桥、交换机、访问服务器、防火墙等设备的安全漏洞,并可设定模拟攻击,以测试系统的防御能力。

4. 防病毒技术

除了基于桌面的防病毒技术,还有一种更安全的基于网络的防病毒技术。基于网络的防病毒技术可以在网络的各个环节上实现对计算机病毒的防范,其中包括基于网关的防病毒系统、基于服务器的防病毒系统和基于桌面的防病毒系统。

通过运用以上几项技术,数据中心网络系统的安全将得到充分的保证。

8.3.3 网络架构

8.3.3.1 传统的三级架构

IDC 核心网络分成 3 个层次:IDC 核心层、IDC 汇聚层和 IDC 接入层,如图 8-12 所示。

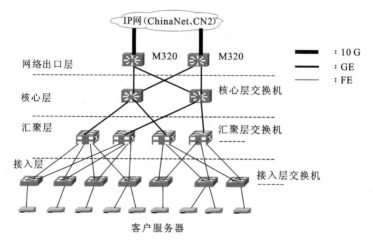

图 8-12

网络出口层:提供 IDC 网络与 CinaNet 网络,高级别的 IDC 产品需提供 CN2 网络接口。

IDC 核心层:主要功能是接入汇聚层设备,其特点是快速转发数据包,应尽量避免使用数据包过滤与策略路由等降低设备性能的功能。

IDC 汇聚层:是高速交换的主干,主要功能是将接入层的客户数据高速转发到核心层。同时可直接接入部分有托管业务的客户。

IDC 接入层:提供以太网接口和客户主机相连,完成对客户主机的接入。

8.3.3.2 新型二级架构

二层(核心层、汇聚层)千兆共享业务区网络架构,如图 8-13 和图 8-14 所示。

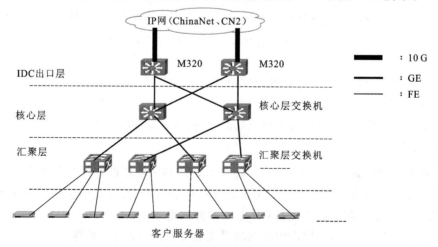

图 8-13

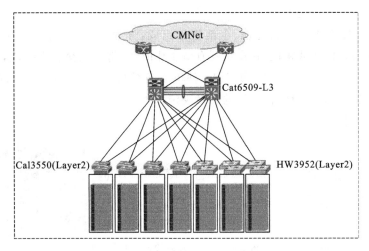

图 8-14

8.4 基础设施

8.4.1 电力系统

IDC 电力系统示意图如图 8-15 所示。

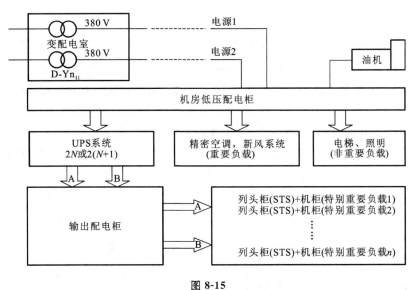

图 8-15

8.4.1.1 UPS

　　UPS 是不间断电源（uninterruptible power system）的英文简称，是能够提供持续、稳定、不间断的电源供应的重要外部设备。UPS 按工作原理分成后备式、在线式与在线互动式三大类。UPS 就是一台这样的机器：它在市电停止供应的时候，能保持一段供电时间，使人们有时间存盘,再从容地关闭机器。

UPS 电源主要由主机及蓄电池、电池柜等组成,分为在线式、后备式及在线互动式几种,根据频率分高频机和低频机,它在机器有电工作时,就将市电交流电整流,并储存在自己的电源中,一旦停止供电,它就能提供电源,使电设备维持一段时间,保持时间可能是 10 分钟、半小时等,保持时间一般由蓄电池的容量决定。

UPS 工作原理如图 8-16 所示。

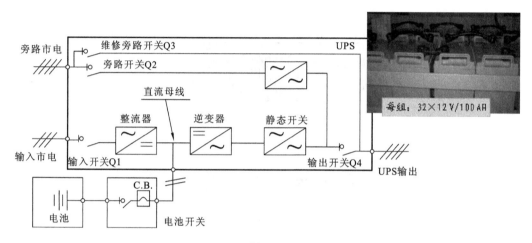

图 8-16

正常运行:整流器将主电源输入的交流电整流为直流电,一方面为电池充电,一方面通过逆变器将直流电逆变为交流电向负载输出,负载得到的交流电是经过稳压稳频的。

电池运行:当市电停电或超限时,整流器自动停止,由电池向逆变器和负载供电,直到电池放电结束或市电恢复正常。在市电正常后,整流器以恒流-恒压方式充电 24 小时,然后转为浮充电。

过载/逆变器停机:当逆变器停止时,负载转为由旁路电源输入经静态开关供电。

当逆变器过载时,经一定的过载时间后,负载转为由静态开关供电,在过载消失后,负载可自动切换到逆变器供电;如果过载不消失,经一定的过载时间后,静态开关停止供电。

维修状态:手动维修旁路为 UPS 检修时提供给负载的供电。断开整流器—逆变器—静态开关的输入—输出开关及电池开关 QF1,即可对 UPS 和电池进行维护和检修。

图 8-17

8.4.1.2 发电机

发电机的作用主要是临时为机房用电设备提供短时间的电能,如图 8-17 所示。

柴油发电机系统主要由柴油发电机主机,启动电瓶(充电系统),排烟系统(消声、过滤),油箱(大小决定后备时长),进、排风系统(散热系统)组成。

8.4.1.3 列头柜

列头柜就是电源配电柜,一般为直流列头柜。列头柜一般装于一列设备的第一个位置(相当于头),起分流的作用,如图 8-18 和图 8-19 所示。

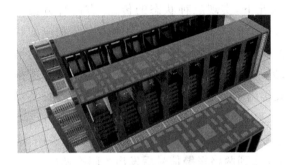  

图 8-18　　　　　　　　　　　　　　　图 8-19

8.4.1.4 PDU

PDU(power distribution unit,电源分配单元)是适用于机柜安装的电源分配器插座,是将电源输送到机柜、服务器及数据中心的连接设备,具备电源分配和管理功能,如图 8-20 所示。

8.4.2 消防系统

消防系统是机房必不可少的一个保障。机房内必须采用无腐蚀作用的气体自动灭火装置。气体自动灭火装置的灭火性能可靠,不损坏电子设备,暗装布管方式安装,不影响机房整体效果。机房外部则可采用自动喷水灭火系统和消防栓系统。

图 8-20

8.4.2.1 消防系统的设计

1. 机房结构和防火分析

(1)机房内的空间结构分为三层:地板下、天花板上和地板与天花板之间。

(2)一般机房的起火主要是由电气过载或短路引起的,燃烧的主要区域一般在地板下和天花板上,燃烧初期发出浓烟,温度上升相对较慢。

2. 火灾探测器位置设计

(1)在地板下、天花板上安装两种不同灵敏度的感烟探测器,即在一个感烟探测器的单位探测面积内设置两只不同灵敏度的探测器。

(2)地板下安装 1 个感烟探测器和 1 个感温探测器,天花板上安装 1 个感烟探测器和 1 个感温探测器。

3. 消防联动系统设计

(1) 在机房发生一路报警、二路报警及气体喷放三个阶段时其动作信号应在大楼消防控制室中反映出来,以便统一管理。

(2) 在与大楼原有报警设备不兼容的情况下,实现三种状态的传输,有两种方案可以实现:一种是通过大楼的弱电井放管线到大楼消防控制室,并在控制室内安装相应的状态显示屏,这种方法可以实现显示机房内各种动作点的状态,但在大楼灭火机房较多的情况下,大楼弱电井不一定能安置较多的管线;另一种是机房的报警灭火控制器对需要送出的状态信号通过控制模块的无源触点,送到大楼附近原有的报警系统的输入模块,只需对大楼原有的报警系统新增加的输入模块重新编程就可实现,这种方法可省去重新排管线。

(3) 非消防电源及与大楼报警系统的连接等联动,空调系统与非消防电源的关闭,应在气体喷放前 30 s 时执行,也就是报警控制器在接到两路报警信号后发出关闭空调机、灭火区域内的防火阀及非消防电源的信号。

4. 消防灭火系统设计

(1) 根据机房的特殊性,消防灭火系统采用气体灭火系统,并根据气体灭火的要求,设计系统所需的其他辅助电气设备。

(2) 设置一个气体紧急启动、停止按钮,安装在灭火区域的外墙上。

(3) 设置两个声光报警器,设置气体喷放指示灯,安装在灭火区域内、外各一个。

(4) 设置气体喷放指示灯一个。气体喷放指示灯是由灭火控制器接到气体管路上的压力开关动作后的返回信号来控制的。其他报警系统的设备如手动报警按钮、消防警铃等,应按照消防规范设置。

8.4.2.2 气体灭火

气体灭火主要组件有控制主机、氮气启动瓶、气体灭火手动操作盘、气瓶间,如图 8-21 所示。

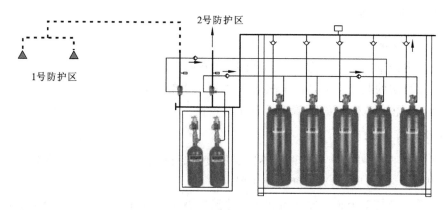

2号防护区

1号防护区

图 8-21

控制主机如图 8-22 所示。

功能:各类告警事件的联动、控制;监控、屏幕显示事件类型与发生地点;打印。

氮气启动瓶如图 8-23 所示。

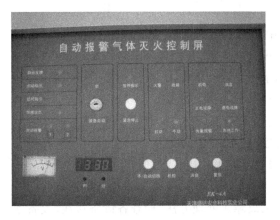

图 8-22　　　　　　　　　　　　　　　　图 8-23

气体灭火手动操作盘如图 8-24 所示。

气瓶间如图 8-25 所示。

图 8-24　　　　　　　　　　　　　　　　图 8-25

8.4.2.3　水灭火

水灭火组件如图 8-26 所示。

图 8-26

1. 消防栓系统

消防栓系统组成:消防泵、稳压泵(稳压罐)、消防栓箱、消防栓阀门、接口水枪、水带、消防栓报警按钮、消防栓系统控制柜。

消防栓系统的主要功能:消防栓系统管道中充满有压力的水,如系统有微量泄露,可以靠稳压泵或稳压罐来保持系统的水和压力。当火灾发生时,首先打开消防栓箱,按要求接好接口、水带,将水枪对准火源,打开消防栓阀门,水枪立即有水喷出,按下消防栓按钮,通过消防栓启动消防泵向管道中供水。

消防栓系统容易出现的问题、产生的原因及处理方法如下。

(1)打开消防栓阀门无水的原因:管道中有泄露点,使管道无水,且压力表损坏,稳压系统不起作用。处理方法:检查泄露点、压力表,修复或安上稳压装置,使管道有水。

(2)按下手动按钮,不能联动启动消防泵的原因:手动按钮接线松动,按钮损坏,联动控制柜故障,消防泵启动柜故障或接线松动,消防泵故障。处理方法:检查各设备接线、设备本身器件,检查泵本身电气、机构部分有无故障并进行排除。

2. 自动喷水灭火系统

自动喷水灭火系统组成:闭式喷头、水流指示器、湿式报警阀、压力开关、稳压泵、喷淋泵、喷淋控制柜。

自动喷水灭火系统的主要功能:系统处于正常工作状态时,管道内有一定压力的水,当有火灾发生时,火场温度达到闭式喷头的温度时,玻璃泡破碎,喷头出水,管道中的水由静态变为动态,水流指示器动作,信号传输到消防控制中心的消防控制柜上,当湿式报警装置报警,压力开关动作后,通过控制柜启动喷淋泵为管道供水,完成系统的灭火功能。

自动喷水灭火系统容易出现的问题、产生的原因及处理方法如下。

(1)稳压装置频繁启动的原因:主要为湿式报警装置前端有泄露,水暖件或连接处泄露,闭式喷头泄露,末端泄放装置没有关好。处理方法:检查各水暖件、喷头和末端泄放装置,找出泄露点进行处理。

(2)水流指示器在水流动作后不报信号的原因:除电气线路及端子压线问题外,主要是水流指示器本身问题,包括桨片不动、损坏,微动开关损坏、干簧管触点烧毁,永久性磁铁不起作用。处理方法:检查桨片是否损坏或塞死不动,检查永久性磁铁、干簧管等器件。

(3)喷头动作后或末端泄放装置打开,联动泵后前端管道无水的原因:湿式报警装置的蝶阀不动作,湿式报警装置不能将水送到前端管道。处理方法:检查湿式报警装置,主要是蝶阀,使其灵活翻转,再检查湿式装置的其他部件。

(4)联动信号发出,喷淋泵不动作的原因:可能是控制装置及消防泵启动柜连线松动或器件失灵,也可能是喷淋泵本身机械故障。处理方法:检查各连线及水泵本身。

8.4.2.4 消防知识

消防工作的方针是:预防为主,防消结合。这个方针准确、科学地体现了对火灾的预防和扑救的辩证关系,正确地反映了同火灾做斗争的客观规律。

消防的"四知道、四会"及报警要素如下。

1．"四知道"

（1）知道本岗位的火灾危险性。

（2）知道预防火灾的措施。

（3）知道扑救初期火灾的方法。

（4）知道逃生的方法。

2．"四会"

（1）会报警。

（2）会使用消防器材。

（3）会扑灭初期火灾。

（4）会逃生。

报火警的几个要求：报火警时应沉着冷静，不要惊慌失措，拨通火灾报警电话后，一要讲清起火的具体地点、单位名称和报警所用的电话号码；二要讲清燃烧物品、火势大小及是否有人被困等情况。

3．引起火灾的火源

（1）明火：生产、生活用的炉火，灯火，焊接火，以及火柴、打火机的火焰，香烟头火，烟囱火星，撞击、摩擦产生的火星，烧红的电热丝、铁块等。

（2）电火花：电器开关、电动机、变压器等电气设备产生的电火花，还有静电火花，这些火花能使易燃气体和质地疏松、纤细的可燃物起火。

（3）雷击：瞬间的高压放电，能引起任何可燃物的燃烧。

4．火灾扑救（冷却法、窒息法、隔离法、化学抑制法）

（1）灭火时机：火灾初起时是灭火的最有利时机，有效时间为火起时 5～10 分钟，必须想尽一切办法将火扑灭，防止蔓延，否则，会形成灾难性火灾。

（2）灭火的主要方法如下。

电气火灾：首先必须立即切断电源，然后对明火实施扑灭。如插座、开关等电气设施出现打火现象，也应迅速切断电源，立即报告。

气体火灾：首先必须立即关闭气源和电源，然后对明火实施扑灭。若发现有煤气泄漏，要迅速熄灭明火及关闭阀门和一切用电设备，立即报告煤气公司抢修部门，同时报告相关部门。严禁使用明火检查漏气，人员不要在此区域内长时间逗留。

其他固体火灾：发生火灾后，应立即切断电源、气源，迅速利用最近的灭火器、消防栓等水源实施灭火，同时向相关部门报告。

在发生火灾时，当一部分人进行灭火时，其他人员应立即移走可燃物，阻断可燃液体，防止火灾蔓延。在使用泡沫灭火器、消防栓及大量水灭火时，注意必须在断电情况下使用，以免触电伤亡。

5．火灾自救和疏散

（1）自我保护疏散：首先是防毒、防烟。用湿毛巾等捂住嘴和鼻子，防止烟和毒气进入呼吸系统，然后尽量降低身体重心进行疏散。

（2）平时应熟悉本区域环境，牢记安全出口的位置，遇急时迅速向通道内疏散。

（3）牢记本岗位附近报警器、灭火器、消防栓的位置。如被大火围困，应及时发出报警并使用灭火器或消防栓开通，实施疏散。

（4）疏散人员：当发生火灾时，应提醒人员不要慌张，保持镇静，有序地引导人员进行安全疏散，避免发生混乱现象。

（5）疏散要求：向远离烟火的方向疏散，然后再向下疏散；尽量以水平疏散为主，避免向楼上疏散。一旦到达较为安全的地方，不要停留，迅速向火层以下疏散，最好到达地面。

6. 常用消防器材的使用方法

（1）灭火器使用方法：打开铅封；拉出保险栓；对准火点根部 1.5～2 米的距离，按压手柄，喷射灭火。目前常配置的是 ABC 型手提式干粉灭火器，对固体及电气火灾较为有效。灭火器按柄处有一个压力表，当指示针处在黄色和绿色区域时，可正常使用；当指示针处在红色区域时，灭火器无压、无效。

（2）室内消防栓使用方法：按下红色报警按钮，平展甩开水带后一端接水枪，一端连接消防栓，技术要求是对准卡口，顺时针旋转 45°，带子不够长时，可另取一条，按上述方法连接。消防栓需两人同时进行操作，一人将水带铺开（采用滚动），接好水枪头，另一人将水带与消防栓水阀进行连接，并开启水阀。使用注意事项：当开启水阀时，水带将产生较大的力，应防止水带滑落伤人；当水带注满水后，应防止重物压水带，防止水带爆裂；在铺开水带时，应防止水带打结；使用后的水带应并时晒干并卷好放入消防栓箱内。

7. 防火卷帘的用途及注意事项

防火卷帘是发生火灾时，用于隔离烟、火向其他区域扩散蔓延的消防设施（可移动的防火墙）。防火卷帘的状态有手动状态和联动状态。防火卷帘下部禁止放置任何物品，以免影响防火区的完全隔离，控制开关盒不得阻挡，以免联动失效时，影响手动操作。

8. 消防手动报警按钮的用途

消防手动报警按钮是当发生火灾时进行手动报警的电子联动装置。不得损坏、遮盖、阻挡消防手动报警按钮。当发生火灾时，按下按钮，消防中心的火灾自动报警设备会立即报警，并显示出火灾报警位置。

消防相关组件如图 8-27 所示。

消防逃生装置如图 8-28 所示。

图 8-27

图 8-28

8.4.3　制冷系统

8.4.3.1　精密空调

图 8-29 所示为 IDC 机房的精密空调。

EDA 系列——按氟利昂制冷循环原理制冷。通过直接膨胀蒸发器,向机房送冷风。配置室外风冷冷凝器。

EDW 系列——按氟利昂制冷循环原理制冷。通过直接膨胀蒸发器,向机房送冷风。室内机配置水冷冷凝器,并利用外部冷却水循环系统。

EDM 系列——制冷原理及蒸发器、冷凝器与 EDA 系列相同。但压缩机配置在室外机内,以降低机房噪声。

图 8-29

EDZ 系列——双冷源系列机组。在 EDA 系列机组基础上,多加一组冷冻水盘管,正常运行时利用外部冷冻水源进行制冷,而压缩机制冷系统作为备用,保证了机房制冷控制更加可靠。

EDF 系列——自然制冷系列机组。在 EDA 系列机组基础上,多加一组乙二醇热交换盘管。在北方严寒地区,可利用室外空气的冷量,对机房进行制冷。

UV 系列——冷冻水盘管加控制系统的系列机组。利用机房外部提供的冷冻水源,对机房温、湿度进行精密控制。

SD 和 BEDA 系列——专门为移动基站设计的一款空调机组,它在设计参数和结构特点上与 EDA 系列机组类似,满足了电子设备的要求,又适应移动基站面积小、设备发热量小、地处偏远、水源电源质量不高等特点,因此它有不同的标准配置和选件。SD 和 BEDA 系列机组是目前应用最广泛、数量最多的空调机组。

8.4.3.2　冷热通道

机房气流组织设计根据空调设计规范,依据机房空调设计要求(温湿度精度)来进行,需要确定送风温差、单位面积送风量、工作区送风速度及送风射程和区域温差。

应用通信机房效果较好的气流组织方式是冷热通道的送风方式。

机房设备应根据其发热量均匀分布,发热量大的设备尽可能分散安装,大功率设备应靠近空调摆放,设备排放应与风管、气流方向平行,不得阻碍气流的循环。在机房设备安装设计时,尽可能分出冷热通道,即设备安装考虑面对面、背对背形式,风管出风口仅设于冷通道,空调回风口仅设于热通道。

机房冷通道/热通道合理分布图如图 8-30 和图 8-31 所示。

8.4.4　防雷接地

随着计算机技术和电子信息技术的不断发展,日益繁忙庞杂的事务通过高速计算机、自动化设备及通信设备得以井然有序地处理,而这些敏感电子设备的工作电压却在不断降低,其数量和规模不断扩大,因而它们受到过压特别是雷电袭击而受到损害的可能性就大大增加,其后果可能使整个系统的运行中断和重要数据丢失,造成难以估算的经济损失,雷电和

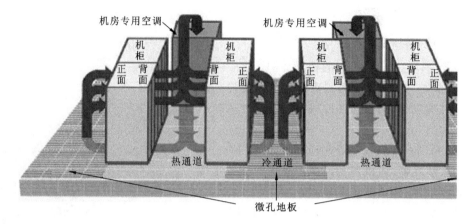

图 8-30

热通道

图 8-31

浪涌电压已成为当今信息电子化时代的一大公害。因此,避雷防电涌过压已成为具有时代特点的一项迫切要求。

防雷接地分为两个概念:一是防雷,防止因雷击而造成损害;二是静电接地,防止静电产生危害。

1. 防雷接地的组成

(1) 雷电接收装置:直接或间接接收雷电的金属杆(接闪器),如避雷针、避雷带(网)、架空地线及避雷器等。

(2) 引下线:用于将雷电流从接闪器传导至接地装置的导体。

(3) 接地线:电气设备、杆塔的接地端子与接地体或零线连接用的正常情况下不载流的金属导体。

(4) 接地体(极):埋入土中并直接与大地接触的金属导体,分为垂直接地体和水平接地体。

(5) 接地装置:接地线和接地体的总称。

(6) 接地网:由垂直和水平接地体组成的具有泄流和均压作用的网状接地装置。

(7) 接地电阻:接地体或自然接地体的对地电阻的总和,成为接地装置的接地电阻,其数值等于接地装置对地电压与通过接地体流入地中电流的比值。同时,接地电阻也是衡量接地装置水平的标志。

防雷系统示意图如图 8-32 所示。

2. 防雷接地方案

一个完整的防雷体系,必须包括天空、地面、地下三个层面。也就是说,天空有完整的避雷针、避雷带、避雷网等;地面有优良的防雷器件、防电磁脉冲屏蔽、均压汇集环、等电位连接等;地下有完整可靠的地网,给雷电流提供良好的泄放通道。

1) 接闪与引下

大楼通过建筑物主钢筋,上端与接闪器连接,下端与地网连接,中间与各层均压网或环

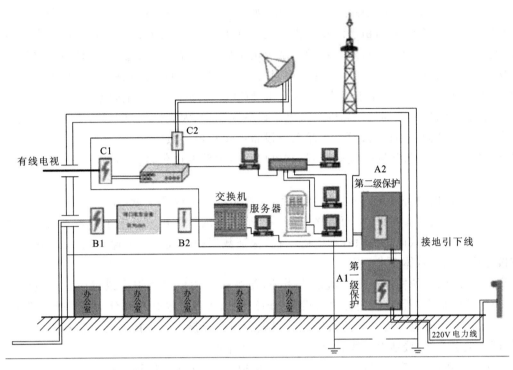

图 8-32

形均压带连接,对进入建筑物的各种金属管线实施均压等电位连接,具有特殊要求的各种不同地线进行等电位处理,这样就形成一个法拉第笼式接地系统。它是消除地电位反击有效的措施。防直击雷的接地装置应围绕建筑物敷设成环形接地体,每根引下线的冲击接地电阻不应大于 10 欧姆。

2）均压连接与屏蔽

在机房内设置等电位连接网络,安装均压环,同时通信电缆线槽及地线线槽需用金属屏蔽线槽,且做等电位连接。其布放应尽量远离建筑物立柱或横梁,通信电缆线槽以及地线线槽的设计应尽可能与建筑物立柱或横梁交叉。

3）分流泄流

进入建筑物大楼的电源线和通信线应在不同的防雷区交界处及终端设备的前端根据雷电电磁脉冲防护标准,安装上不同类别的电源类 SPD 及通信网络类 SPD,并将 SPD 与接地网络有效连接以将各类线路中的过电压通过 SPD 装置泄流入地（SPD 瞬态过电压保护器）。SPD 是用以防护电子设备遭受雷电闪击及其他干扰造成的传导涌过电压的有效手段。

4）接地

电子计算机机房接地装置应满足下列接地要求。

交流工作接地:在工作或发生事故情况下,保证电器设备可靠地运行,降低人体接触电压,迅速切除故障设备或线路、降低电器设备和输电线路的绝缘水平,接地电阻不大于 4 欧姆。

安全保护接地：在中性点不接地系统中，如果电器设备没有保护地，当该设备某处绝缘损坏时，外壳将带电，同时由于线路与大地间存在电容，人体触及此绝缘损坏的电器设备外壳，则电流流入人体形成通路，人将遭受触电的危险。设有接地装置后，接地电流将同时沿着接地体和人体两条通路流过，接地体电阻愈小，流过人体的电流也愈小，接地电阻极微小时，流经人体的电流可不至于造成危害，人体避免触电的危险，接地电阻不大于 4 欧姆。

直流工作接地：大部分计算机及微电子设备采用中、大规模集成电路，工作于较低的直流电压下，为使同一系统的计算机、微电子设备的工作电路具有同一"电位"参考点，将所有设备的"零"电位点接于同一接地装置，它可以稳定电路的电位，防止外来干扰，这称为直流工作接地。

同一系统的设备接于同一接地装置后，无论是模拟量或数字量，在进行通信或交换时，都有统一的"电位"参考点，从而给接于同一接地装置的计算机或微电子设备提供稳定的工作电位，有效地衰减以至消除各种电磁干扰，保证数据处理或信号传递准确无误，接地电阻应按计算机系统具体要求确定。

防雷接地：为使雷电浪涌电流泄入大地，使被保护物免遭直击雷或感应雷等浪涌过电压、过电流的危害，所有建筑物、电气设备、线路、网络等不带电金属部分，金属护套，避雷器，以及一切水、气管道等均应与防雷接地装置做金属性连接。防雷接地装置包括避雷针、带、线、网接地引下线、接地引入线、接地汇集线、接地体等。

交流工作接地、安全保护接地、直流工作接地、防雷接地等四种接地宜共用一组接地装置，其接地电阻按其中最小值确定；若防雷接地单独设置接地装置，其余三种接地宜共用一组接地装置，其接地电阻不大于其中最小值。

防雷接地系统相关产品如图 8-33 所示。

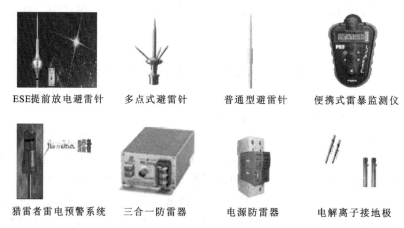

| ESE提前放电避雷针 | 多点式避雷针 | 普通型避雷针 | 便携式雷暴监测仪 |

| 猎雷者雷电预警系统 | 三合一防雷器 | 电源防雷器 | 电解离子接地极 |

图 8-33

3. 等电位连接

有可能带电伤人或物的导电体被连接并和大地电位相等的连接就叫等电位连接。

国际上非常重视等电位连接的作用，它对用电安全、防雷以及电子信息设备的正常工作和安全使用,都是十分必要的。根据理论分析,等电位连接的作用范围越小,电气上越安全。

由一个系统的诸外露导电部分做等电位连接的导体所组成的网络叫等电位连接网络。一个信息系统的各种箱体、壳体、机架等金属组件与建筑物的共用接地系统的等电位连接应采用以下两种基本形式的等电位连接网络之一:S 型星形结构(简称 S 型)和 M 型网形结构(简称 M 型)。

基于 S 型星形结构的等电位接地方式如图 8-34 所示。

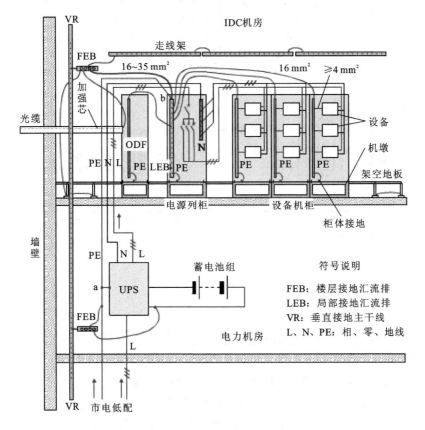

图 8-34

通常,S 型等电位连接网络可用于相对较小、限定于局部的系统,而且所有设施管线和电缆宜从 ERP 处附近进入该信息系统。

S 型等电位连接网络应仅通过唯一的一点,即接地基准点 ERP 组合到共用接地系统中以形成 SS 型等电位连接。在这种情况下,设备之间的所有线路和电缆(当无屏蔽时)宜按星形结构与各等电位连接线平行敷设,以免产生感应环路。用于限制从线路传导来的过电压的电涌保护器,其引线的连接点应使加到被保护设备上的电涌电压最小。

基于 M 型网形结构的等电位接地方式如图 8-35 所示。

当采用 M 型等电位连接网络时,一个系统的各金属组件不应与共用接地系统各组件绝缘。M 型等电位连接网络应通过多点连接组合到共用接地系统中去,并形成 MM 型等电位

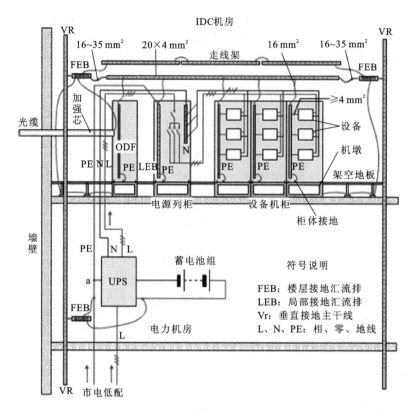

图 8-35

连接。

通常,M 型等电位连接网络宜用于延伸较大的开环系统,而且在设备之间敷设许多线路和电缆,以及设施和电缆从若干点进入该信息系统。

在复杂系统中,M 型和 S 型等电位连接网络可组合在一起。一个 S 型局部等电位连接网络可与一个 M 型网形结构组合在一起。一个 M 型局部等电位连接网络可仅经一接地基准点ERP 与共用接地系统相连,而且所有设施和电缆应从接地基准点附近进入该信息系统。

▶▶▶ 8.5 配 套 系 统

8.5.1 综合布线系统

综合布线系统可划分成六个子系统:工作区子系统、配线(水平)子系统、干线(垂直)子系统、设备间子系统、管理子系统、建筑群子系统。

在 IDC 各功能区统一设置综合布线系统。综合布线系统应采用双星型拓扑结构,该结构下的每个分支子系统都是相对独立的单元,对每个分支单元系统改动都不影响其他子系统。

综合布线同传统布线相比较,有着许多优越性,是传统布线所无法相比的。它具有兼容性、开放性、灵活性、可靠性、先进性和经济性等特点,而且在设计、施工和维护方面也给人们带来了许多方便。图8-36和图8-37所示为综合布线效果图。

图 8-36　　　　　　　　　　　　　　　图 8-37

8.5.2　带外管理系统

带外管理系统是基于国际先进的OOBI带外管理架构研发的新一代网络集中管理系统,通过独立于数据网络之外的专用管理通道对机房网络设备(路由器、交换机、防火墙等)、服务器设备(小型机、服务器、工作站)以及机房电源系统进行集中化整合管理。

带外管理系统(网络综合管理系统)由控制台服务器(网络设备管理维护系统)、远程KVM(计算机设备管理维护系统)、电源管理器(机房电源管理系统)和网络集中管理器(网络集中综合管理系统)四部分组成,如图8-38所示。

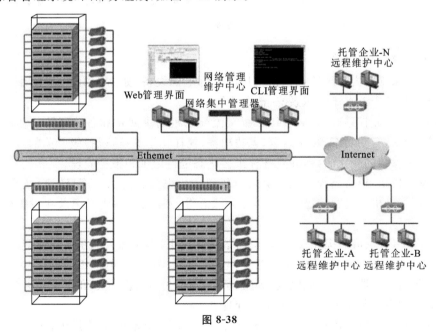

图 8-38

8.5.3　监控系统

机房监控系统主要是针对机房所有的设备及环境进行集中监控和管理的,其监控对象构成机房的各个子系统:动力系统、环境系统、消防系统、保安系统、网络系统等。机房监控系统基于网络综合布线系统,采用集散监控,在机房监视室放置监控主机,运行监控软件,以统一的界面对各个子系统集中监控。机房监控系统实时监视各系统设备的运行状态及工作参数,发现部件故障或参数异常,即时采取多媒体动画、语音、电话、短消息等多种报警方式,记录历史数据和报警事件,提供智能专家诊断建议和远程监控管理功能以及 Web 浏览等。

机房监控大体结构如图 8-39 所示。

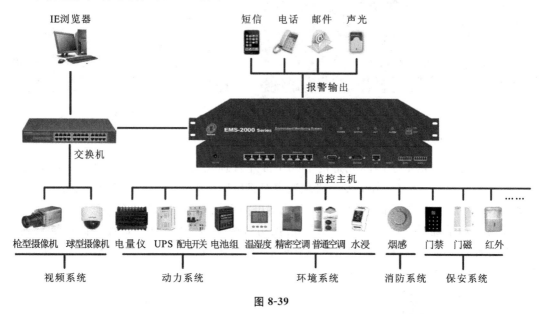

图 8-39

8.5.3.1 动力系统监控

机房监控系统动力系统监控包括机房的全部电源设备,如高压配电、低压配电、柴油发电机组、配电柜、UPS、直流电源系统、蓄电池等。

供配电:机房监控系统监测一级、二级交流配电柜的主回路和各分回路的各种参数,如电压、电流、频率、有功功率、功率因数、无功功率、视在功率等;监视各级开关的开关状态;显示和记录各种参数的变化曲线,并对各种报警状态进行记录和报警处理。

柴油发电机组:机房监控系统监测发电机组输出电压、电流、频率(转速)及水温、油位、油压等参数;发电机组运行状态、燃油阀开关状态等各种状态的实时记录和报警处理;控制发电机组的启停。

UPS:在 UPS 供应商提供 UPS 通信协议的情况下,机房监控系统可以监测协议提供的所有参数和状态。参数包括输入输出电压、电流、频率、功率、蓄电池组的电压、后备时间、温度等;状态包括整流器、逆变器、电池、旁路、负载等部件的状态;显示和记录各种参数的变化曲线,并对各种报警状态进行记录和报警处理。

直流电源系统:机房监控系统监测输入市电的状态、电池电压及其状态,显示和记录电池电压、蓄电池温度的变化曲线,并对各种报警状态进行实时的记录和报警处理。

8.5.3.2 环境系统监控

机房环境监控是 IDC 机房监控的重要组成部分,主要包括空调设备、温度、湿度、漏水监测的监控。监控系统组由管理系统、监控管理单元、数据采集单元和牵动探头组成。

1. 空调设备监控

机房专用精密空调为智能设备,只要具备智能接口,就可以全面监控空调的运行参数。根据精密空调供应商提供的通信协议和远程监控板,实时监测精密空调的回风温度、回风湿度、冷冻水进出温度、流量、冷却水进出温度,以及冷冻机、冷冻水泵、冷却水泵工作电流等参数。

监测工作状态包括压缩机状态、风机状态、加热器状态、抽湿器状态(水冷式空调还可监测到冷却水塔的补水池液面状态、冷却水塔风扇状态、冷却水阀门状态等)等各种工作状态;显示和记录各种参数变化曲线,并对各种报警状态进行实时的记录和报警处理;控制空调的启停,调节温度和湿度,可通过系统直接设定空调机的各种参数。

普通空调:通过改装空调电路,或者利用空调红外控制器,对其市电状态、风机状态、压缩机状态以及报警信息进行处理,根据温度变化控制空调启停。

2. 温湿度监控

通过采集温湿度传感器所监测的温度和湿度数据,机房监控系统以直观的画面实时记录和显示机房各区域的温湿度数据及变化曲线,以及越界报警信息处理。

3. 漏水监测系统

机房漏水检测是对机房空调或者窗户等处可能漏水的地方进行监测,它通过采集测漏主机的报警信号监测任何漏水探头上的漏水情况,一旦发生机房监控系统报警,立即切断上水支管和上水总管的上水电磁阀,彻底封闭水路,断绝继续泄水发生,并可以定位检测具体的漏水系统,同时将报警信息通过短信平台发送到相关管理人员,且在现场有声光报警产生。

8.5.3.3　消防系统监控

通过采集消防控制器或烟感探测器、温感探测器的报警信号实时监测火灾警状态,当有火警发生时,机房监控系统以直观的画面显示报警信息并做报警通知,采取控制措施如打开通风设备、启停其他相关设备等。

消防系统监控示意图如图 8-40 所示。

8.5.3.4　视频系统监控

监控视频系统能节约 IDC 机房监控管理的人力、物力,并且准确高效地实时监测机房网络、电源设备及环境,及时发现故障、排除故障,对机房设备加强监控和管理,提高机房设备运行的安全性和稳定性,实现信息采集和处理的实时化,实现报警信息处理的自动化。

8.5.4　门禁系统

门禁系统由门禁控制器、门禁卡、读卡器、电控锁、网络扩展器、门禁管理软件、管理计算机等构成,机房监控系统实现了对机房的出入控制、进出信息登录、保安防盗、报警,同时提供了多种形式的联网功能(如 TCP\IP、短信等)。

两种典型的门禁系统如图 8-41 和图 8-42 所示。

机房监控系统广泛应用于各行业,如通信基站、中大型工厂、重要的政府部门、工商税务、金融机构、医院等,采用分散部署、集中监控系统完成全天候、无人值守的监控工作,确保机房设备的稳定运行,提高了机房管理的安全性能和可靠程度,实现了机房的科学管理。

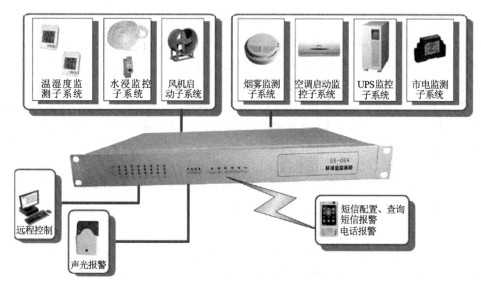

图 8-40

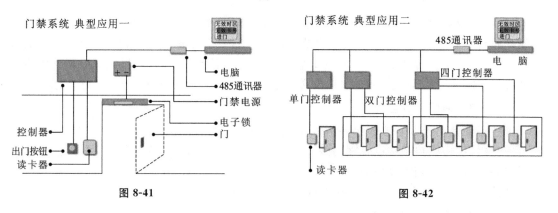

图 8-41
图 8-42

8.6 业务类型

IDC 的业务类型如图 8-43 所示,有主机托管、带宽出租、服务器出租、VIP 机房出租、虚拟主机、IP 地址出租、电力资源出售。

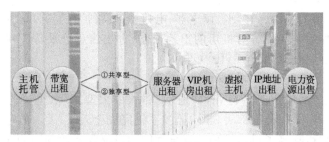

图 8-43

第9章 IDC标准作业流程

完成本章的学习后,您将:

了解什么是 IDC 标准作业流程。

对整个 IDC 日常运维框架有一定认识。

掌握日常运维流程。

掌握服务器操作流程。

掌握网络设备操作流程。

了解 IDC 的相关运维规范。

▶▶▶ 9.1 术语和定义

9.1.2 术语

IDC 标准作业流程相关术语及其释义如表 9-1 所示。

表 9-1

术 语	释 义
标准作业流程	用标准流程定义 IDC 机房内各项操作的行为(简称 SOP)
客户	IDC 基础运维的甲方(现场工程师服务的对象)
值守工程师	负责 IDC 机房现场管理和操作的人员
运营商	类似于电信、联通、移动等 ISP
工单平台	任务发布和交接的线上平台
厂商	设备的提供方(HP、DELL、联想、华为、思科)
……	……

9.1.2 定义

IDC 标准作业流程定义了几乎所有运维操作的步骤和要求,以指导和规范值守工程师在现场的运维工作。

9.2 IDC日常运维框架

IDC日常运维框架如图9-1所示。

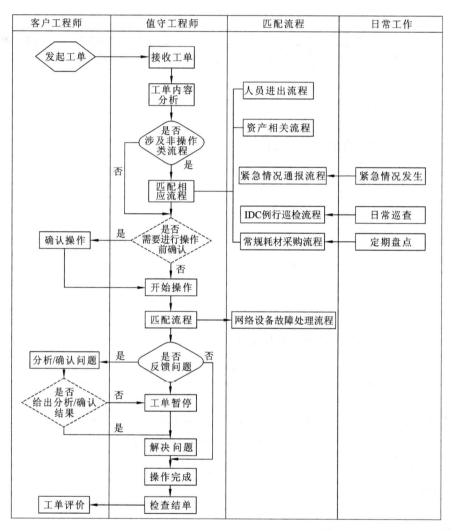

图 9-1

1. 适用范围

IDC日常运维框架适用于IDC机房值守工程师的日常工作。值守工程师的所有操作必须在该框架规定的范围内执行。

2. 工单引导的流程

(1) 客户工程师通过工单平台发起工单。

(2) 工单分配到现场后,值守工程师接单并仔细查看工单内容。

（3）涉及非操作类流程：人员进出流程、物流使用流程、资产相关流程、拍照流程、门禁管理流程。

（4）涉及操作前确认的，联系客户工程师进行操作前确认。所有没有明确规定的操作，都需要进行确认。

（5）开始操作工单。除了日常操作和紧急操作，所有操作都需要按照工单进行。对工单内容有疑问或者发现工单内容有错误的情况，需要与发单人进行沟通或修正，到确认工单无误后再进行操作。

（6）根据操作内容中涉及的具体流程进行匹配。流程包括：新服务器到货上架流程、服务器故障处理流程、服务器重启流程、服务器上线流程、系统安装流程、服务器下线流程、服务器迁移流程、网络设备更换流程、网络设备到货上架流程、网络设备故障处理流程。

（7）操作过程中遇到问题进行反馈。可通过客户规定的方式（电话、聊天软件、邮件、工单平台等）进行反馈。由一些不可控的因素造成工单无法继续操作时，在得到客户认可的情况下，可以将工单进行暂停操作，如厂商人员无法到达、配件缺失、操作人员无授权、机房条件不允许等。

（8）操作完成后进行检查，无误后结单。

（9）客户工程师审核，通过后进行评价打分。

3. 日常例行操作

（1）发现紧急情况时：紧急情况通报流程、紧急情况处理流程。

（2）日常巡检：IDC 例行巡检流程。

（3）定期盘点时，发现常用耗材缺失：常用耗材采购流程。

9.3 日常运维流程

日常运维流程主要适用于非操作类流程，包括人员进出管理流程、紧急情况通报流程、紧急情况处理流程、IDC 例行巡检流程、IDC 门禁管理流程及拍照流程等。

9.3.1 人员进出管理流程

人员进出管理流程如图 9-2 所示。

1. 适用范围

人员进出管理流程适用于客户方人员、现场运维团队、与 IDC 机房业务相关的第三方进出 IDC 机房的人员。

2. 流程说明

（1）需求说明：客户方需求（包含客户企业内的所有人员）、现场运维需求（现场值守工程师及其团队、厂商和物流等第三方支持人员）。

（2）客户方人员进入 IDC 机房需要填写人员入室申请，由内部进行审核。

（3）现场工程师及管理成员、设备厂商支持人员、物流支持人员需要进入机房时，由现场值守人员填写人员入室申请，并交由客户方进行审核。提交方式可以是工单平台或邮件。

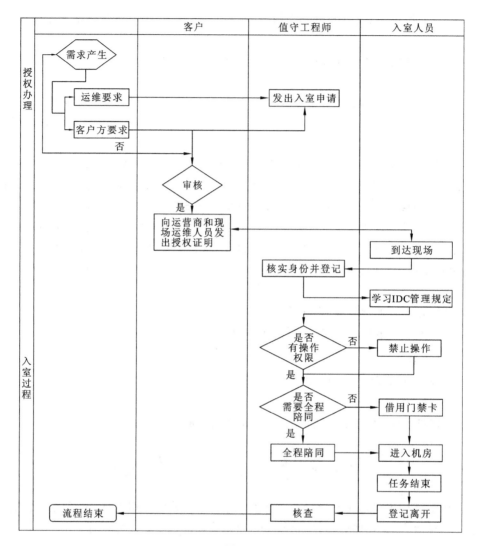

图 9-2

人员入室申请参考如下模板。

机房名称：_____	
到达时间：_____	离开时间：_____
人员姓名：_____	身份证号：_____
所属单位：_____	
入室原因：_____	
_____	
涉及工单号：_____	是否有操作权限：_____
备注：_____	

（4）客户方人员入室审核通过后，入室人员授权信息将会推送给运营商和现场值守人员。

（5）值守工程师需要在人员到达前与运营商确认授权信息（授权发出后2小时内确认）。

（6）入室人员在规定的授权期内到达机房，超过期限需要重新办理授权手续。除了现场值守人员外，入室人员分为：客户运维团队工程师、客户方参观人员、设备厂商售后支持人员、物流或其他无操作权限人员。

（7）入室人员到达现场后，需要先进行授权核查并登记，并通知值守人员接入机房。值守工程师需要对入室人员的信息进行二次核实，并要求登记。要求入室人员学习IDC管理规定并签字确认。

（8）对于没有操作权限的，禁止任何操作。

（9）非客户运维团队工程师［(b)、(c)、(d)类人员］进入机房时，一律需要全程陪同；客户运维团队工程师［(a)类人员］进入机房时可以不全程陪同，可以领用门禁卡后自行进入机房。

（10）待操作结束后，归还门禁卡并登记离开。

在全程陪同过程中，不允许出现私自离开，让入室人员单独留在机房的情况发生。如遇到紧急情况需要离开，应暂停当前陪同的操作，或者让现场其他同事继续陪同。

3. 紧急入室流程

当人员无授权，但需要紧急进入机房时，按紧急入室流程处理（需要客户和运营商建立快速通道）。

（1）及时将紧急入室情况反馈给客户相应接口人。

（2）客户接口人确认紧急入室情况。

（3）客户接口人走快速通道将授权信息发送到运营商和现场运维团队。

（4）收到信息后及时与运营商确认授权信息。

（5）核实入室人员信息。

（6）登记并全程陪同进入机房。

9.3.2　紧急情况通报流程

紧急情况通报流程如图9-3所示。

1. 适用范围

紧急情况通报流程适用于IDC机房中发生的机柜掉电、空调故障、空调回风温度过高、消防事故、办公环境故障等紧急情况。

2. 流程说明

（1）紧急情况种类：机架单路或双路掉电、空调回风温度达到28 ℃或以上、空调故障、消防事故、办公环境网络或电力异常。

（2）发现紧急情况后，第一时间了解相关信息并在规定时间（10分钟以内）内通知运营商进行处理，并持续跟进处理进度，实时反馈给客户，并发送紧急情况通报给客户相应人员。

（3）第一时间（10分钟以内）同步电话通知客户接口人，若第一接口人无法联系到，可联

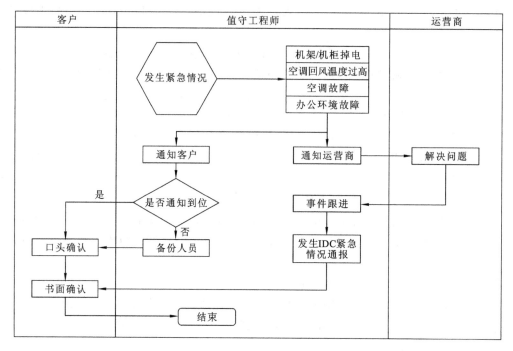

图 9-3

系第二接口人,直到得到确认为止。

(4) 客户接口人给出书面确认,通报结束。

运营商、客户、第三方施工方事先书面确定好的施工项目所产生的符合紧急情况的内容,在确认信息无误的情况下,可以不走紧急情况通报流程,采用全程陪同并实时反馈的方式。

3. 通报内容要求

通报内容包括:紧急情况发生的时间、现场观察的情况、事故原因、运营商的补救措施、维修进度、预计恢复时间、影响范围。

9.3.3 紧急情况处理流程

紧急情况处理流程如图 9-4 所示。

1. 适用范围

紧急情况处理流程适用于紧急情况发生之后的处理。

2. 流程说明

(1) 发生紧急情况时,首先进行紧急情况通报。

(2) 如果是空调回风温度过高或者空调故障,在等待运营商修复的过程中,我们需要与客户协商,评估一下是否需要采取物理降温及设备减载等措施,若需要,则进行相应操作,待故障修复后恢复。

(3) 如果是机柜掉电或者办公环境电力故障,及时联系运营商处理,并跟进解决进度进行实时反馈,直到故障修复。

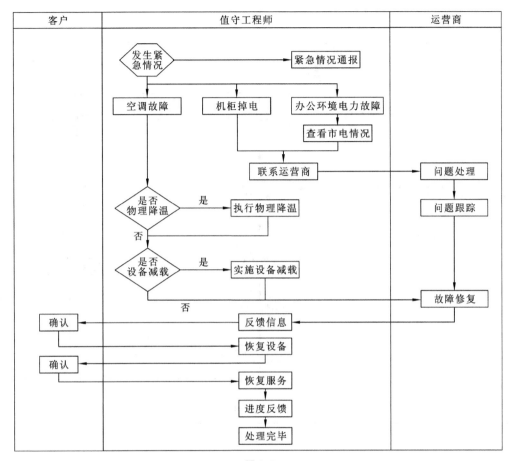

图9-4

9.3.4 IDC例行巡检流程

IDC例行巡检流程如图9-5所示。

1. 适用范围

IDC例行巡检流程适用于IDC运维的日常巡检。

2. 流程说明

(1)巡检频率:1天/次。

(2)巡检内容包括:机架的用电情况、空调的运行情况、机房的温度情况、核心设备的运行情况。

(3)巡检过程中若发现有属于紧急情况范围的,立即进行紧急情况通报和处理。

(4)记录巡检过程中的异常情况并将其录入巡检报告。

(5)按时发送IDC机房巡检报告。发送方式与模板根据客户的实际情况进行定制。

9.3.5 IDC门禁管理流程

IDC门禁管理流程如图9-6所示。

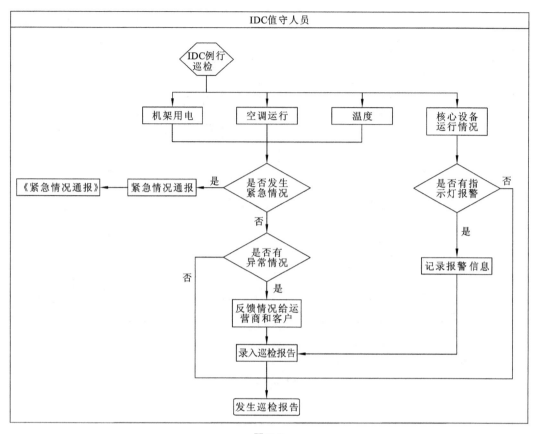

图 9-5

1. 适用范围

IDC 门禁管理流程适用于 IDC 机房中门禁卡的管理和使用。

2. 流程说明

（1）门禁卡采用集中式管理,现场由专人进行保管。

（2）领用门禁卡需要有领用资格,只有现场运维值守团队和客户运维管理团队具备领用资格。

（3）领用门禁卡需要进行领用登记。

3. 门禁卡遗失或补办

（1）当门禁卡遗失或损坏时,责任人需要按运营商的规定进行赔偿。

（2）由门禁卡保管员通知运营商进行门禁卡的注销,并向客户发出补办申请。

（3）客户向运营商提出补办和领用申请。

（4）运营商受理申请并进行补办手续。

（5）门禁卡管理员领用新的门禁卡。

9.3.6 拍照流程

拍照流程如图 9-7 所示。

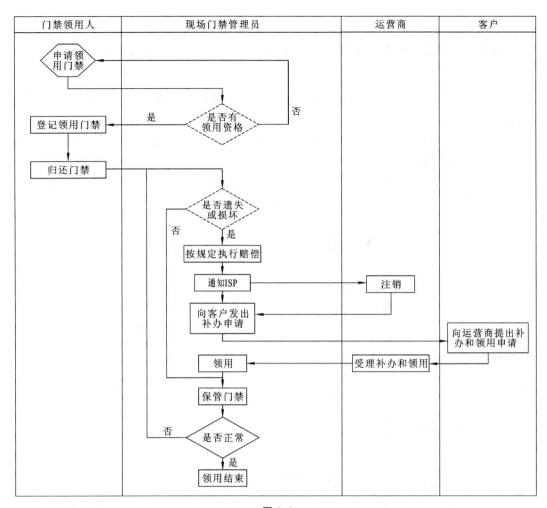

图 9-6

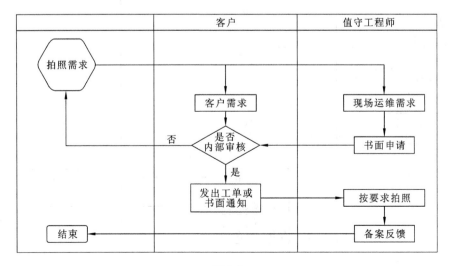

图 9-7

1. 适用范围

拍照流程适用于 IDC 机房现场拍照管理,工单操作过程中的截屏类拍照除外。

2. 流程说明

(1) 拍照需求分为现场运维过程中产生的必要性拍照需求、客户业务宣传过程中所产生的拍照需求。

(2) 现场产生的拍照需求,由现场负责人向客户发出书面申请,得到客户方的书面回复后按具体要求进行拍照。

(3) 客户方产生的拍照需求,现场接到工单或书面通知后按要求进行拍照。

(4) 拍照产生的照片需要进行备案处理,不得泄露。

▶▶▶ 9.4 服务器操作流程

9.4.1 新服务器到货上架流程

新服务器到货上架流程如图 9-8 所示。

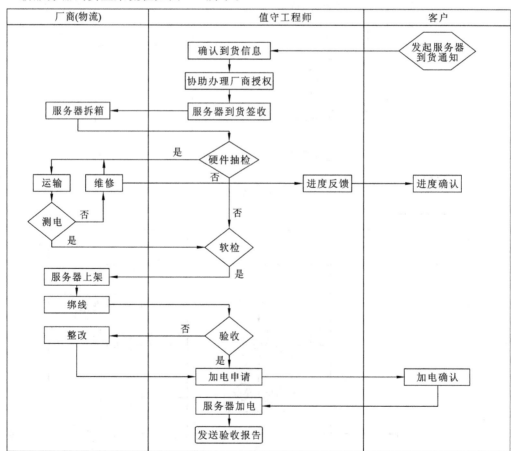

图 9-8

1．适用范围

新服务器到货上架流程适用于 IDC 机房新服务器到货上架。

2．流程说明

（1）客户通过工单平台发起服务器到货通知。

（2）现场值守工程师接收工单并确认到货内容。

（3）现场工程师完成新服务器到货接收准备工作。准备工作包括：协助厂商办理人员入室授权；设备入室授权确认；机架加电确认；服务器上架位置清单确认；目标机柜是否符合上架条件；其他不确定因素确认（如电梯、小推车、天气、卸货区等）。

（4）现场工程师（资产岗优先）完成服务器到货签收。

（5）厂商物流人员进行拆箱。

（6）现场工程师对 10% 的服务器设备进行硬件抽检，具体抽检方式以客户制定的规范为准，大概硬件抽检要求包括：①按客户定制的配置出厂要求，根据清单核对服务器硬件配置是否满足要求，包括 CPU 型号和数量、内存参数和数量、硬盘参数和数量、RAID 卡型号和出厂配置、电源参数和数量、网卡参数和数量等；②硬件是否松动；③检查厂商针对可能出现的硬件问题所提供的备用配件。

（7）硬件抽检后，厂商物流人员将服务器运输到指定区域进行测电。

（8）测电通过后，对 10% 的服务器进行软件抽检，具体抽检方式以客户规定的规范为准，大概软件抽检要求包括：①服务器的 BIOS 系统的默认配置是否满足客户制定的要求；②RAID 信息及硬盘盘序情况。

（9）硬件抽检、测电、软件抽检过程中如遇到问题，没有通过，需要立即通知厂商人员进行维修处理，修复完成后重新进行抽检和测电。

（10）厂商物流人员进行服务器上架，将服务器放至指定位置。之后，按客户的绑线标准进行电源线的绑扎及网线的连接。

（11）现场值守人员对电源线的绑扎和网线的连接进行验收，若验收不通过，则要求厂商物流人员立即整改。验收内容大致包括：①服务器的所在机位是否与清单所列一致；②服务器是否推到位，摆放是否标准；③电源线的绑扎是否符合要求（具体要求根据环境进行制定，可以参考 7.1.1 的电源线绑扎标准）；④网线的连接是否正确，绑扎是否美观，是否与电源线交叉；⑤硬盘的盘架是否有松动或弹出。

（12）现场值守人员与客户进行加电确认。

（13）现场值守人员联系运营商进行机柜的加电。

（14）加电完成后对所有上架设备进行再次验收检查。检查内容包括：机房卫生及工具是否归还；服务器报警情况；服务器整齐性。

（15）最后填写验收报告，将报告反馈给客户接口人。新服务器到货验收报告可参考表 9-2。

表 9-2

机　房	到货时间	验收时间	工单号	服务器		
				品牌	型号	到货数量
硬件抽检	问题					
	说明					
软件抽检	问题					
	说明					
测电情况反馈						
上架绑线验收	电源线					
	网线					
	机架					
	其他					
厂商情况	人数					
	备件准备					
	工作态度					
	工作效率					
其他情况反馈						

9.4.2　服务器故障处理流程

服务器故障处理流程如图 9-9 所示。

1. 适用范围

服务器故障处理流程适用于 IDC 机房内服务器故障的操作处理。

2. 流程说明

（1）客户通过工单平台发起服务器故障处理工单。

（2）值守工程师接收工单并仔细查看工单内容。

（3）根据工单内容定位设备位置并核实故障信息。

（4）紧急故障处理：①向资产管理员申领备件；②办理资产出库手续；③现场完成备件更换；④如果没有备件，资产管理员申请从其他机房调用或立即采购。没有备件时，可以评估采购和报修的速度来决定采取哪种方式。

（5）处理非紧急故障时，如果在保修期内则立即报修；不在保修期内则与客户确认是否报修。客户确认不报修，则参考步骤（4）的流程走备件领用流程现场更换备件；客户确认报修，则定期进行集中故障报修。

（6）报修需要现场协助办理厂商售后人员的入室授权，并监督厂商完成备件更换操作。

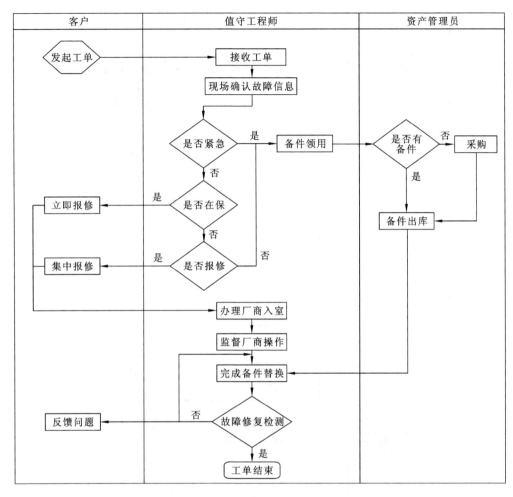

图 9-9

（7）服务器备件更换完成后，需要检测服务器故障是否修复，若没有修复则进行二次更换，多次更换也无法修复，则向客户反馈，由客户另行处理。

（8）故障修复后，结束工单。

9.4.3 服务器重启流程

服务器重启流程如图 9-10 所示。

1. 适用范围

服务器重启流程适用于 IDC 机房服务器重启或卡死时的操作处理。

2. 流程说明

（1）客户工程师发起服务器重启工单。

（2）值守工程师接收工单并仔细阅读工单内容。

（3）根据工单内容定位服务器。

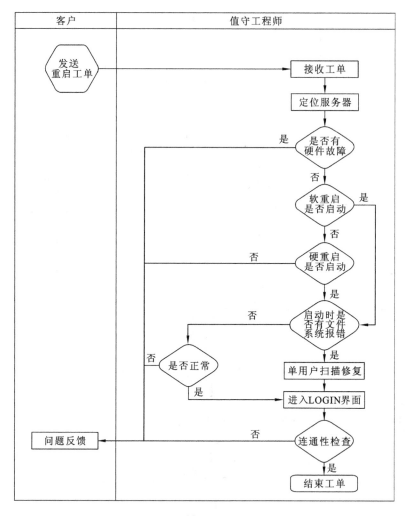

图 9-10

（4）查看服务器是否有硬件报错，有则记录信息并反馈。

（5）重启操作分为软重启和硬重启两种。

①软重启：按下 Ctrl＋Alt＋Del；②硬重启：按住服务器启动键 6 秒，等服务器关机后再按启动键开机。

（6）启动过程中如果遇到文件系统报错，则需要进入单用户进行文件系统扫描。如果遇到其他故障，则反馈给客户，修复方法请参考 5.2 节。无法判断故障信息的，需要参考如下条例注明：①重启前后硬件是否有报警；②重启过程中是否有异常；③服务器开机自检是否有异常；④当前状态。

（7）重启正常后进入 LOGIN 界面。

（8）值守工程师进行连通性检查，有问题则反馈给客户进行进一步沟通处理。

（9）一切正常后，结束工单，客户评价工单。

9.4.4 服务器上线流程

服务器上线流程如图 9-11 所示。

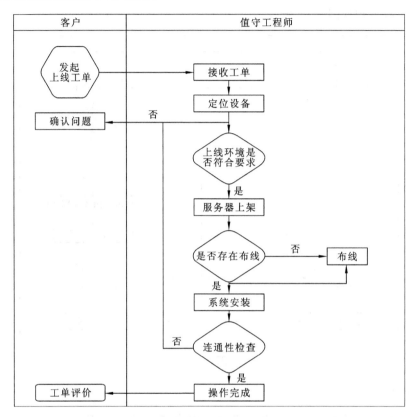

图 9-11

1. 适用范围

服务器上线流程适用于 IDC 机房内服务器上线的操作处理。

2. 流程说明

（1）客户发起服务器上线工单。

（2）值守工程师接收工单并仔细查看工单内容。

（3）根据工单信息定位服务器位置。

（4）检查现场环境是否符合上架条件。检查内容包括：机架位是否可用；电源 PDU 插头是否充足。

（5）值守工程师将服务器上架到指定位置。

（6）现场如果没有综合布线，则需要按要求布放线缆。

（7）按要求进行系统安装。

（8）进行网络连通性检查。

（9）期间遇到问题，立即反馈给客户方接口人。

（10）操作完成后结束工单，客户评价。

9.4.5 服务器下线流程

服务器下线流程如图 9-12 所示。

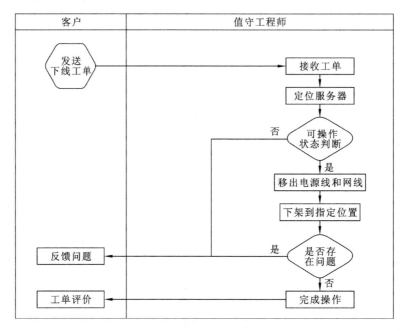

图 9-12

1. 适用范围

服务器下线流程适用于 IDC 机房服务器下线、下架的操作处理。

2. 流程说明

（1）客户发起服务器下线工单。

（2）值守工程师接收工单并仔细查看工单内容。

（3）根据工单信息定位服务器位置。

（4）判断服务器是否处于可操作状态。若不处于可操作状态，则反馈给客户接口人申请关机或得到书面确认。若处于可操作状态，则参考如下操作。

① 关机。

② 服务器状态异常，且工单中注明的，可直接关机。

③ 经过和客户沟通，书面确认后也可以直接关机。

（5）断开电源线和网线。

（6）将服务器下架到指定位置。

（7）期间如遇到问题，及时反馈给客户接口人。

（8）操作完成，结束工单。

（9）客户工程师评价工单。

9.4.5　服务器迁移流程

服务器迁移流程如图 9-13 所示。

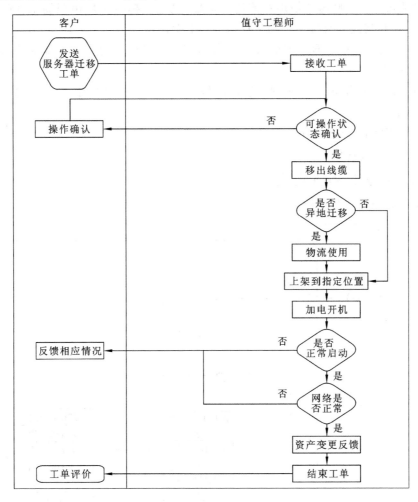

图 9-13

1. 适用范围

服务器迁移流程适用于 IDC 机房服务器迁移的操作处理。

2. 流程说明

(1) 客户在工单平台发出服务器迁移工单。

(2) 值守工程师接收工单并仔细查看工单内容。

(3) 根据工单信息定位服务器位置,并确认服务器是否处于可操作状态。如果不处于可操作状态,则与客户工单发起人确认。如果处于可操作状态,则参考如下操作。

① 关机。

② 服务器状态异常,且工单中注明的,可直接关机。

③ 经过和客户沟通,书面确认后也可以直接关机。

(4) 移出服务器电源线和网线。

(5) 异地机房迁移则需要使用物流进行运输,到达目标机房后由现场工程师进行服务器上架操作;本机房迁移直接由现场工程师进行上架操作。

(6) 加电开机后,查看服务器能否正常启动,若出现异常,则需要立即反馈给客户接口人做进一步沟通处理。

(7) 服务器正常启动后,查看网络连通性是否正常。若出现异常,则反馈给客户接口人做进一步沟通处理。

(8) 一切正常后,结束工单。

(9) 客户工程师评价工单。

9.4.7 服务器备件更换流程

服务器备件更换流程如图 9-14 所示。

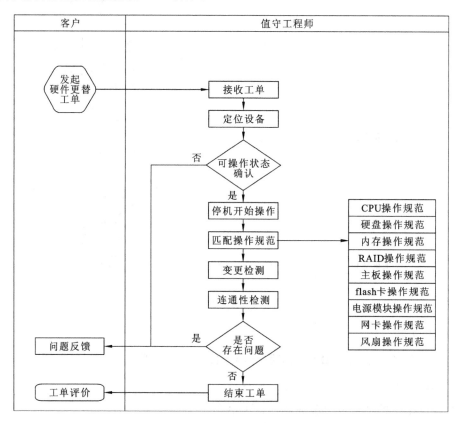

图 9-14

1. 适用范围

服务器备件更换流程适用于 IDC 机房服务器硬件更换操作,包括但不限于 CPU、硬盘、内存、RAID、主板、flash 卡、电源模块、网卡、风扇、扩展卡等配件。

2．流程说明

（1）客户在工单平台发出服务器硬件更替工单。

（2）值守工程师接收工单并仔细查看工单内容。

（3）根据工单信息定位服务器位置，并确认服务器是否处于可操作状态。如果不处于可操作状态，则与客户工单发起人确认。若处于可操作状态，则参考如下操作。

① 关机。

② 服务器状态异常，且工单中注明的，可直接关机。

③ 经过和客户沟通，书面确认后也可以直接关机。

（4）停机开始操作，根据相应的操作规范进行配件更换操作，具体操作规范参考 7.2 节。

（5）配件更换完成后，对服务器进行硬件变更检测，通过后，再进行网络连通性检测。

（6）检测过程中，若有问题，则反馈给客户接口人做进一步沟通处理。

（7）没有问题后，结束工单。

（8）客户评价工单。

9.4.8 服务器系统安装流程

服务器系统安装流程如图 9-15 所示。

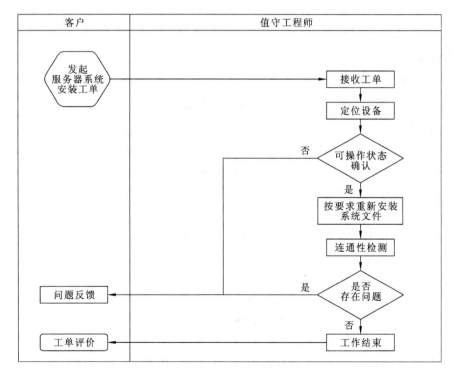

图 9-15

1．适用范围

服务器系统安装流程适用于 IDC 机房服务器系统重装安装的操作。

2. 流程说明

（1）客户在工单平台发出服务器系统安装工单。

（2）值守工程师接收工单并仔细查看工单内容。

（3）根据工单信息定位服务器位置，并确认服务器是否处于可操作状态。如果不处于可操作状态，则与客户工单发起人确认。如果处于可操作状态，则参考如下操作。

① 关机。

② 服务器状态异常，且工单中注明的，可直接关机。

③ 经过和客户沟通，书面确认后也可以直接关机。

（4）停机开始操作，根据要求进行系统重装操作。具体操作步骤参考 5.1.1。

（5）系统重装完成后，对服务器进行网络连通性检测。

（6）检测过程中，若有问题，则反馈给客户接口人做进一步沟通处理。

（7）没有问题后，结束工单。

（8）客户评价工单。

▶▶▶ 9.5　网络设备操作流程

9.5.1　网络设备整机更换流程

网络设备整机更换流程如图 9-16 所示。

1. 适用范围

网络设备整机更换流程适用于 IDC 机房网络设备整机更换的操作。

2. 流程说明

（1）客户发起服务器整机更换工单。

（2）值守工程师接收工单并仔细查看工单内容。

（3）根据工单信息定位服务器位置，现场确认设备信息。

（4）向资产管理员申领同型号设备。

（5）如果没有同型号设备，则由资产管理员申请采购。

（6）办理设备出库手续。

（7）对设备进行初始化设置。

（8）将备机搬到故障设备位置，与客户进行可操作确认。

（9）确认可以操作后，记录线缆线序后断开线缆。

（10）更换设备后加电。

（11）与客户接口人进行确认接线操作，然后根据具体要求按线序接入线缆。一般是先接入管理网线，再接入上线缆，最后接入服务器线缆。每一步接线都需要与客户接口人进行确认后再进行。

（12）线缆接入完毕后，客户接口人确认链路正常。

（13）操作完成后反馈更换信息。更换信息包括下面两种。

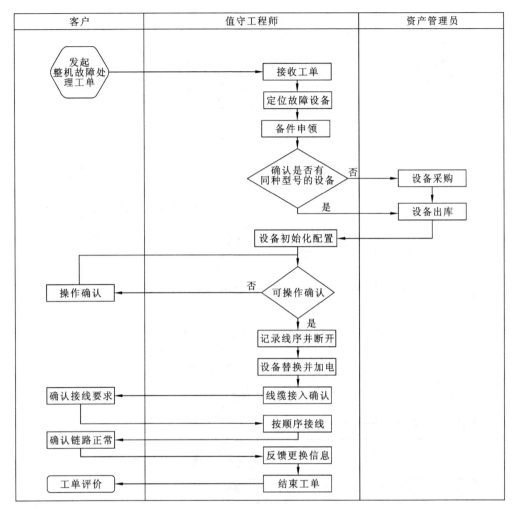

图 9-16

① 上线的新设备信息：SN、资产号、位置、更换时间、原因、工单号等。

② 下线的故障设备信息：SN、资产号、位置、更换时间、原因、工单号等。

（14）结束工单。

（15）客户评价工单。

9.5.2　板卡故障处理流程

板卡故障处理流程如图 9-17 所示。

1. 适用范围

板卡故障处理流程适用于 IDC 机房非报修类核心网络设备的板卡更换操作，报修类的更换操作可参考此流程。

2. 流程说明

（1）客户接口人发起板卡故障处理工单。

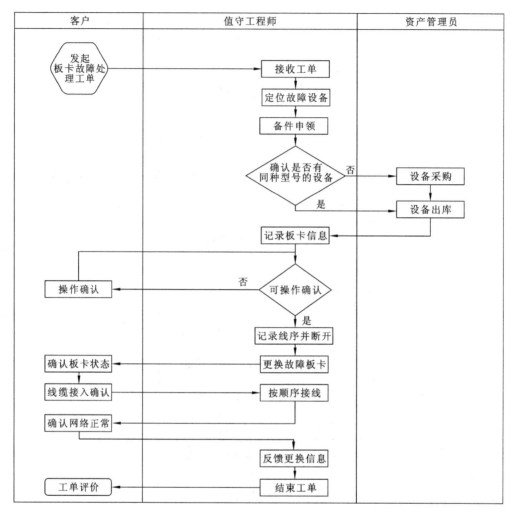

图 9-17

（2）现场值守人员接收工单，仔细查看工单内容。

（3）根据工单信息定位故障板卡位置，并进行故障核实。

（4）向资产管理员申领同型号的板卡备件，如果没有，则由资产管理员进行采购后再领用。

（5）办理备件板卡出库手续。

（6）记录新板卡的信息（SN、资产号等）。

（7）与客户接口人进行可操作确认。一定要在客户接口人确认后再下线该板卡。在有明显故障的情况下，要在客户接口人十分肯定地确认后再开始操作。

（8）记录线序并断开线缆。

（9）更换故障板卡后通知客户接口人。

（10）客户接口人确认板卡状态信息。

（11）值守工程师在等到客户接口人确认后，开始恢复线缆的接入，完成后反馈给客户接口人。线缆恢复时，连接的顺序要按照客户接口人的要求进行。

（12）客户接口人确认网络链路正常。

（13）反馈更换设备的信息。信息包括下面两种。

① 上线的新设备信息：SN、资产号、位置、更换时间、原因、工单号等。

② 下线的故障设备信息：SN、资产号、位置、更换时间、原因、工单号等。

（14）结束工单。

（15）客户评价工单。

3. 板卡更换操作规范

板卡拆卸过程包括下列步骤。

（1）确定需要卸载的业务板卡。

（2）若卸载业务板卡，请注意先拔下模块拉手条上的以太网电缆、串口电缆或者光纤接头，并放置在安全的地方做好标记以便复原。操作有光口的线路接口模块时，请不要直视光模块的 TX 端口和光纤线缆末端，以免激光烧伤眼睛。

（3）用螺丝刀松开拉手条两端的紧固螺丝。

（4）双手抓住拉手条两端的扳手，朝相反的方向用力，板卡会自动脱出机箱少许。

（5）双手抓住扳手，将板卡垂直拉出10 cm 左右。

（6）右手抓住模块拉手条的中上部，左手托住板卡下边缘，将板卡从机箱中完全拉出，并放置在安全的地方。

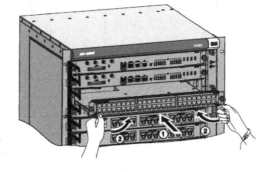

图 9-18

（7）如果需要重新装入包装盒，请将板卡先装入防静电袋，再装入包装盒。

板卡安装过程（板卡安装过程相对拆卸过程是相反的操作过程）如图 9-18 所示。

更换板卡时，应戴防静电手腕带或防静电手套。

9.5.3　模块及光纤链路故障处理流程

模块及光纤链路故障处理流程如图 9-19 所示。

1. 适用范围

模块及光纤链路故障处理流程适用于 IDC 机房内网络设备模块故障和光纤链路故障的处理操作。

2. 流程说明

（1）客户工程师通过工单平台发起模块故障处理或光纤链路故障处理工单。

（2）现场值守工程师接收工单并仔细查看工单内容。

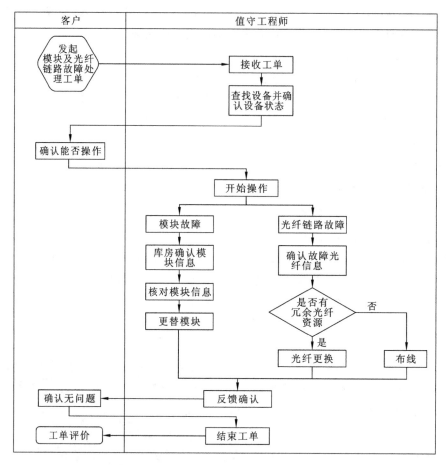

图 9-19

（3）根据工单信息定位模块或光纤链路所在的位置。

（4）与客户接口人确认是否可以开始操作。

（5）客户接口人给出明确的操作确认后开始进行操作。

（6）如果是模块故障,则向资产管理员申领备件并办理备件出库。核对模块信息后再进行模块的更换。

（7）如果是光纤链路故障,确认故障光纤信息后,有冗余备用光纤时,直接进行光纤更换;没有冗余光纤,则重新进行布线并更换。

（8）更换完成后,反馈信息给客户接口人。

（9）客户接口人确认链路正常。

（10）现场值守工程师结束工单。

（11）客户评价工单。

3. 模块更换规范

（1）确定需要卸载的模块。

（2）若卸载模块，请注意先拔下模块拉手条上的以太网电缆、串口电缆或者光纤接头，并放置在安全的地方做好标记以便复原。操作有光口的线路接口模块时，请不要直视光模块的 TX 端口和光纤线缆末端，以免激光烧伤眼睛。

（3）平行方向取出或插入模块，如图 9-20 所示。

（4）如果需要重新装入包装盒，请先将模块装入防静电袋，再装入包装盒。

更换模块时，应戴防静电手腕带或防静电手套。

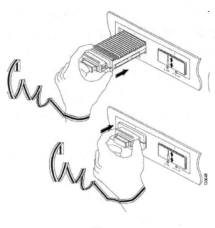

图 9-20

9.5.4 网络设备到货上架流程

网络设备到货上架流程如图 9-21 所示。

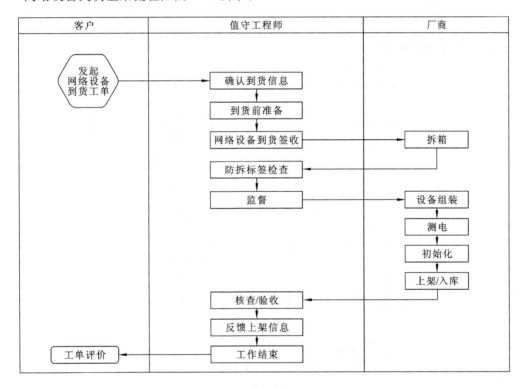

图 9-21

1. 适用范围

网络设备到货上架流程适用于 IDC 机房网络设备到货上架的操作。

2. 流程说明

（1）客户通过工单平台发出网络设备到货工单。

（2）现场值守工程师接收工单，仔细查看工单内容，确认设备到货信息。

（3）现场工程师到货前准备：协助厂商办理人员入室授权；设备入室授权确认；机架加电确认；网络设备上架清单信息确认；机柜环境是否符合上架条件；仓库是否有存放空间；其他不确定因素确认（如电梯、小推车、天气、卸货区）。

（4）网络设备到货签收。检查外包装是否破损，以及数量、型号、采购批次、SN等信息。

（5）厂商人员进行拆箱。

（6）现场值守人员对设备组件的防拆标签进行检查。

（7）监督厂商人员进行设备组装，进行测电、初始化配置、测试等操作。

（8）现场值守人员根据工单要求监督厂商将设备上架到目标位置或者入库存放。

（9）最后核查验收上架或入库设备信息。

（10）反馈网络设备到货验收报告。

（11）结束工单。

（12）客户评价工单。

9.5.5 网络设备配置流程

网络设备配置流程如图 9-22 所示。

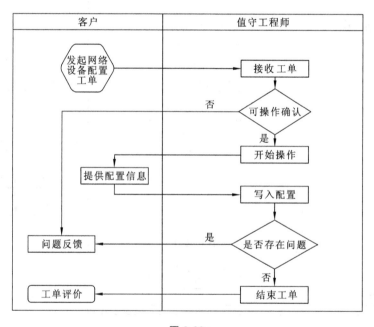

图 9-22

1. 适用范围

网络设备配置流程适用于 IDC 机房网络设备的初始化配置。

2. 流程说明

（1）客户通过工单平台发起网络设备配置工单。

（2）现场值守工程师接收工单并仔细查看工单内容。

（3）通过工单信息定位设备位置。

(4) 与客户接口人进行可操作确认(确认设备是否处于可操作状态)。

(5) 得到客户确认之后,开始操作。

(6) 非初始化配置时,需要客户提供配置信息。

(7) 写入配置信息。

(8) 期间若有问题,及时向客户接口人反馈并做进一步沟通处理。

(9) 没有问题则结束工单。

(10) 客户评价工单。

9.6　IDC 运维规范

9.6.1　数据中心的数据标准及注意事项

9.6.1.1　机柜的分类及标准

从外观上来划分,可以分为机架式机柜和机柜式机柜。

从用途上来划分,可以分为服务器机柜和网络机柜。根据高度,常见的有 32 U(1 U=44.45 mm)机柜和 42 U 机柜。

服务器机柜宽度一般为 600 mm,深度一般在 900 mm 以上。

网络机柜深度一般小于 800 mm,宽度有 600 mm 和 800 mm 两种。

9.6.1.2　线缆布放标准

网线的布置标准包括以下几个方面。

(1) 布线时要注意安全。

(2) 网线布置要走线槽,切勿随便布置。

(3) 网线不要和光纤混合在一起。

(4) 网线不要和强电电源线混合在一起。

(5) 留出一定距离,以便网线能绑在机架两边。

(6) 在一定的长度内要打一根扎带进行固定。

(7) 将剩余的网线绕好圈,绑好后放在服务器顶端或者置于机架两端内侧。

光纤的布置标准包括以下几个方面。

(1) 不要用眼睛直视光纤或者光模块的 TX 端。

(2) 光纤布置要走线槽,交换机端使用理线架,切勿随便布置。

(3) 光纤不要和网线混合在一起。

(4) 光纤不要和强电电源线混合在一起。

(5) 光纤的弯曲程度不能过大。

(6) 光纤不能用硬扎带捆绑,应使用胶带进行捆扎。

(7) 插入光纤的时候不要用手触碰光纤的接头。

(8) 剩余的光纤要绕好大圈放置在机柜上面。

电源线的布置标准包括以下几个方面。

（1）电源线接口一定要插到底。

（2）电源线进行捆扎时要用扎带扎紧。

（3）电源线头部和尾部不要绑太紧，留出一点空隙。

（4）电源线要捋顺拉直，不要打结。

（5）从外观上不允许看到电源线的结头。

（6）电源线上下左右要对称。

不同机房有不同的布线标准。

电源线基本捆扎标准如图9-23所示。

9.6.1.3 设备上、下线标准

服务器摆放标准包括以下几个方面。

（1）服务器要推到底。

（2）服务器摆放前，面板要上下左右保持一致。

（3）放置服务器前，要先观察好托盘上面有没有物品。

（4）放置时要注意分寸，切勿蛮力用事。

（5）放置后要检查服务器是否摆放妥当。

（6）服务器应摆放整齐，如图9-24所示。

图 9-23

图 9-24

服务器上线原则包括以下几个方面。

（1）服务器上线与上架不同，上线要接电、安装系统等。

（2）服务器在上线前要先进行测电，预防机架掉电。

（3）服务器上线后，插入网线的时候要注意网线的插入顺序。

（4）服务器上线后要检查硬盘架是否弹出。

（5）服务器上线后，要检查网络是否可连通。

服务器下线原则包括以下几个方面。

（1）服务器下线前，要核对要下线服务器的信息。

（2）服务器下线前，要核对机器是否关机。

（3）服务器下线时，要确认线缆是否都已经移除。

（4）服务器下线时手脚要轻，不要碰到其他设备。

(5) 服务器下线后,要放置在规定地点。

网络设备上线原则包括以下几个方面。

(1) 网络设备上线时,要将设备固定。

(2) 网络设备在上线前,要先进行测电,预防机架掉电。

(3) 网络设备上线后,插入线缆的时候要注意线缆的插入顺序及类型。

(4) 网络设备上线后,要检查板卡、模块是否弹出。

(5) 网络设备上线时,要确认设备用电量,大型设备要借用其他机架电源。

网络设备下线原则包括以下几个方面。

(1) 网络设备下线前,要核对要下线设备的信息。

(2) 网络设备下线前,要核对设备是否关机。

(3) 网络设备下线时,要确认线缆是否都已经移除。

(4) 网络设备下线时,手脚要轻,不要碰到其他设备。

(5) 网络设备下线后,要放置在规定地点。

9.6.2 数据中心安全管理

9.6.2.1 管理制度

管理制度包括以下内容。

(1) 数据中心实行安全岗位责任制,分别设有安全第一责任人、安全第二责任人,主要负责安全工作,并经常进行安全检查、监督指导。

(2) 数据中心是信息资源的网络核心,除管理员外其他任何人未经许可严禁入内,外来参观人员或系统调试人员进入数据中心机房,必须按要求进行登记。

(3) 进入数据中心机房必须换穿专用鞋或使用鞋套。

(4) 严格遵守安全用电规定,下班离岗时应清理工作场地,关好门窗。

(5) 禁止在机房中私拉电线,乱用电器。禁止在机房中存放易燃、易爆、易腐蚀物品。禁止在机柜之间堆放杂物,保证安全通道畅通。

(6) 严禁在机房内饮食、吸烟,保持机房环境卫生。

(7) 所有进出数据中心的人员应向保安人员出示身份卡,并配合保安人员进行相关检查。

(8) 所有进入数据中心的人员应依据 IDC 人员进出流程进行申请。

(9) 所有进入数据中心的人员应按照各数据中心运营商或管理方要求出示有效身份证件和工作证件。

(10) 严禁未经机房管理方授权在机房内拍照、拍摄,以及其他任何形式的记录。

(11) 严禁私自布线。任何形式的布线都需要得到机房管理方的授权。

9.6.2.2 消防安全

工作人员应熟悉机房内部消防安全操作和规则,了解消防设备的操作原理,掌握消防应急处理步骤、措施。

任何人不能随意更该消防系统工作状态、设备位置等,需要变更时必须经数据中心领导同意批准。工作人员应保护消防设备不被破坏。

如发现消防安全隐患,应立即采取安全措施进行处理,无法解决的应及时向相关负责人汇报。

应严格遵守张贴于相应位置的操作和安全警示及指引。

消防安全内容掌握要求包括:要求每名工程师必须熟知值守机房逃生路线,并明确消防警铃、声光报警器的位置和报警状态,熟知逃生标识指示,掌握基本的消防逃生知识。

1) IDC 消防概述

IDC 机房 IT 系统运行和存储着的都是核心数据。由于 IT 设备及有关的其他设备本身对消防的特殊要求,必须对这些重要设备设计好消防系统,因为这是关系 IT 设备正常运作的关键所在。

机房灭火系统禁止采用水、泡沫及粉末灭火剂,适宜采用气体灭火系统。机房消防系统应该是相对独立的系统,但必须与消防中心联动。一般大中型计算机机房,为了确保安全并正确地掌握异常状态,一旦出现火灾能够准确、迅速地报警和灭火,需要装置自动消防灭火系统。

2) IDC 火灾逃生方法

机房发生火灾时,产生的烟雾以一氧化碳为主,这种气体具有强烈的窒息作用,对人员的生命构成极大的威胁。

火灾逃生的基本要求是沉着冷静,遵循正确的逃生路线,运用有效的逃生或避难方法。逃生方法是在听到火灾警报后,不要迟疑,要在 30 秒内迅速跑出机房,奔向楼梯间向下层疏散,千万不要乘坐电梯,通过机房消防标识指示,逃离到安全地点。

如果逃离过程中遇到浓烟弥漫,要尽量将身体贴近地面,如有条件,可将衣服或者其他物品用水浸湿后捂住口鼻,以避免吸入大量烟尘而造成窒息。

在火场中,生命最重要,身处险境,要尽快撤离,不要把宝贵的逃生时间浪费在搬离贵重物品上。

3) 机房消防安全标识

熟悉机房内的各个消防安全标识,如图 9-25 所示。

4) 灭火器的使用方法

灭火器的使用方法如图 9-26 所示。

图 9-25

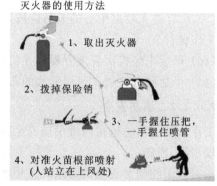

图 9-26

5）用电安全实操

在日常测电环节中,一定要使用测试用电(市电)进行测电操作,禁止使用 IDC 机房内 PDU 用电进行测电操作。需要测电的环节有:PDU 验收、新服务器到货测电环节、服务器迁移、故障电源替换等。进行测电时一定要使用防漏电 PDU 插排,并佩戴绝缘手套。

9.6.2.3　用电安全

图 9-27 所示为用电安全标识。

图 9-27

用电时必须注意以下几点。

(1) 操作前必须确认操作区域内地面无积水、潮湿等。

(2) 如测电滚轴、显示器、插线板等运维工具出现插头松动、线缆破损等问题,应停止使用,并尽快进行维修或更换。

(3) 机房内应设置维护和测试用电源插座(地插、墙插等),供日常维护过程中接插相关维护设备、仪器、仪表等,严禁使用机柜内电源接插显示器等运维设备。

(4) 需要关闭电源时,不要设想电源已关闭,必须仔细检查并确认。

(5) 为避免静电对设备的电子器件造成损坏,对设备进行操作时,应穿防静电服,或戴防静电手套,或佩戴防静电手环。拿电路板边缘,不要接触元器件和印制电路。保持机柜内清洁、无尘。防静电手环的使用方法如下。

① 将手伸进防静电手环,戴至手腕处。

② 拉紧锁扣,确认防静电手环与皮肤有良好的接触。

③ 将防静电手环插入设备的防静电手环插孔内,或者是用鳄鱼夹夹在机柜的接地处。

④ 确认防静电手环良好接地。

(6) 设备电源虚接容易造成电压不稳等,影响设备安全和人身安全,日常运维时严禁出现电源插头虚接。

(7) 不要超负荷用电。

(8) 不要私自乱拉、乱接电线(显示器等外接设备禁止在机柜内 PDU 取电)。

(9) 照明灯具、开关、插头、插座、接线盒等必须完好无损(发现损坏立即通报)。

(10) 不要随意将三眼插头改成两眼插头,切不可将三眼插头的相线(俗称火线)与接地线接错。

(11) 不要用湿手触摸开关、插座等用电器具。

(12) 非电工人员不得修理、拆装电气设备。

9.6.2.4 信息安全

1) 信息的定义

信息是指所有与 IDC 现场运维相关的数据、流程、财务、人事关系等内容,包括但不限于:客户资产信息、人事信息、流程规范、IDC 动力环境信息、技术规范、操作手册等。

2) 信息安全规范

信息安全规范包括以下内容。

(1) 严禁在与第三方的交流中,透露任何与客户 IDC 相关的信息,如设备数量、IDC 部署与建设规模、运行状态等。

(2) 严禁在公开社交网络上发布关于 IDC 的一切信息。

(3) 严禁将客户公司相关的文档存储在互联网盘上。

(4) 严禁向厂商泄露其他厂商的设备信息,包括故障情况、设备数量等。

(5) 严禁泄露自建机房办公区网络账号与密码信息,严禁除现场值守工程师以外的厂商、第三方等使用自建机房办公区网络。

(6) 严禁任何人员在客户的 IDC 机房、办公区域内拍照、摄像,如客户方有拍照需求,必须严格按照拍照流程执行。

(7) 人员无入室授权需紧急进入机房的,严格按照 IDC 紧急入室流程执行。

3) 风险预防措施

风险预防措施包括以下几个方面。

(1) 定期进行信息安全知识培训或宣讲。

(2) 设置资产专岗,确保信息不被扩散。

(3) 定期更换密钥。

9.6.3 日常工作管理

9.6.3.1 现场工作制度

现场工作制度包括以下内容。

(1) 着装简洁大方,禁止穿拖鞋、短于膝盖的裤子、背心或其他不利于日常运维的衣服。

(2) 收到货后需要第一时间在"机房工作交流"群内通知货物信息。入库时,应通知库房管理员更新资产表。

(3) 进入机房人员务必进行登记,否则不予开门。

(4) 日常工具借出、归还时需要签字确认。

(5) 从库房拿出物品要及时通知相应管理员更新,出仓库切记锁好门。

(6) 机房每日定时巡检,确保机房门禁正常、机房内冷通道门正常关闭、环境卫生符合要求,发现问题应及时记录并反馈。

(7) 工作交接时,务必发邮件详细说明,指定具体接收人,并抄送给相关人员。

（8）务必时常提醒厂商、物流及施工人员遵守机房工作规范。

9.6.3.2　办公区行为规范

办公区行为规范包括以下内容。

（1）不得在办公区内疯闹，禁止其他影响运维的行为。

（2）不得在办公区内就餐、吸烟、拍照等。

（3）禁止在办公区内从事与运维工作无关的活动。

9.6.3.3　门禁卡管理规定

门禁卡管理规定包括以下内容。

（1）门禁卡采用领用制度，现场安排专人保管，领用时需要填写 IDC 门禁卡领用登记表，登记表模板如表 9-3 所示。

表 9-3

IDC 门禁卡领用登记表				
门禁卡号	领用时间	归还时间	领用人	确认人

（2）门禁卡禁止带出数据中心，下班后全部归还到保管处，保管人负责清点数量。

（3）门禁卡借用严格按照 SOP 中的说明执行。

（4）在现场工作交接报告中填写每日门禁卡交接情况。

（5）如因业务需要或其他客观因素导致门禁卡数量不足，现场负责人应将信息反馈给相关人员以增加门禁卡数量。

（6）门禁卡损坏不能使用时，需要及时反馈给相关人员进行修复或补办。若不能提供非人为损坏证明，则需要责任人按运营商规定进行赔偿。

9.6.3.4　工单平台管理规定

工单平台管理规定包括以下内容。

（1）新建的初始密码要求立即更改。

（2）工单平台密码需要使用强密码，不得在网页内保存密码。

（3）禁止工单平台账号相互借用。

（4）账号和密码不得无故向第三人透露。

（5）遵守相关的安全管理规定，杜绝影响平台安全的因素。

9.6.3.5　日常巡检规定

1）常规巡检

常规巡检涉及以下方面。

（1）巡检机房：目前具有外包值守的全部机房。

（2）巡检人员：现场外包人员。

（3）巡检次数及时间：4 次/天。巡检人员可在如下时间段内任选时间进行巡检：6：00—9：00（可与动力环境巡检合并）、9：00—13：00、13：00—18：00、18：00—24：00。

（4）巡检内容：是否存在紧急通报情况；是否有非授权人员进入机房，或已授权人员进入机房操作违反《数据中心管理规范》的内容；是否存在运营商人员未告知客户方，私自操作可能对机房运行产生影响的行为；是否存在违反《机房管理规范》《IDC 运维规范》等流程规范或损害客户利益的行为。

（5）巡检发现问题时的处理方法：参照流程规范进行操作或通报；如流程规范中未明确说明，第一时间内要求停止机房内操作，并通报相关接口人，根据要求进行操作。

（6）巡检反馈：通过运维日报反馈前几天的巡检情况，格式如表 9-4 所示。

表 9-4

时间段	时间点	问题	原因	处理方案	接口人	巡检人

2）高温季巡检

随着夏季的到来，温度也逐渐上升，机房动力环境（包括温度、电力等）可能会出现问题。为保证出现问题时，现场能够第一时间发现、通报并跟进解决，各个现场应加强对数据中心的巡检，详细安排如下。

（1）巡检目标：各个数据中心的动力环境情况（温度、电力等）。

（2）巡检周期：高温季度。

（3）巡检次数：每日共巡检 6 次，当天室外气温较高时，适当增加巡检频率。

（4）巡检反馈：每次巡检结束后，通过即时通讯平台反馈结果，包括温度、湿度、电力、设备运行状态等内容。

（5）问题处理方法：符合紧急通报条件的，参照 SOP 流程进行通报并跟进运营商处理；其他无法判断情况的，反馈给相关接口人，根据通知进行操作。

9.6.3.6 报告发送规定

日报发送规定包括以下内容。

目的：反馈当日机房运维情况（工单情况、动力运行、核心设备、日常巡检等）。

时间：次日 12：00 前。

发送人：机房现场负责人或指定专用邮箱/人员。

周期：5 * 8 工作日每天发送，7 * 24 每天发送。

方式：邮件。

发送地址（接收人）：××××××@××××××.com。

要求：以附件的形式将日报发送到指定邮箱。

正文及附件格式：

发件人：机房负责人/指定人员

收件人：××××××@×××××.com

主题：××机房运维日报—20151130

HI：ALL

××机房今日共收到新工单××个，已经结单×个，目前未完成工单总数×个，未完成工单详情如下：

工单号	发单人	工作内容	工单接收时间	工单当前状态	未完成原因

以上内容为日报情况，请注意查收，如有问题请与我联系，谢谢。

【邮件签名】

注："现场运维周报""工作交接报告""设备到货报告""紧急报修""备件统计"等请参考日报发送规范，根据具体情况进行制定。

9.6.4　IDC机房运维红线

9.6.4.1　日常管理红线

外来人员严禁携带照相机、摄像机、具备拍照摄像功能的移动通信设备等进入数据中心。

严禁未经机房管理方授权在机房和办公区内拍照、拍摄以及其他任何形式的记录。

原则上所有人员严禁携带背包、箱子等附属物进入数据中心。客户员工或运维外包人员因工作需要确需携带的，须在进出前配合保安做相关检查；必要时，须对相关物品进行登记。外来人员携带了以上物品的，需在前台进行登记、存放。

严禁携带及存放水、食品、纸质包装及其他易燃、易爆、毒性、腐蚀性等任何形式的危险品。

在机房内，如发现无授权人员进入机房，必须及时通报，并将相关人员请出机房。

9.6.4.2　机房操作红线

禁止在无工单的情况下进行操作。

禁止操作或触碰工单外的其他任何设备、线缆。

定位设备时，必须仔细核对工单标注的所有信息（主要有 6 项：机房包间号、机柜编号、机位号、SN 号、资产号、设备型号）。

进出机房需将门关严，严禁将机房门虚掩或用物体卡住机房门。

机房和办公区严禁吸烟和使用烟火，上机者不得私自接电源、拉线路，严禁乱动电闸和消防器材；严禁未经许可擅自触碰、操作数据中心内的任何设备。

禁止私自将故障磁盘带出机房。

禁止将 U 盘、移动硬盘等外部存储设备私自接入机房内的设备。

9.6.4.3　法律道德红线

工作时间内,不得使用办公区域的计算机及网络从事任何与工作无关的行为,包括游戏、看电影、下载与工作无关的软件等;严禁无故迟到、早退、缺勤、旷工。

每位员工均有义务保障客户资产的安全,发现任何人(包括客户人员、现场值守人员及其他外部人员)不遵守规定对客户资产的安全造成影响时,需及时通报。

严禁私自处理任何公司资产和物品,包括即便被视为无实际用途的、废弃的、报废的设备、零配件、线缆、包装箱等。

严禁以直接或间接的方式影响客户与有关系统的第三方之间的业务往来。

严禁在供应商、第三方与客户进行业务往来时,出于个人原因,为该供应商或第三方工作、担当或为其提供恩惠。

严禁利用客户的名义、信息财产、时间或其他资源从事工作外的活动,例如第二职业、义工。

严禁在未经授权的情况下,利用客户的资源(包括有形资源和无形资源)、与工作相关的信息、渠道或其他任何形式的便利条件,为自己或与自己相关的其他团体或个人谋取任何形式的利益。

禁止现场工程师在未经确认的前提下,签署任何厂商、运营商或者第三方等的确认函、验收报告、满意度问卷调查等文字信息(包括电话形式等),并第一时间向上级反馈。

9.6.5　风险意识

9.6.5.1　风险识别

风险的定义:危险;遭受损失、伤害、不利或毁灭的可能性。

风险的本质:发生时间的不确定性。从总体上看,有些风险是必然要发生的,但何时发生却是不确定的。例如,生命风险中,死亡是必然发生的,这是人生的必然现象,但是具体到某一个人何时死亡,在其健康时却是不可能确定的。

风险无处不在,建立容灾系统是"居安思危"。

风险发生的概率分为比较可能、可能、基本不可能三种级别,如图 9-28 所示。

比较可能	可能	基本不可能
软件升级	安全体系被攻破	战争
备份、恢复、归档	供电系统瘫痪	恐怖主义事件
数据中心迁移、整合	空调故障	
测试、容灾演习等	机房结构性破坏	
系统处理能力下降	社会性恐慌	
人为操作故障	环境紧急事件	
系统故障	城市事件	
	气候灾难	

图 9-28

风险发生后对业务影响是各不相同的,根据风险发生后对业务的影响程度将风险分为轻微影响、中度影响、严重影响三个级别,即一级、二级、三级,如图9-29所示。

风险分类	风险等级		
	一级	二级	三级
机房安全	机房发生火灾	机房部分设备发生火灾	
	机房大面积漏水	主要机房地面积水	机房局部漏水
	建筑物发生塌毁	机房建筑物局部损毁	机房建筑物险情
		消防系统失控	消防系统异常
		空调系统失效或者失控	温度或者温度超微范围
		门禁系统失控	门机系统异常
		机房照明失效	照明异常
		产地监控系统失效	场地监控系统异常
运行安全	核心设备故障停机	主要设备故障停机	个别设备故障停机
	机房大面积停电	供电异常	接地异常
	系统异常或者程序混乱	系统异常	程序错误
	运行数据丢失无法恢复	数据丢失但可以恢复	数据错误可以恢复
	核心网络中断备份无效	主/备网络故障	部分网络故障
管理及人员安全	人为破坏事故	严重操作失误	一般操作失误
		管理机构或责任缺失	
		规章制度不健全	管理松懈
	人员伤亡		人员受伤
财产安全	重要设备损毁	局部设备损毁	设备故障
	重要设备(数据)丢失	设备丢失	设备配件丢失
其他	雷击导致供电或者网络通信	发生雷击入侵	防雷设施失效
		鼠害毁坏线缆	发现老鼠
		发生虫害	
	严重发生电磁干扰	发生一般电磁干扰	

图 9-29

机房常见的风险:机房动力故障、环境温度过高、操作错误、设备定位错误、信息记录错误、安全意识低。

9.6.5.2　风险重要性

吸取曾经的教训,预防未来的风险!

1. 案例1——硬盘更换错误

异常类型:事故。

客户评价:硬盘更换错误。

详细经过:2008年12月30日上午,我方工程师在A机房工作,其间接收了物流公司送来的5块硬盘,放在备件库里。之后我方工程师去B机房进行其他工作。

后来客户工程师要求回A机房进行换硬盘的操作,一共5台180G的机器,750G的硬盘。

我方工程师回到A机房发现物流公司送来的5块硬盘就是750G的,而备件库里当时没有其他的750G的硬盘。

因为当时物流送来的硬盘没有外壳,而且未认真对硬盘标识进行确认,所以我方工程师误认为是HP的硬盘,随即进行了硬盘更换。

2009年1月14日中午,客户工程师发单要求更换一台FS12机器的硬盘,我方工程师去备件库里查找,未发现有FS12的硬盘。之后和客户工程师说没有,客户工程师说不可能,元旦前一周从北京发过来5块。然后,我方工程师分析可能是上次换硬盘时有错误。

最后,经核实,确实是我方工程师在操作过程中误将DELL硬盘换到了HP机器上。

前因后果是这样的:

◆ 我们的工程师由于粗心,把本来属于DELL FS12服务器的5块硬盘,在没有仔细核对的情况下,误换到了HP的服务器上。

◆ 导致之后的工单延误。

2. 案例2——误重启

异常类型:事故。

客户评价:误重启一台机器。

详细经过:3月13号白天有50台服务器安装系统,有一台DELL2850服务器(IP:192. 123.39.12 SN:BJJSL1X)是因为内存的问题一直在报警。最后经确认确实是内存问题。21:40当我更换完后,在安装操作系统时发现死机,在重新启动的时候,误将下面一台服务器(IP:192.123.39.13)进行了重启。时间大概是22:35。事故发生后我及时打电话和客户工程师沟通。

总结教训:

◆ 一个简单的操作

◆ 一个重复无数次的动作

◆ 一个连自己都后悔莫及的失误

◆ 操作前的核对呢?

3. 案例3——操作过急

异常类型:事故。

客户评价:插错网线,接到第三个口上,造成监控报警。

详细经过:单号:1449,时间:2009-01-19,地点:××××,工作范畴:服务器上线操作。这个申请是在12:41发的,我还没有到天津,到机房时间是13:50,我没有权限进入机房,在14:29才进入机房,当时有客户工程师(3个)申请了,心里比较着急,我就开始操作客户工程师A的那个申请,因为客户工程师A那个安装系统比较慢,我又进行别的操作了,客户工程师有一个申请还要用显示器,心里比较着急,安装完系统接上内网和外网,没有想起来FEX424 1、2、3、4口是复用的,外网那边接到了FEX424的第3个口上,接完以后就看了一眼灯亮了,没有仔细检查。我推着显示器做其他的操作了,最后客户工程师A给我打电话我才知道接错了,我马上去机房换到别的口了,15:33我跟客户说已经安装完成了,在等待客户确认,在16:05客户已经确认安装完成。

事情是这样的:

◆ 我们的工程师因为心急,误把网线插入了FEX424中光电复用关系的0/3接口,导致了监控服务器报警。

◆ 在工作时记得平心静气,不能太浮躁。

◆ 一定要先思考后行动。

◆ 记得活学活用。

4. 案例 4——沟通问题

异常类型:事故。

客户评价:无。

详细经过:2010-10-27 10:43 左右,××机房收到客户工程师发出的 12345 号工单。

工单内容为:7 台机器检查内存,并后续在沟通中补充说明"一台一台来,先检查 bj-bj0987-bj01"。

2010-10-27 10:50 左右,我方工程师在操作过程中,误认为工单发起人在沟通群中所描述的意思为一台接着一台地进行操作,未意识到将该描述进行再次沟通确认,2010-10-27 11:50 左右,在操作第三台机器的时候,工单发起人询问操作进度,此时我方工程师才意识到沟通群中的描述是要求操作完一台服务器以后由他确认后再去操作第二台机器,得知后立即将情况向客户方反馈。

原来是这样:

◆ 在操作前没有做到对工单 100% 的理解。

◆ 我们相信,只要你仔细核对过了,绝对不会发生这样的错误。

总结:

通过以上的案例可以发现,风险可能无处不在。在 IDC 运维过程中,我们一定要小心谨慎,反复确认,只有在长期的细心工作中,养成时刻预防风险发生的习惯,才能成为一名合格的 IDC 运维工程师。

9.6.5.3　风险预防

意识的本质:客观存在在人脑中的反映。

风险意识:就是能够认知可能存在的安全问题,明白安全事故对组织的危害,恪守正确的行为方式,并且清楚在安全发生时所应采取的措施。

事故产生的个人原因:技术不过关、马虎大意、态度不端正、沟通问题。

增强风险意识的方法:态度端正,具备主人翁精神;勤奋学习,时时充实自己;核对信息,不厌烦重复;反馈问题,简明扼要概括全面;勤学好问,把自己的同事当作良师益友;小心谨慎,操作前先思考可能存在的风险。

第10章 运维项目事故案例

技能描述

完成本章的学习后,您将了解:

什么是 IDC 运维事故。

运维事故一般是如何发生的。

运维事故发生后我们应承担哪些责任。

通过运维事故我们应该得到哪些启示。

》》》 10.1 网络设备操作事故案例

1.事故概况

事故时间:2011 　　　　　　　　 事故地点:ABC 机房

事故责任人:张三 　　　　　　　 相关工单:sggd

事故类别:网口 down 机 　　　　 损失及影响:网口短时 down 机

2.事故详情

申请时间:2011 　　　　　　 发单人:jack

工单内容:将 ABC-jack.cn01 主机(ABC3-10-11-6)的外网口 eth0 连接到外网核心 121 的 GigabitEthernet2/47 端口

事故详情:

2011 年工程师张三开始对服务外包单 sggd 进行操作。操作内容:将 abc3-10-11-6 的外网口 eth0 连接到外网核心 121 的 GigabitEthernet2/47 端口,检查 GigabitEthernet2/47 端口为什么不亮。在操作过程中,张三依据工单内容检查服务器机架位、SN 确认无误后,通过聊天工具与发单方 jack 进行沟通,随后到现场核查外网核心 121 的 GigabitEthernet2/47 口连接情况。在操作过程中,由于核心连接网线较多,张三无意中碰触到了 2 号板卡的 48 口网线,随后检查发现网线并未被碰掉,依然正常工作,故并未在意此误碰触。检查完 GigabitEthernet2/47 端口后,张三回到工位告知发单人现场情况,此时 jack 通过聊天工具询问张三是否拔掉了该板卡的 48 口网线。张三回复:并未拔掉网线,并将在核查 GigabitEthernet2/47 端口信息时无意中碰触到了 2 号板卡的 48 口网线情况告知。jack 告知:48 口出现短时 down 机,但并未影响到业务,后续操作尽量小心。Jack 与张三沟通得知:在操作工程中无意中碰到了 2 号板卡 48 口,随后检查并未发现网线端口不亮所以没有仔细检查;同时网口松动也可能是导致此次网口

down 机的原因,但张三在碰触网口时并未导致网线脱落或断开。

3．事故分析

人为因素:工程师张三在操作 sggd 工单时误碰触 2 号板卡的 48 口网线,导致端口短时 down 机,但 down 机时网线并未脱落或断开。

设备因素:网口松动。

工具备件因素:无

方法因素(SOP 执行情况):无

环境因素:无

4．事故性质及责任

性质:此次事故的性质为"误操作",是一起责任事故。

责任:工程师张三在操作时,粗心大意,没有注意网线,导致网线松动。

5．启示、教训与经验

(1) 项目组将组织现场运维工程师针对事故产生的原因进行分析、讨论,加强现场运维工程师的谨慎操作意识,强化公司内部全体运维工程师的标准流程操作规范性,使其尽快养成谨慎操作的工作态度。

(2) 我公司也会加强现场运维工程师风险意识、流程意识的培训,着重强调操作过程中的严谨性。

10.2 人员进出事故案例

1．事故详情

申请时间:2011　　　　　　　　发单人:jack

工单内容:3 台服务器重启

事故详情:

2011 年 AD 机房工程师张三对 sggd 工单进行操作。操作中发现 3 台服务器发生故障无法修复,故结单后对其服务器进行了报修。

2011 年 DELL 厂商工程师李四进入机房进行维修并签字确认不触碰不相关服务器等一系列协议。当日由现场工程师赵二陪同李四进入机房。进入机房后将其 ad-adserver-ad01.cn ADXBXL1 服务器下架,并放置在小推车上进行维修,由于机架位上的电源线距离小推车上的服务器较远,李四要求赵二找根电源线以便对服务器进行测试维修,赵二随即去库房取来电源线,待服务器测试成功后,李四将电源线拔下归还赵二,赵二随即将其电源线放回库房,待赵二返回机房时发现李四已将服务器上架,而显示器和键盘却连接到了其他服务器上,并且已经按了软重启的组合键,因而造成了在线服务器业务中断。赵二发现后立即将已处于关机状态的服务器进行了重启并调试到了正常状态,同时并及时将此情况向机房组长进行了汇报。

2．事故分析

人为因素：

（1）DELL厂商李四没有按照协议，在现场工程师赵二离开的时间私自进行了接显示器和插键盘等一系列操作，造成服务器识别错误；

（2）DELL厂商李四完成接显示器和插键盘等操作后，未意识到错误，又对服务器私自进行了重启；

（3）现场工程师赵二未等操作结束后再返回库房。

设备因素：无。

工具备件因素：厂商工程师未在操作前准备好相应工具。

方法因素：无。

环境因素：无。

3．事故性质及责任

性质：此次事件的性质为"误操作"，是一起责任事故。

责任：DELL工程师李四对此次事故承担违反进出机房确认不碰触不相关设备协议的责任；现场工程师赵二对此次事故承担监督不力的责任。

4．启示、教训与经验

（1）项目组已对此次事件进行通报。

（2）项目组将组织现场运维工程师对此次事件进行分析、讨论，加强现场运维工程师的谨慎操作意识，强化公司内部全体运维工程师的标准流程操作规范性，使其尽快养成谨慎操作的工作态度。

（3）我公司也会加强现场运维工程师风险意识、流程意识、操作意识的培训，着重强调操作过程中的严谨性。

▶▶▶ 10.3 紧急情况处理事故案例

1．事故概况

事故时间：2011	事故地点：TDA机房
事故责任人：王五	相关工单：××××
事故类别：交换机闪断	损失及影响：未进行紧急情况通报

2．事故详情

2011年某天，经授权工程师王五根据机房排班进行TDA机房夜班值守。

2011年某天凌晨，客户网络工程师徐某通过聊天工具联系TDA机房现场，询问TDA602机房的动力环境是否出现了问题，并提供了TDA602机房1台闪断的3600交换机的信息：BJ-TDA6F2-B-S3600-28．admin TDA602-05-21-11。工程师王五看到信息后，立即去了TDA602机房进行现场查看。

随后经工程师王五现场查看得知，TDA602机房只有3台空调的温度偏高，为27度，并未出现异常，此外所有机房设备均运行正常。王五随即联系6层联通值班师傅，询问之前机房动力环境是否出现了问题。联通值班师傅答复 TDA602 机房之前怀疑有 3 台空调发生闪断。王五随即询问其发生闪断原因,联通值班师傅答复此事正在调查中。联通值班师傅同时也给了王五联通动力环境师傅的联系电话,王五随即拨打电话询问其原因,联通动力环境师傅答复,怀疑可能是人为失误,造成了空调的闪断,一切还在调查之中。因闪断原因不能确定,因此王五没有走紧急通报流程,只是将结果及情况告知了客户网络工程师徐某。

08:00 左右,客户方动力工程师打通 TDA 机房的现场电话,询问王五 TDA602 机房交换机闪断原因,王五将其从联通值班师傅和动力环境师傅那里得到的答复告知工程师。

09:00 左右,王五与白班值守工程师张某进行交接班,并交接了 TDA602 机房所发生的故障情况。

10:00 左右,客户值班工程师杜某电话联系 TDA 机房值守工程师张某,询问其 TDA602 机房交换机闪断原因。张某随即联系联通值班师傅询问相关事宜,联通值班师傅答复张某去询问联通方面负责的客户代表。张某随即将得到的答复反馈给了杜某,并提供了闪断的 3600 交换机信息。

13:30 左右,杜某打电话联系我公司项目主管,询问其 TDA602 机房交换机闪断原因,并要求写明事情经过。我公司项目主管随即对此事件展开了调查,并在此事件查明后于 23:30 左右将其事故调查经过发送至相关负责人,并对后续相关负责人的疑问进行了及时的回复。

之后 TDA 机房补发了此事件的紧急通报邮件。

3. 事故分析

人为因素:因当时 TDA602 机房交换机闪断时间及原因不能确定,并且此时故障已自动恢复,因而工程师王五未触发紧急通报流程。

设备因素:无

工具备件因素:无

方法因素(流程规范执行情况):未按紧急情况通报流程进行通报操作。

环境因素:无

4. 事故性质及责任

性质:此次事件的性质为"工作疏失",是一起责任事件。

责任:工程师王五得知空调用电闪断出现重启时,没有严格按照 SOP 流程中紧急情况通报流程来进行通报操作,导致客户对其进行投诉。

5. 启示、教训与经验

(1)项目组将组织现场运维工程师对此次事件进行分析、讨论,加强现场运维工程师的谨慎工作意识,强化公司内部全体运维工程师的标准流程操作规范性。

(2)我公司也会加强现场运维工程师风险意识、流程意识、操作意识的培训,着重强调操作过程中的严谨性。

(3)项目组后续会将此事做成紧急通报失误的案例,同时将当前的紧急通报流程扩展化,并吸取教训,避免后续类似情况发生。

部分

2

软技能篇

RUAN JI
NENG PIAN

第11章 沟通技巧

11.1 沟通概述

11.1.1 沟通的定义

沟通本指开沟以使两水相通。后用以泛指使两方相通连;也指疏通彼此的意见。

如图 11-1 所示,沟通是人与人之间、人与群体之间思想与感情的传递和反馈的过程,以求思想达成一致。沟通能通过书写、口头与肢体语言等媒介,明确地向他人表达自己的想法、感受与态度,亦能较快、正确地解读他人的信息,从而了解他人的想法、感受与态度。沟通是为了一个设定的目标,把信息、思想和情感在个人或群体间传递,并且达成共同协议的过程。

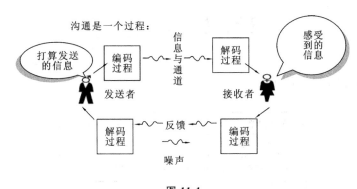

图 11-1

简而言之,沟通是将某一信息(或意思)传递给客体或对象,以期取得客体做出相应反应的过程。

沟通有以下三大要素:

(1) 一个明确的目标;

(2) 一个共同的协议;

(3) 交流中的信息、思想和情感。

11.1.2　沟通的目的

沟通的 4 种目的如图 11-2 所示。

11.1.3　沟通的重要性

为什么要沟通？这个问题听起来好像有点愚蠢，就好像问别人为什么要吃饭一样。吃饭是因为饥饿，沟通是因为需要和人交流。世界上最伟大的发明之一就是文字，文字使人们不再孤独，让世界真正成了一个人与人的世界。没有沟通，就不可能形成组织和人类社会。沟通是维系组织存在，保持和加强组织纽带，创造和维护组织文化，提高组织效率、效益，支持、促进组织不断进步和发展的主要途径。（见图 11-3）

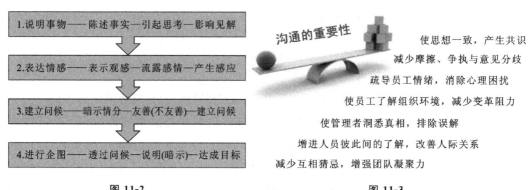

图 11-2　　　　　　　　　　　　　　　　　　　图 11-3

▶▶▶ 11.2　沟通类别

沟通的类别如图 11-4 所示。

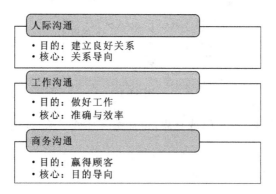

图 11-4

11.3　沟通的障碍

沟通的障碍如图 11-5 所示。

图 11-5

11.3.1　表达者障碍

表达者障碍如图 11-6 所示。

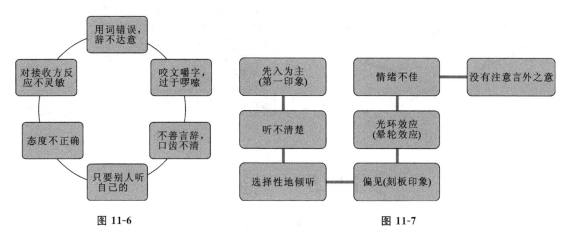

图 11-6

图 11-7

11.3.2　接收者障碍

接收者障碍如图 11-7 所示。

11.3.3　信息传播通道的障碍

信息传播通道的障碍如图 11-8 所示。

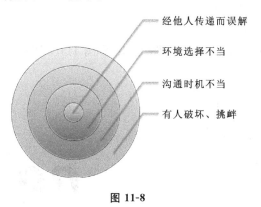

图 11-8

11.4　成功沟通的必要条件

成功沟通的必要条件如图 11-9 和图 11-10 所示。

人类最伟大的成就来自沟通

最大的失败，来自不愿意沟通

图 11-9

1. 有明确的沟通目的且不要忘记

2. 重视第一个细节

3. 设身处地地为他人着想

4. 善于倾听，善于提问，善于引导，不打断别人，绝不争论

5. 随时能够叫出别人的名字

6. 建立人际关系

7. 对事不对人

8. 针对不同的对象

图 11-10

>>> 11.5 沟通的方式

我们常用的沟通方式都是通过说话来实现的,事实上,除了语言上的沟通,还要注意非语言的沟通。要达到最有效的人际沟通,除具备说话的技巧外,还要具备以下六种技巧:

(1) 眼睛的沟通;

(2) 姿势/动作的沟通;

(3) 手势/面部表情的沟通;

(4) 声音/言语表情的沟通;

(5) 人体空间位置的沟通;

(6) 穿着/服饰的沟通。

沟通"三要"和沟通"三不要"分别如图 11-11 和图 11-12 所示。

图 11-11

图 11-12

11.6　如何进行有效沟通

11.6.1　什么是有效沟通

有效沟通的流程如图 11-13 所示。

一个完整的沟通应该是交互的，一个人在说叫作自言自语，一个人在答我们会觉得有问题，只有一问一答才能够叫作沟通。沟通是将一个信息传递给他人，并且获得他人回应的一个过程。所以说，沟通需要具备图 11-13 所示的每个点，并且在每个点也需要有具体的细化行为。例如，在我们说出一句话的时候，我们

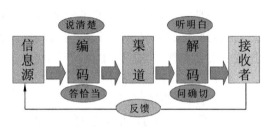

图 1-13　有效沟通

要把信息描述清楚，这样才能使接收者在获取信息的时候能够"听明白"。但是在沟通过程中肯定是有障碍存在的，这个时候接收者不能正确理解接收信息的内容，那么就需要"问确切"，而我们就要把他的疑问"答恰当"，让他们能够正确地理解，并且按照我们的信息去行动。这样才能成为是一个有效的沟通过程。有效沟通的七个步骤如下所示。

（1）产生意念：知己。你要知道自己要说什么。

（2）转化为表达方式：知彼。你要知道对方的状态。

（3）传送：用适当的方式。选择正确的方式让对方能够接收到信息。

（4）接收：为对方的处境设想。你要考虑到对方如何才能接收方便。

（5）领悟：细心聆听回应。要深入思考对方要表达的意思。

（6）接受：获得对方的承诺。要了解到意思之后给对方回馈。

（7）行动：让对方按照自己的心愿做事。沟通永远是要有结果的，要让对方了解自己的意思并能够有所行动。

图 11-14 所示的是我们经常看到的沟通漏斗。

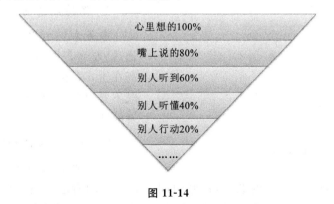

图 11-14

沟通的七个步骤，在过程中都会有遗漏的信息，你想出来的与你说出来的总会有差别。

你心里想说的那这句话，如果用百分比表示的话是 100%，在表达出来的时候措辞或

是表达方式的不同就减少了 20％，别人获取到这个信息的时候就只获取到 60％，但是通过他的思考，真正理解了你的意思只有 40％，而最后真正付诸行动的时候也就只剩 20％了。

那我们如何才能避免沟通漏斗呢？需从以下几个方面做起。

11.6.2　有效沟通——看

首先是"看"，很多人可能不理解"看"是怎么与沟通有关系的。"看"是一个动作，也就是之前我们所提到的非语言因素。我们通过"看"获取到这些信息，从而对我们的沟通提供依据或者说是条件。"看"需注意以下几点。

（1）留心捕捉脸部表情。

（2）洞察眼睛的变化。

（3）肢体动作可以增添色彩与气氛。

（4）距离代表亲疏。

（5）留心暗示地位的非语言信号。

1.6.3　有效沟通——说

很多人理解的沟通其实是等同于"说"，其实"说"只是沟通中一个重要的组成部分，并不是全部。"说"其实是综合了很多因素后的一种表达方式。我们的目的不是"说"，而是让别人"说"。"说"需注意以下几点。

（1）沟通前清晰、富有逻辑的思考。

（2）充分利用非语言因素。

（3）据调查分析，从交谈中获取信息（视觉占 55％，声音占 38％，语言占 7％）。

（4）让对方开口。

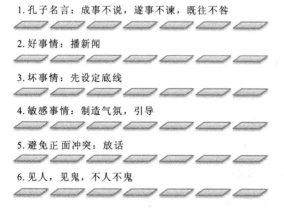

1. 孔子名言：成事不说，遂事不谏，既往不咎

2. 好事情：播新闻

3. 坏事情：先设定底线

4. 敏感事情：制造气氛，引导

5. 避免正面冲突：放话

6. 见人，见鬼，不人不鬼

图 11-15

11.6.3.1　说话的原则

说话的原则如图 11-15 所示。

有效的表达需做到以下两点。

1. 保持热情明朗的说话态度

服务人员与客户之间应相互尊重、通达、友善。服务人员既不要表现得高高在上，又不要唯唯诺诺；言语表达上，既不要语气生硬或缺乏礼貌，也不要吞吞吐吐。

2. 忌快言快语和啰啰唆唆

有的服务人员出口快，还没等客户讲完话，就自以为明白了客户的意思，抓紧时间发表自己的看法，这样会引起客户的反感。另外，服务人员的语言应该精炼，避免啰唆和重复，去掉口头禅，如"是吧""好吧"等，这些口头禅会使语言断断续续，前后不连贯。

11.6.3.2　说话的艺术

说话的艺术如图 11-16 所示。

说话是要讲究艺术及原则的,我们在讲话及沟通的过程中要做到以下几点。

(1) 任何事情都会有好的结果及差的结果,对差的结果要先设定好底线。

(2) 如果碰到让大家都尴尬的问题就要岔开话题,避免让别人尴尬。

(3) 即使在情绪比较激动的时候也要避免说狠话而让事情没有回旋的余地。

11.6.4　有效沟通——听

"听"才是沟通最重要的部分,如图 11-17 所示。我们不仅要听出事实的一部分,还要听出主体想要表达的深层含义。

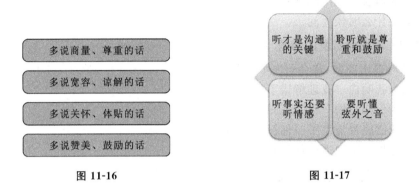

多说商量、尊重的话

多说宽容、谅解的话

多说关怀、体贴的话

多说赞美、鼓励的话

听才是沟通的关键　聆听就是尊重和鼓励

听事实还要听情感　要听懂弦外之音

图 11-16　　　　　　　图 11-17

11.6.4.1　倾听的五种状态

倾听的五种状态分别为设身处地、聚精会神、情感过滤、云中漫步、对牛弹琴。

最理想的倾听状态就是——在听的过程中,不仅要听到事实,还要设身处地地为主体着想,并按照主体的意愿行动。

11.6.4.2　倾听过程中对自己的提问

倾听过程中可对自己提出如下问题。

(1) 对方说的是什么?

(2) 对方说的是一个事实还是一个意见?

(3) 对方为什么要这样说?

(4) 对方说的我能信吗?

(5) 对方这样说的目的是什么?

(6) 从对方的说话中,我能知道他需要的是什么吗?

在倾听的过程中对自己提问,能够达到倾听的最好状态。

11.6.4.3　积极聆听的技巧

积极聆听的技巧有如下两点:①仔细聆听人们正在说的话,把注意力集中在发言者身上,自己的思想和反应要围绕着发言者转,全神贯注地直面发言者;②利用积极的非语言信号,点头,微笑,聚精会神的姿态,感兴趣的面部表情,看着对方的眼睛,身体向前倾,记笔记,给予掌声。

11.6.5　有效沟通——问

有的时候,用问句来沟通比用陈述句沟通会更加的委婉,也更加的容易让人接受,并且有回旋的余地。

为什么要问？问是重要的反馈方式。通过问我们可以获得更多的信息,并且确认信息是否一致。问还能引导沟通的方向。问比说更加委婉。

11.6.5.1　提问的技巧

是不是只要把想问的问题问出来就可以了呢？不是的,提问也是需要技巧的。最重要的就是,要结合"看",知道什么时候去问,比知道问什么更重要。提问的技巧有如下几点。

（1）考虑问什么问题。

（2）考虑如何表达提出的问题。

（3）考虑在什么时候提问。

11.6.5.2　不发问引发的问题

如果不及时提出问题,常会引发如下问题。

（1）我以为我明白—我理解错了。

（2）我以为你知道的—你并不知道。

（3）我想我已经说清楚了—你没有听懂。

（4）我以为你也不知道—你是知道的。

11.6.6　有效沟通——答

当别人提出问题的时候,我们就要"答"了。不仅要"答",而且要"答恰当"。当别人有问题的时候,一定是有针对性的,所以我们的回答一定要不能答非所问。回答问题的技巧有以下几点。

（1）有问,有答,有礼貌。

（2）回答之前先思考。

（3）控制情绪很重要。

（4）应答问题己三问。

（5）以问代答易攻守。

11.6.6.1　给予反馈意见

"答"除了是回答别人的问题,也是给别人反馈意见的过程。在你反馈意见的过程中,要注意避免表达一些带有个人情绪的观点及思想,尽量给予客观、公正的意见。给予反馈意见的要点如下：从肯定开始;要具体;指出能够改变的行为;提供一些选择;反馈意见要是描述性的,而不是评价性的;对反馈意见负责。注意,你的意见反映了你的思想。

11.6.6.2　如何接受反馈

当别人给予我们反馈的意见时候,我们应做到几点：倾听,不打断;避免自卫;提出问题;总结接收到的信息;向对方表明你将采取的行动;尽量理解对方的目的。

11.6.7　有效沟通——写

除了正常面对面的表达方式之外,在这个多媒体的时代,我们会接触到很多其他方式的沟通形式。如：QQ,E-mail,报告等需要文字表达的方式。这个时候,"写"就是沟通中的重要表达方式了。"写"需做到主题明确、言简意赅、突出重点、语气恰当、剔出情绪。

11.6.8　沟通中的9种致命过失

沟通中的9种致命过失如图1-18所示。

理想的沟通需做到以下几点。

（1）不批评，不责备，不抱怨。

（2）引发别人的渴望。

（3）保持愉快的心情。

（4）倾听别人。

（5）让别人觉得重要。

（6）主动用爱心关怀别人。

（7）真诚赞美别人。

（8）说别人感兴趣的话。

图 11-18

11.7　沟通要领

11.7.1　工作中的沟通对象

图 11-19

在工作中，需要用文字进行沟通的对象主要有图11-19所示的几类。针对每一类对象的不同特征，我们可以选择不同的措辞及文字表达方式。

11.7.2　与上司沟通的要领

我们在与自己的领导沟通的时候也要讲求方式、方法。要领如下。

（1）要设法让上司想听，并且说的要有效。

（2）有相反意见，勿当面顶撞；有不同意见，先说好，再表达自己的意思；意见相同，要热烈响应。

（3）有他人在场，要照顾上司的面子。

（4）应切记：若坏消息对你不利，应确保自己先汇报。

（5）向上司宣传自己的好主意前要考虑周到。

（6）深入了解上司不满的原因，用上司期望的行动来化解上司对你的不满。

（7）不要在新上司面前贬低原来的上司。

（8）帮助上司进步。

与上司沟通的小窍门如下：在上司发出指令时要有应答；听的时候要做相应的记录；接受指令后要复述上司所讲的重点（如本部门的目标、问题的关键点等）；听到有疑点和模糊不清的内容时，马上问上司；如有需要，提出完整的计划。

进谏的艺术是：不要因为别人的脸色而改变自己的态度，而要以自己的态度改变别人的脸色。

11.7.3　与同事沟通的要领

除了与上司的沟通，与同事的沟通也是同样的需要技巧。要领有：从我做起，尊重对方；应设身处地，换位思考；基于互惠互利的原则；以真诚换得信任与支持；关系建立于要用之前；与不同类型的同事保持沟通。

11.7.4　与下属沟通的要领

在我们获得一定的晋升空间的时候，还需要学会如何与下属沟通。要领有：多赞美少批评；使用肯定语气；多问开放式的问题；没有清晰反馈时多用深入提问法。

11.7.4　赢得客户合作的要领

对于企业来说，最重要的还是客户之间的交流。与客户之间的沟通最重要的就是尊重的诚意。要领如下：让客户感受到你真的尊重他；让客户感受到你真的信任他；让客户感受到你真的很在乎他；让客户感受到你真的在为他着想；表现出你的宽容；迅速给予客户回应；表现出你人性的一面；帮助客户发展自己；与不同类型的客户保持沟通。

▶▶▶ **11.8**　成功的沟通案例

11.8.1　案例一

公司为了奖励市场部的员工，制定了一项海南旅游计划，名额限定为 10 人。可是 13 名员工都想去，部门经理需要再向上级领导申请 3 个名额，如果你是部门经理，你会如何与上级领导沟通呢？

11.8.1.1　方法一

部门经理："朱总，我们部门 13 个人都想去海南，可只有 10 个名额，剩余的 3 个人会有意见，能不能再给 3 个名额？"朱总："筛选一下不就完了吗？公司能拿出 10 个名额就花费不少了，你们怎么不多为公司考虑？你们呀，就是得寸进尺，不让你们去旅游就好了，谁也没意见。我看这样吧，你们 3 个做部门经理的，姿态高一点，明年再去，这不就解决了吗？"

11.8.1.2　方法二

部门经理："朱总，大家今天听说去旅游，非常高兴，觉得公司越来越重视员工了。领导不忘员工，真是让员工感动。朱总，这事是你们突然给大家的惊喜，不知当时你们如何想出此妙意的？"朱总："真的是想给大家一个惊喜，这一年公司效益不错，是大家的功劳，考虑到大家辛苦一年。年终了，是该轻松轻松了。放松后，才能更好地工作。同时也可增加公司的凝聚力。大家如果高兴，我们的目的就达到了，就是让大家高兴的。"部门经理："也许是计划太好了，大家都在争这 10 个名额。"朱总："当时决定 10 个名额是因为觉得你们部门有几个人工作不够积极。你们评选一下，不够格的就不安排了，就算是对他们的一个提醒吧。"部门经理："其实我也同意领导的想法，有几个人的态度与其他人比起来是不够积极，不过他们可能有一些生活中的原因，这与我们部门经理对他们缺乏了解，没有及时调整有关。责任在我，如果不让他们去，对他们打击会不会太大？如果这种消极因素传播开来，影响不好吧。公司花了这么多钱，要是因为这 3 个名额降低了效果太可惜了。我知道公司每一笔开支都要精打细算。如果公司能拿出3个名额的费用,让他们有所感悟,促进他们来年改进,那么他们多给公司带来的利益可能要远远大于这部分支出的费用,不知道我说的有没有道理,公司如果能再考虑一下,让他们去,我会尽力与其他两位部门经理沟通好,在这次旅途中每个人带一个,帮助他们放下包袱,树立有益公司的积极工作态度。朱总您能不能考虑一下我的建议?"

【总结】对比一下,你觉得哪种沟通方式成功率更高呢?

11.8.2　案例二

11.8.2.1　场景1

一个老太太习惯每天早晨去菜市场买菜买水果。一天早晨,她提着篮子,往菜市场走,遇到第一个卖水果的小贩。小贩:你要不要买些水果?老太太:你这里都有什么水果啊?小贩:我这里有李子、桃子、苹果、香蕉,你要买哪种呢?老太太:我要买李子。小贩:我这个李子,又红、又甜、又大,特好吃。老太太仔细一看,果然如此。但老太太却摇摇头,没有买,走了。

11.8.2.2　场景2

老太太继续在菜市场转,遇到第二个小贩……小贩:老太太你买什么水果?老太太:我想买李子。小贩:我这里有很多李子,有大的,有小的,有酸的,有甜的,你要什么样的呢?老太太:我要酸的。小贩:我这堆李子特别酸,您尝尝!老太太一尝,果然很酸,满口的酸水,马上买了一斤。

11.8.2.3　场景3

买完李子的老太太没有回家,继续在菜市场转,遇到第三个小贩,小贩仍然是问老太太买什么,老太太说买李子……小贩:老太太你买什么李子?老太太:我买酸李子。小贩:别人都买又大、又甜的李子,你为什么买酸李子?老太太:我儿媳妇怀孕了,想吃酸的。小贩:老太太您对您儿媳妇真是太好了,她想吃酸的,就说明她想给您生个孙子,附近一个老太太家儿媳生孩子,总来我这买李子,后来生了个大胖小子,所以您要是天天给她买酸李子吃,说不定真能给您生个大胖孙子呢!老太太:笑着直点头……小贩:那您知道孕妇都需要什么样的营养吗?老太太:不知道啊。小贩:其实孕妇最需要维生素,而且对胎儿的大脑有好处,光吃酸的是不够的,您知道什么水果含维生素吗?老太太:不知道。小贩:猕猴桃维生素含量最丰富,是维C之王,你要经常给您儿媳妇买猕猴桃,这样您儿媳就能给您生一个漂亮聪明的宝宝了。我天天进水果都是新鲜的,吃完您再来!老太太高兴地买了一斤猕猴桃……老太太以后买水果肯定都会向这个小贩买。

11.8.2.4　需求分析

第一个小贩急于推销自己的产品,根本没有探寻客户的需求,自认为自己的产品多而全,结果什么也没有卖出去。

第二个小贩有两个地方做得很好:一是他介绍产品非常全面;二是当他探寻出客户的基本需求后,并没有马上推荐商品,而是进一步挖掘客户需求。当明确了客户的需求后,他推荐了对口的商品,很自然地取得了成功。

第三个小贩是一个销售专家。他的销售过程非常专业,他首先探寻出客户深层次的需求,然后再激发客户解决需求的欲望,最后推荐合适的商品满足客户需求。

第12章　职场生存手册

12.1　企业忠诚

随着社会的进步，人们的知识背景日益趋同。文凭、学历不再是企业挑选有价值和潜力员工的首要条件。老板们心中理想的员工需要有对企业的忠诚和对工作的敬意。

当学历不再是企业选取人才的首要条件时，员工对自己工作的认真态度、敬业精神，就将成为领导最为欣赏的地方。每个企业都存在优胜劣汰的职场法则，领导团队可能会开除有能力的员工，但对一位忠心耿耿的员工，不会有领导愿意让他离开，因为他可能不是最有才华的员工，但会是这个企业中最有发展前景的员工。

忠诚敬业的员工对企业认真负责，能自觉为公司工作；从"要我做"到"我要做"，对公司大大小小力所能及的事物，绝不推辞；对自身的工作有高标准要求：要求一步，做到三步，能时不时在工作中给上司意外的惊喜，拿捏有度。他们工作期间极具责任心，力求把每件事都做好，无论大小琐碎；对待任务言出必行，面对错误，从来不找借口搪塞众人。他们在工作中得到更多的会是企业老板的赏识，在机会面前敢于毛遂自荐，但从不急于表现自我，相反会更加容易得到上司赏识，进入企业的核心层，成为竞争力。

12.2　如何应对工作

工作效率高低不仅体现了企业的管理水平，还能反映出企业的员工素质和企业在当今市场上的竞争力。

企业中员工工作大概可以分为两类：将每日工作时间规划，按时间有条理的进行工作，有空余时间进行社交娱乐，拉近与同事、上司的关系；上班时间在自己的工作上磨蹭拖沓，对上司安排的其他工作内容极度抗拒。

（1）注重效率。高效的工作习惯是每个渴望成功之人所必备的，也是每个单位都非常看重的部分。工作时需要专心致志、心无旁骛，和穷忙、瞎忙说"再见"。每天的工作都需要好好计划，做到量化、细化。不要养成拖延症和完美主义，这些都会阻碍工作进度。

（2）结果导向。不管是苦干还是巧干，出成绩的员工才会受到众人的肯定。企业重视的是你有多少"功"，而不是有多少"苦"，所以一开始就要想好怎么样才能将任务完成。工作中不仅要努力，更重要的是，当遇到问题，要精准的计算问题的解决方法。

（3）责任心。勇于承担责任的人，对企业有着重要的意义。一个人的工作能力可以比别人差，但是一定不能缺乏责任感，凡事推三阻四，找客观原因，而不反思自己，一定会失去上级的信任。相反,把每件事情都从小做起,言必行,行必果,不为自己的错误找任何借口,一定会获得上级的认可。

12.3 经营同事

同事是与自己一起工作的人,与同事相处得如何,直接关系到自己事业的进步与发展。如果与同事关系融洽、和谐,人们就会感到心情愉快,有利于工作的顺利进行,从而促进事业的发展。反之,与同事关系紧张,相互拆台,经常发生摩擦,就会影响正常的工作和生活,阻碍事业的正常发展。

同事是每天与我们相处时间最多的人,也是办公室里与你处在同一地位的大多数人。一直以来,如何与同事相处都是办公室的中心内容,那些善于处理同事关系,巧妙赢得同事支持的人总能在办公室中安然生存;而那些自命清高,不屑或者根本不会与同事"周旋"、来往的人,则免不了时时被动挨打,举步维艰。越来越多长久深陷于同事圈儿,早已习惯成自然的人们顿悟到:若想在事业上获得成功,在工作中得心应手,就不得不深谙同事间相处的学问。

(1)善于沟通。工作中不好沟通者,即使自己再有才,也只是一个人的才干,既不能传承,又无法进步;好好沟通者,哪怕很平庸,也可以边学边干,最终实现自己的价值。工作中的交流绝不是和同事聊天,更多的是需要你带着方案和目的性,面对面的交流并解决问题。每一次对话前应精简内容,明确你想说的内容,不要说得太多或者太少。

(2)合作。合作是一种意识,可以衡量一个团队的好与坏。个人要服从团队的安排,只有服从安排才能使团队具有强大的战斗力。木桶效应是团队必须考虑的因素,和木桶原理一样,团队拥有的能力,是从能力较差的个人算起,如果不想做团队的"短板",就需要不断地给自己"增长"。

(3)与同事相处。在公司中任何部门的同事,都是你工作或未来工作中的 partner,同事之间的和谐相处是你工作的助力。尽可能地为同事着想,让自己积极开朗的性格感染他人,少一点流言蜚语,多一点祝福赞扬。

(4)同事之间的矛盾。对于职场中的同事矛盾,我们都认为,那不是我的错。其实一个巴掌拍不响,矛盾的产生是双方面的。主动站出来化解矛盾的并不是认错的那一个,而是勇敢的那一个,勇敢地去化解矛盾才能在职场上走得更远。多使用微笑的力量,因为笑容能照亮所有看到它的人,像穿过乌云的太阳,带给人们温暖。

12.4 做好自己

假设今天上帝给你一次机会,让你选择五个你想要的东西,而且都能让你梦想成真,你第一个想要的是什么?假如只准你选择一个,你会做何选择呢?假如生命危在旦夕,你人生最大的遗憾,会是什么事情没有去做或者尚未完成?假如给你一次重生的机会,你最想做的事情是什么？如果发现了你最想要做的事，就请马上把它明确下来，明确就是力量。在这个世界上没有什么做不到的事情，只有想不到的事情，只要你能想到，下定决心去做，你就一定能成功。

（1）学会积极进取。个人永远要跟上企业的脚步，企业永远要跟上市场的步伐。无论职场还是市场，无论是个人还是企业，参与者都不希望被淘汰。懂得未雨绸缪，遇事不要意气用事，在问题中汲取养分，让自己成长。

（2）为人需要低调，勿刻意低调。成功只是开始，不要在领导、同事面前刻意邀功请赏。公司中的同事都有相应的成绩，切勿因自己的一点小作为，摆架子、耍资格，而应做到凡是人皆须敬。让自己的努力脚踏实地，配得上自己现在及未来的位置。

（3）懂得感恩。为什么我们能允许自己的过失，却对他人、对公司有这么多的抱怨？再有才华的人，也需要别人给你展示才华的机会，也需要他人对你或大或小的帮助。你现在的幸福不是你一个人成就的。人们总会抱怨没有伯乐相识，其实你现在的老板就是你口中的伯乐。他看中你的才华，但不一定能给你足够大的平台去施展，因为他不确定你自己是否真正能担当得起那份责任，当你一步一个脚印前进时，就会发现施展的平台越来越大。同样也要感谢你的同事，给你帮助也让你认清自己的不足。

第13章 面试技巧

13.1 简历的制作技巧

筛选简历时 HR 平均停留时间为 15 s，而你的简历必须在最初 5 s 内吸引 HR，所以简历的内容要清晰、扼要，用词精准，经过修饰，自己的过往的工作经历要有完整的记录。

简历制作的版本有两个：通用版和特殊版。通用版是在明确自己职业定位、求职目的的前提下，不针对任何企业，只针对相关行业和职种而制作的简历。特殊版是找准特定企业的情况下，专门针对该企业而制作的简历。

简历包含个人的基本信息、教育经历、实践经历、所获荣誉、相关技能、自我评价等内容。

（1）基本信息。一般只填写姓名、电话、电子邮箱。如果企业未明确要求需要个人相片、户籍等信息，尽量不要填写。简历上姓名字体加粗，是让 HR 记住你的存在最直接方式；手机号的填写遵从 434 原则(××××-×××-××××)；邮箱不建议用 QQ 邮箱，可以使用 163、E-mail 邮箱。如果有求职意向，一定要写在简历上方，可以放在个人信息之前，或者紧跟个人信息之后。

（2）教育经历。首先按时间排序，依次写出你的受教育程度。尽量从最高学历开始，HR 更会对你的最高学历感兴趣。

（3）实践经历。什么时候在什么企业担任什么职位；主要工作是什么；在整个过程中获得了哪些感悟和经验。

（4）所获荣誉。用比例标注。HR 并不是傻瓜，一个小时内可能要看 100 多封简历，他根本不会思考你的奖项是什么或者有多少，所以填写时一定要表达清楚。无关紧要的荣誉奖励不要写在简历中。

（5）相关技能：在描述技能时，不要概括性的书写。如果可以配合工作经验去写，更有说服力。技能证书也是重要的一部分。

（6）自我评价：自我评价一定要真实描述自己，不要写空话、套话。HR 会认为一个连自己都无法做出评价的人，是胜任不了什么工作的。

13.2 面试前的准备

面试是一种经过组织者精心设计，在特定场景下，以考官对考生的面对面交谈与观察为主要手段，由表及里测评考生的知识、能力、经验等有关素质的考试活动。面试者需要做好相应的准备。

（1）基础礼仪。人的第一印象来源于视觉，面试者的仪容、仪表对面试官的影响力占整个面试过程中的60%。着装应尽量靠近职业装。个人礼仪涉及问好、握手、坐姿、眼神等方面。

（2）"成功的电话"。面试者接到面试电话,需要思考招聘企业会问哪些问题,以及你想了解对方哪些方面并进行简短交流,做到双方有一定的基础印象和了解。

（3）信息收集。经过电话面试后的初步了解,你需要对这家企业开始有更深的了解。如公司的企业文化和企业信条、主要领导人、主营业务、大体的组织架构等。如此,当被问及对公司了解多少时,也可以从容应答。

⟩⟩⟩ 13.3　面试中的思考与应答

面试过程一般包括笔试、HR面试、技术面试、企业高层面试四个步骤。不同部门的面试侧重点也不一样:技术部门主要关注求职者工作经验、岗位必需素质和相关技术知识等硬指标的考察;人力资源部则更关注求职者的性格与岗位的匹配性、工作态度、素质能力、工作稳定性等软指标。

面试问题通常有个人基本情况、项目情况介绍、对公司的了解、薪金福利等。个人介绍的信息一定要与简历上一致,表述方式尽量口语化,但避免大量白话。切中自己与所申请工作之间的联系,最好事前以文字形式写好背熟。工作经验列举2～3个项目具体说明即可。对公司的了解,结合之前的信息收集,实事求是的回答。薪金酬劳上,自己没有多大把握可以给出一个幅度,便于双方协商,提高拿到offer的概率。如果遇到面试官提问比较敏感的话题,例如评论上家公司之类的,回答切勿说三道四,以客观事实作为评价的基础。

面试官的提问,并没有人可以回答得完美。遇到不知道或者需要深思的问题,可以直接向面试官坦白,或者向面试官请求一分钟思考时间。

⟩⟩⟩ 13.4　面试后的礼貌举止

面试后,面试官更多的是让面试者等待通知,这时面试者根据自己的表现心里已经存在预估,面试结束之后需要调整心态,不论好与坏,开始准备下次面试。期间可以写信表达感谢,一周之内不要询问结果。一周后接到回复或主动询问后,再做打算。

第14章　主动服务意识

>>> 14.1　什么是服务和服务意识

14.1.1　什么是服务

服务是一方向另一方提供的任何一项活动或利益,它本质是无形的,并且不产生对任何东西的所有权问题,它的生产可与某种物质有关,也可以毫无关系。

——菲利普·科特勒

这是被誉为"现代营销学之父"的菲利普·科特勒大师所定义的服务。可能有点难以理解,在这里我给大家举些例子,比如说,在机房负责 IDC 运维的工程师,通过遵照客户要求进行一系列操作,完成客户需求来满足的客户的过程或活动,就是服务,我们向客户提供这一种运维的活动,客户付给我们相应的报酬。由此可以看出,服务也是相互的。再比如说,我们日常生活、工作中,水电公司向我们供应水电,保证我们的生活、工作正常运转,水电公司为我们提供了服务我们需要付费给水电公司。

1. 客户服务和客户

客户服务就是为了能够使企业与客户之间形成一种难忘的互动,企业所能做的一切工作都叫作客户服务。每一位客户从进入你这家公司,就开始享受你的服务,到最终他带来新的客户,在这整个过程中,全公司所能做的一切工作都叫作客户服务工作。

客户是指那些直接从你的工作中受益的人或组织。客户不仅仅是单纯的个体概念,同时也可能是以组织或团体的形式存在的。客户又可分为外部客户和内部客户,外部客户是公司的"财源",内部客户是指工作在你周围的同事。

2. 客户的重要性

企业视角:对于任何一家公司而言,客户都是它最重要、最有价值的资产,而客户服务是企业与客户接触的窗口,起着在公司和客户之间建立联系的作用。

客户视角:对于任何企业的客户而言,无论是前台、销售、客户服务代表还是公司总裁,都是公司本身,并且与服务代表的每一次接触都会影响到他继续合作的决定。

世界上没有任何企业能够在没有客户的情况下生存。客户是对我们的业务最重要的人,客户不依靠我们,也不是不速之客,客户能为我们带来好处。

相关调查数字表明:一线服务人员的表现对于决定一家公司在客户和潜在客户中的信誉具有 95% 的影响;85% 的客户是因为公司对他们或者他们的业务不够重视而停止购买行为;在不满意的客户中,只有 4% 的人向公司表达他们的不满,另外 96% 的客户则干脆将业务转向别处;当客户在一家公司有了糟糕的经历后,平均而言,他们会把这一经历告诉8~16

个其他人。

3. 优质的服务

优质的服务是指一种个人特性、程序特性都很强,程序特性方面及时、有效、正规、统一,客户服务人员有着很好的素质,关心客户,理解客户,体贴客户,并能够很好地运用客户服务技巧的服务。

14.1.2 服务意识

服务意识是指企业全体员工在与一切企业利益相关的人或企业的交往中所体现的为其提供热情、周到、主动的服务的欲望和意识,即自觉主动做好服务工作的一种观念和愿望,它发自服务人员的内心。

意识的投入,是服务到位最有力的保证。服务意识有强烈与淡漠之分,有主动与被动之分。这是认识程度问题,认识深刻就会有强烈的服务意识;有了强烈展现个人才华、体现人生价值的观念,就会有强烈的服务意识;有了以公司为家、热爱集体、无私奉献的风格和精神,就会有强烈的服务意识。

服务意识是发自服务人员内心的,是服务人员的一种本能和习惯,是可以通过培养、教育训练形成的。

工作中有些人的工作职责是需要直接面对客户的,设身处地地来想客户之所想、急客户之所急的服务意识必须存在于服务人员的思想认识中,只有提高了对服务的认识,增强了服务的意识,才能激发个人在服务过程中的主观能动性,这才是做好服务的思想基础。

14.1.2.1 服务意识的认知

服务意识的认知包括以下几个方面。

(1) 服从,是服务业人员的天职,有理是训练,无理是磨炼。

(2) 准确的角色定位:服务人员永远不可能与客户"平等"。

(3) 正确的服从理念:第一条客户永远是对的;第二条如果客户错了,请参照第一条。

(4) 提倡的服务行为:"没有任何借口"。

14.1.2.2 服务意识的 9 个原则

服务意识的 9 个原则如下。

(1) 获得一个新客户比留住一个已有的客户花费更大。

(2) 除非你能很快弥补损失,否则失去的客户将永远失去。

(3) 不满意的客户比满意的客户拥有更多的"朋友"。

(4) 畅通沟通渠道,欢迎投诉。

(5) 客户不总是对的,但告诉他们如果他们是错的会产生的结果。

(6) 客户有充分的选择权。

(7) 你必须倾听客户的意见以了解他们的需求。

(8) 如果你都不愿意相信,你怎么能希望你的客户去相信。

(9) 如果你不去照顾你的客户,那么别人就会去照顾。

14.2 如何提高服务意识

14.2.1 树立优质的服务理念

服务的三种核心精神如图 14-1 所示。

首先我们从理论上应该具备哪些东西呢? 我们需要树立优质的服务理念。

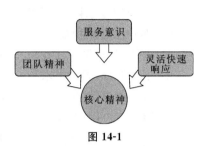

图 14-1

引申到我们公司的服务理念,我们公司服务于客户的理念也是我们公司的核心精神。大家都知道我们公司的客户都是互联网行业非常出名的 IT 公司,那么为这种高质量的客户提供服务,不可能是一个人或者是几个人就能做好的,所以我们针对不同的客户分别以一个项目组来服务于他们,比如,百度为的就是能给我们的客户提供专业的服务,还有比如说我们的客服部门的工作人员在自己的工作岗位中,跟客户沟通的语气是否恰当、操作是否规范化都会影响到整个团队提供给客户的服务质量,所以大家在自己今后的工作岗位中要认真负责,不懂就要问,不要盲目操作,始终要记得"你不是一个人在战斗"。

我们公司是做服务的,所以要求我们在座的每一位都需要有强烈的服务意识。比如:大家在与客户的沟通过程中,在客户提出的问题、疑问面前要能主动、正确的给予客户满意的解决方案;在客户不对的情况下,要能通过正确的沟通方式来跟客户进行沟通,而不是与客户据理力争。

专业的团队服务精神、强烈的服务意识,是我们服务于客户的软件工具,我们为了给客户带来更完美的服务体验,在服务于客户的硬件方面建立了覆盖全国的庞大服务网络体系,这个体系是能灵活快速地响应客户需求,及时解决客户的问题。

14.2.2 培养高度的职业素养和快乐的服务心态

培养高度的职业素养和快乐的服务心态需认识到以下几点。

(1)培养高度的职业素养。打造专业精神,培养真正的责任感,尊重自己,尊重差异,永远让对方感觉到你在尊重他,让他有满足感、成就感。

(2)快乐服务的真正受益者是自己——享受工作的乐趣。

(3)找出热情减低、激情不再的原因。

(4)如何自我激励,自我超越——最大的敌人在自己的心中。

(5)快乐是一种心理的习惯——养成好习惯就等于多了一笔财富。

前面讲到的是公司的核心服务理念,那么作为公司这个大家庭中的个体,我们应该具备哪些服务方面的素质呢?

(1)不管是做服务,还是将来做其他工作,我们都应该不断地提高自己的职业素养。

(2)什么态度造就什么样的结果,心态决定一切。

(3)热爱工作,那你的生活就是天堂;讨厌工作,那你的生活就是地狱。

(4)有的时候不要停留在"为什么"上,而应该集中在"去做些什么"上,这样会好一点。

（5）不要花太多的时间去考虑事情发生的原因,而要着手考虑怎么样才能让事情发生改变。

（6）对顾客的爱就像回音壁,你给客户的爱越多,快乐越多;客户给你的爱也越多。

14.2.3 优质客户服务意识与服务流程

优质客户服务意识:人无我有,人有我优。

优质客户服务流程如下。

（1）接待客户(接受任务)——建立良好第一印象。

（2）了解客户(了解需求)——建立客户对我们服务的信心。

（3）帮助客户(解决问题)——敏捷而负责的及时反应。

（4）留住客户(及时反馈)——建立可信赖的关系。

14.2.4 客户沟通礼仪

客户沟通礼仪要点如下。

（1）与客户有效沟通——用心倾听。

（2）亲切易懂的说明,为客户提供有用的信息。

（3）对客户充满关怀、体贴,站在客户的角度上思考问题。

（4）了解客户心理,学会倾听。

（5）根据客户的类型(活泼型、完美型、力量型、权威型、猜疑型)分别对待。

14.2.5 服务沟通的5大禁忌

服务沟通的5大禁忌为:据理力争、刻意说服、当场回绝、海阔天空、背后议论。

谁也不会喜欢在背后乱说话、说大话的人,何况是我们服务的客户,我相信如果有人在与客户的沟通过程中犯了这些禁忌,那么现在客户就不会再有想跟我们合作下去的欲望。

14.2.6 提高服务意识的方法

【看】

看的技巧——观察客户:察言观色,目光注视。

看的技巧——预测客户的需求:客户的五种需求,人类需求的特点。

实战演练:预测客户的需求。

说出来的需求:真正的需求。没说出来的需求:满足后令人高兴的需求;秘密需求。需求具有对象性、选择性、连续性、相对满足性、发展性、弹性。

【听】

听的技巧——拉近与客户的关系:倾听的技巧,倾听过程中应该避免使用的言语,听力游戏:传话。

听的技巧——如何接听电话:接听电话的技巧,检验理解。

你会听吗——听力实战演练。

学会倾听,听是为了听懂对方要说什么,只有听懂、理解对方要说的内容,我们才能更好地了解客户的需求并更好地服务于我们的客户。

【说】

说的技巧——如何引导客户:情景扮演,巧用开放式和封闭式问题,实战演练"提问比赛"，运用"FAB"法引导顾客。

说的技巧——客户更在乎您怎么说：情景扮演，常用服务用语，用客户喜欢的方式去说。

说是客户与我们最直接的沟通方式，我们可以直接地问客户想要的是什么，由此可以来挖掘客户的真正需求，从而更快地满足于我们的客户。

【笑】

笑的技巧——微笑服务的魅力：谁偷走了你的微笑，怎样防止别人偷走你的微笑，微笑训练：像空姐一样微笑。

笑是世界上最美的语言，真诚的笑容可以打动人的心灵，恰当、合适的微笑有助于提高服务质量。

【动】

动的技巧——身体语言：体态（无声的语言），基本姿势，不良姿势，各种体态语言传递的含义。

动的技巧——如何巧用身体语言：如何巧用身体语言，私人空间，文化差异。

14.2.7　客户服务中遇到的问题

客户服务中遇到的问题如图 14-2 所示。

图 14-2

14.2.7.1　投诉常见原因分析

投诉常见原因如下。

（1）他的期望值没有得到满足。

（2）他很累，压力很大或遇到了挫折，总想找个倒霉蛋出出气。

（3）他总是强词夺理，而从来不管自己是否正确。

（4）你或你的同事对他做了某种承诺而没有兑现，他觉得自己的利益受到了损失。

（5）他做错了事情时遭到了你或你同事的嘲笑，他觉得你或你的同事对他没有礼貌或冷淡。

（6）他的信誉和诚实受到了怀疑。

（7）他觉得如果对你凶一点，就能迫使你满足他的要求。

（8）他觉得你浪费了他的时间。

14.2.7.2　客户投诉的好处

客户投诉的好处如下。

（1）将不良影响降至最低点。

（2）挽回对企业的信任。

14.2.7.3　投诉满意后的效果

投诉满意后的效果如下。

（1）一个满意的客户会告诉 1～5 人。

（2）100 个满意的客户会带来 25 个新客户。

（3）维持一个老客户的成本只有吸引一个新客户的 1/5。

(4) 更多地购买并且长时间地对该公司的产品保持忠诚。

(5) 购买公司推荐的其他产品并且提高购买产品的等级。

(6) 对他人说公司和产品的好话，较少注意竞争品牌的广告，并且对价格也不敏感。

(7) 给公司提供有关产品和服务的好主意。

14.2.7.4 处理客户情感投诉"三部曲"

处理客户情感投诉"三部曲"如图 14-3 所示。

图 14-3

1. 表达服务意愿

(1) 向客户表明你乐于替他/她服务。

(2) 客户将根据你的服务意愿和态度来评判公司。

(3) 使与客户的每一次交往都成为积极的"瞬间"。

(4) 控制你的偏见和举止。

2. 体谅情感

(1) 表示关注他人情感。

(2) 关心他人。

(3) 培养双方间的和睦关系及感情。

(4) 体现对客户的尊敬及对其情感的认同。

3. 承担责任

(1) 把你的姓名告诉客户。

(2) 向客户明确保证你将负责替他/她解决问题。

(3) 确保该问题得到令客户满意的答复。

(4) 使用"我"而不是"我们"。

(5) 言出必行。

14.2.7.5 处理客观的实际问题

我们处理好了客户的情感问题,安抚了客户的情绪后,并没有实质性的解决客户的问题,所以最后我们要做的就是解决客户的实际问题。

14.2.8 全心全意服务

全心全意服务的必要条件如图 14-4 所示。

14.2.8.1 服务效果的体现

客户通过与服务者的交往产生对于公司

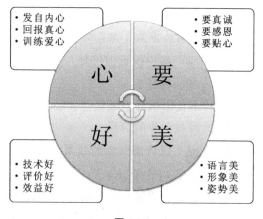

图 14-4

的判断;客户的判断依据是他对于公司、你的部门及你本人的"真理瞬间";当客户需要服务者解决问题的时,或当服务者处理客户不满时产生的"真理瞬间"最可能成为判断的依据。因此,服务者的客户满意技巧如何,突出地体现在替客户解决问题和处理客户不满等方面。

14.2.8.2 客户满意度

客户满意度 CSR(consumer satis factional research),也叫作客户满意指数,是对服务性行业的客户满意度调查系统的简称,是一个相对的概念,是客户期望值与客户体验的匹配程度。换言之,就是客户通过对一种产品可感知的效果与其期望值相比较后得出的指数。

14.2.9 心态的重要性

1. 消极心态

(1) 使希望破灭。

(2) 缺乏热心。

(3) 消耗掉很大精力。

(4) 自信心削弱。

(5) 限制潜能的发挥。

(6) 容易被困难打倒。

(7) 容易错失机会。

(8) 人际关系不融洽。

2. 积极心态

(1) 增加人情。

(2) 增强创造力。

(3) 做事主动。

(4) 承受压力的能力强。

(5) 乐观向上。

(6) 较容易达成目标。

(7) 获得更多资源。

3. 心态调整

心态要健康,人生在世,不如意之事十之八九,知足者常乐,学会适当放弃,脚踏实地,生活要有目标,拒绝超出自己能力的想法。

毛泽东同志曾说:我们的同志在遇到困难的时候要看到成绩,看到光明,要提高我们的勇气。

第15章　法治与思想道德

15.1　法律的概念及发展历史

苏格拉底之死

苏格拉底是古希腊著名的哲学家。由于苏格拉底经常指出别人的无知，招致了一些心胸狭隘之人的嫉妒和怨恨。

公元前 399 年，雅典城邦判处了苏格拉底死刑，罪名是"不敬神"和"蛊惑青年"。

执行死刑之前，苏格拉底的朋友们劝他逃走，他们买通了狱卒，为他制定了周密的逃跑计划。令人吃惊的是，苏格拉底拒绝逃走。他说："逃监是毁坏国家和法律的行为，如果法庭的判决不生效力，被人随意废弃，那么国家还能存在吗？"

就这样，70 岁的苏格拉底喝下了毒酒，平静地离开了人间。

苏格拉底之死的启示：法律必须被信仰，否则就形同虚设。

15.1.1　法律的词源

汉字"法"的古体——灋[fǎ]

其中的"廌"，是中国古代传说中的神兽，据说它能辨别曲直，在审理案件时，它会用角去触理曲的人。

《说文解字》："灋，刑也。"

"灋"包含如下三层意思。

第一，法是一种判断是非曲直、惩治邪恶的行为规范，是公平、正义的。

第二，法是一种由"廌"这种怪兽公平裁判争议的活动，当人们的行为不端时，需要怪兽加以处罚。

第三，法律的产生与实施离不开"廌"这一怪兽，它是权威和社会强制力的代名词。

15.1.2　法律的一般含义

法律是由国家制定或认可并以国家强制力保证实施的，反映由特定社会物质生活条件所决定的统治阶级意志的规范体系。

法律是统治阶级意志的体现，是国家的统治工具。由享有立法权的立法机关（全国人民代表大会和全国人民代表大会常务委员会行使国家立法权），依照法定程序制定、修改并颁布，并由国家强制力保证实施的规范总称。法律的种类包括基本法律、普通法律。法律分为宪法、法律、行政法规、地方性法规、自治条例和单行条例。宪法是国家法的基础与核心，法律则是国家法的重要组成部分。法律可划分为基本法律（如刑法、刑事诉讼法、民法通则、民事诉讼法、行政诉讼法、刑事诉讼法、行政法、商法、国际法等）和普通法律（如商标法、文物保护法等）。

15.1.3　法律的作用

法律有指引作用、教育作用、预测作用、评价作用。

法律的最终作用在于规范,即维护社会秩序,保障社会群众的人身安全与利益。主要表现在以下方面。

(1) 指引作用,即为人们提供某种行为模式,指引人们可以这样行为,必须这样行为或不得这样行为,从而对行为者本人的行为产生的影响。

(2) 教育作用,即通过法律的实施,法律规范对人们今后的行为发生的直接或间接的诱导影响。

(3) 预测作用,即人们可以根据法律规范的规定事先估计到当事人双方将如何行为及行为的法律后果,也就是说,预测作用的对象是人们相互之间的行为,这里的人们应作广义的理解,即包括国家机关的行为。

(4) 评价作用,即法律对人们的行为是否合法或违法及其程度,具有判断、衡量的作用,也就是说,法的评价作用涉及的是法的律他作用,即对他人的行为的评价。

⟫⟫⟫ 15.2　了解法律制度,自觉遵守法律

15.2.1　实体法律制度

1. 宪法

1) 宪法的特征

宪法的特征具体表现在以下三个方面。

(1) 在内容上,宪法规定国家生活中最根本、最重要的方面。

(2) 在效力上,宪法的法律效力最高。

(3) 在制定和修改的程序上,宪法比其他法律更为严格。

2) 宪法的基本原则

宪法的基本原则如下。

(1) 坚持党的领导原则。

(2) 人民主权原则。

(3) 保障公民权利原则。

(4) 法治原则。

(5) 民主集中制原则。

3) 宪法规定的公民基本义务

宪法规定的公民基本义务如下。

(1) 维护国家统一与民族团结。

(2) 遵守宪法和法律。

(3) 维护国家安全、荣誉和利益。

（4）保卫祖国和依法服兵役。

（5）依法纳税。

（6）其他义务。

2. 民商法

1）民法

民法是调整平等主体的公民之间、法人之间，以及公民和法人之间的财产关系和人身关系的法律规范的总和。民法基本原则如下。

（1）平等原则。

（2）自愿原则。

（3）公平原则。

（4）诚实信用原则。

2）商法

商法是调整平等主体之间商事关系的法律规范的总称，主要包括公司法、保险法、合伙企业法、海商法、票据法等。

现代商法主要有如下四大基本原则。

（1）强化企业组织。

（2）提高经济效益。

（3）维护交易公平。

（4）保障交易安全。

3. 行政法

行政法是调整行政关系的法律规范的总称，具体来说，它是调整国家行政机关在履行其职能的过程中发生的各种社会关系的法律规范的总称。行政法的基本原则如下。

（1）行政合法性原则。

（2）行政合理性原则。

4. 经济法

经济法是调整国家在监管与协调经济运行过程中所发生的经济关系的法律规范的总称。经济法的主要原则如下。

（1）国家适度干预原则。

（2）效率公平原则。

（3）可持续发展原则。

5. 刑法

1）含义

刑法是统治阶级为了维护其阶级利益和统治秩序，根据自己的意志，以国家的名义颁布的，规定犯罪、刑事责任与刑罚的法律规范的总和。

2）刑法的主要原则

刑法的主要原则有罪刑法定原则、罪刑相当原则、适用刑法一律平等原则。

3）刑法犯罪概述

犯罪是指严重危害社会,触犯刑法并应受刑罚处罚的行为。犯罪构成的特征如下。

（1）犯罪构成是主体、客体以及主客观要件的有机整体。

（2）犯罪构成是违法性与有责性的法律标志。

（3）犯罪构成是认定犯罪的法律标准。

4）刑法刑罚制度

刑罚是由刑法规定,由国家审判机关依法对犯罪分子所适用的限制或者剥夺其某种权益的最严厉的法律制裁方法。

刑罚分为主刑和附加刑两类。

（1）主刑:管制、拘役、有期徒刑、无期徒刑、死刑。

（2）附加刑:罚金、剥夺政治权利、没收财产、驱逐出境。

刑法犯罪种类有危害国家安全罪、危害公共安全罪、破坏社会主义市场经济秩序罪、侵犯公民人身权利、民主权利罪、侵犯财产罪、妨害社会管理秩序罪、危害国防利益罪、贪污贿赂罪、渎职罪、军人违反职责罪。

15.2.2　培养社会主义法律思维方式

含义:按照法律的规定、原理和精神,思考、分析、解决法律问题的习惯与取向。

特征:讲法律、讲证据、讲程序、讲法理。

途径:学习法律知识;掌握法律方法;参与法律实践。

15.2.3　遵纪守法是公民的基本义务

遵纪守法指的是每个从业人员都要遵守纪律和法律,尤其要遵守职业纪律和与职业活动相关的法律法规。公民的基本义务也称宪法义务,是指由宪法规定的公民必须遵守和应尽的根本责任。《中华人民共和国宪法》规定:遵守宪法和法律是公民的基本义务!

遵纪守法的具体要求如下。

（1）学法、知法、守法、用法:学法、知法,增强法律法制意识;遵纪守法,做个文明公民;用法护法,维护正当权益。

（2）遵守单位、行业纪律和规范:遵守劳动纪律;遵守财经纪律;遵守保密纪律;遵守组织纪律。

15.2.4　案例分析

1. 案例一:安徽女子遭狗咬骗捐

安徽女子李娟被狗咬成重伤入院,其男友张宏宇谎称,李娟是为了救被狗追赶的女童才惹祸上身的。这一说法感动了很多爱心人士,不到一周时间,李娟获得社会捐助超过80万元。这一谎言很快就被戳破。有媒体记者从利辛县委宣传部获悉,救人情节系张宏宇编造,目的是希望引起社会关注给予捐助。真相被戳破后,不少捐款者拟联合报案。目前,张宏宇已被拘留。

2. 案例二:子罕以不贪为宝

宋国有个人得到了一块玉,把它献给宋国国相子罕。子罕不肯接受。献玉的人说:"我已经把它给玉石加工的匠人看了,玉匠认为它是珍宝,所以才敢献给你。"子罕说:"我把不贪财作为珍宝,你把玉作为珍宝;如果给我,我们都会丧失了珍宝,还不如各人持有自己的珍宝。"

▶▶▶ 15.3　道德及其发展历史

15.3.1　道德的起源与本质

1. 道德的起源

道德是一种特殊的社会意识形态,它通过社会舆论、传统习俗和人们的内心信念来维系,是对人们的行为进行善恶评价的心理意识、原则规范和行为活动的总和。

(1) 社会关系的形成是道德赖以产生的客观条件;

(2) 人类自我意识的形成和发展是道德产生的主观条件。

2. 道德的本质

道德作为一种特殊的社会意识形态,归根到底是由经济基础决定的,是社会经济关系的反映。社会经济关系的性质决定着各种道德体系的性质,社会经济关系所表现出来的利益决定着各种道德基本原则和主要规范,在阶级社会中,社会经济关系主要表现为阶级关系。

因此,道德也必然带有阶级属性,社会经济关系的变化必然引起道德的变化。

15.3.2　道德的功能与作用

道德的主要功能为认知功能与调节功能,导向功能、激励功能、辩护功能、沟通功能等功能都是认知功能和调节功能的延伸。

1. 认知功能

道德是引导人们追求至善的良师。它教导人们认识自己,对家庭、对他人、对社会、对国家应负的责任和应尽的义务,教导人们正确地认识社会道德生活的规律和原则,从而正确地选择自己的生活道路和规范自己的行为。

2. 调节功能

道德是社会矛盾的调节器。人生活在社会中总要和自己的同类发生这样那样的关系,因此,不可避免地要发生各种矛盾,这就需要通过社会舆论、风俗习惯、内心信念等特有形式,以自己的善恶标准去调节社会上人们的行为,指导和纠正人们的行为,使人与人之间、个人与社会之间的关系臻于完善与和谐。

15.4 公民道德规范

15.4.1 我国公民基本道德规范

中共中央《公民道德建设实施纲要》提出了"爱国守法、明礼诚信、团结友善、勤俭自强、敬业奉献"二十字的公民基本道德规范。它不仅体现了道德的先进性与道德的广泛性的统一,还体现了中国传统美德、革命道德和社会主义市场经济条件下产生的新道德的统一。

公民基本道德规范诠释如下。

爱国守法。国家是一个政治实体,是人民群众最高利益的象征和代表。爱国是每个公民的天职和第一义务,责无旁贷。守法,法是国家纪律的集中表现,人人必须遵守,奉公守法。

明礼诚信。礼是人们文明表现的一种行为规范。明者,懂也,明白也,实践也。诚信,诚者,实也,真也;信者,实也。诚信是一个人品德的重要方面,是处理人与人、人与社会、国与国的道德准则,不诚不信,将无法群处。

团结友善。团结友善是处理人与人、人与社会关系的原则和准绳。因为人是社会的人,彼此必然发生各种关系,而处理彼此关系必须从好心出发,团结友善。

勤俭自强。勤与俭是中华民族的美德及优良传统,勤与俭相辅相成,终成大业。

敬业奉献。所谓"三百六十行,行行出状元",这三百六十行,即"业","状元"就是敬业中的优秀者。个人的社会存在是以他人的存在为前提的,个人要存在必须要奉献,这就是人们常说的"我为人人,人人为我"。奉献是由人的世界观、人生观、价值观决定的。

15.4.2 公共生活中的道德规范

我国公民在公共生活中的道德规范为"文明礼貌、助人为乐、爱护公物、保护环境、遵纪守法"。

公共生活中的道德规范诠释如下。

文明礼貌。人类社会进步的基本趋势,是由野蛮向文明的过渡,由野蛮人变为越来越文明的人。所以,人类行为文明的基本规范,就成为现代社会公德的一个首要内容。

助人为乐。作为社会公德的社会主义人道主义道德要求,助人为乐的基本内容可以概括为:尊重人、关心人、爱护人,特别注意的是要求尽一切努力保护儿童,尊重妇女,尊敬和关怀老年人,尊重和爱护人才,关心帮助鳏寡孤独和残疾人,设身处地,多为他人着想,热心社会公益事业,大力帮助那些陷入困难之中的人们,在全社会范围内,积极维护正义的事业。

爱护公物。以社会主人翁的责任感维护和珍惜国家、集体的财产,爱护公物,是社会公德的基本要求。

保护环境。环境道德的一个重要内容就是,人们应当热爱大自然。热爱大自然,实质上也是对人类本身的热爱,是对生活的热爱,是对生命价值的重视。

遵纪守法。现代社会是法治社会,每个公民都必须具有很强的法制意识,有必备的法律知识,自觉维护法律的权威,认真执行各项法令、法规和各项规章制度。

▶▶▶ 15.5 职业活动中的道德与法律

15.5.1 职业道德与法律的含义

职业道德与法律:从事一定职业的人在职业生活中应当遵循的具有职业特征的道德要求和行为准则,以及必须遵循的一定法律规范。

职业道德和职业生活中的法律,就是为了调节和约束从业人员的职业活动而形成和制定的行为规范。

15.5.2 职业道德的基本要求

职业道德的基本要求为"爱岗敬业、诚实守信、办事公道、服务群众、奉献社会"。

职业道德的服务标准为:

(1) 对待工作时,要热爱本职工作,遵守规章制度,注重个人修养;

(2) 对待集体时,必须以集体主义为根本原则,正确处理个人利益、他人利益、班组利益、部门利益和公司利益的相互关系;

(3) 对待客人时,全心全意为客人服务。

15.5.3 案例分析

1. 案例一:公交司机生命最后一刻力踩刹车

一公共汽车司机在行车途中突发心脏病猝死,临死前他用最后一丝力气踩住了刹车,保证了车上二十多个人的安全。随后他便趴在方向盘上离开了人世。他生命的最后举动说明,在他心里时刻想到的是要对乘客的安全负责,他虽然是一个普通人,却体现出高尚的人格和职业道德。

2. 案例二:不按要求洗碗,打工学生被炒鱿鱼

一个学生在一家餐馆打工,老板要求洗盆子时要洗 6 遍。一开始他还能按照要求去做,洗着洗着,他发现少洗一遍也挺干净,于是便只洗 5 遍;后来,他发现再少洗一遍还是挺干净的,于是又减少了一遍,只洗 4 遍。后来,老板偶然用测试纸测出他洗的碗未达到清洁标准,便将他炒了鱿鱼。